2019 年版

丛书主编 柯 洪

全国一级造价工程师职业资格考试考前冲关九套题

建设工程技术与计量（安装工程）

天津理工大学造价工程师培训中心 主编
赵 斌 陈丽萍

中国建筑工业出版社
中国城市出版社

图书在版编目（CIP）数据

建设工程技术与计量.安装工程/天津理工大学造价工
程师培训中心，赵斌，陈丽萍主编.—北京：中国城市出
版社，2019.9
2019年版全国一级造价工程师职业资格考试考前冲关
九套题
ISBN 978-7-5074-3193-3

Ⅰ.①建… Ⅱ.①天… ②赵… ③陈… Ⅲ.①建筑安装–
建筑造价管理–资格考试–习题集 Ⅳ.①TU723.3-44

中国版本图书馆CIP数据核字（2019）第178770号

根据20余年造价工程师职业资格考试培训经验，结合考生在复习备考时遇到的各类困境和疑惑，编委会精心策划编写了本套试卷，目的是通过仿真模拟训练的方式增强考生对知识点的掌握程度，熟悉常见题型。与其他的模拟试卷相比，本套试卷独具以下特点：

1. 循序渐进，循环提高。本套试卷主要针对参加土建和安装专业的考生，四门专业课程都准备了九套仿真试题（除"案例分析"课程为七套外），并创新性地将其分为逆袭卷（五套）、黑白卷（三套）和定心卷（一套）。

2. 关注新增及修订的知识点。本套试卷对新增及修订知识点重点关注，反复用不同题型进行训练，提高考生掌握的熟练程度。

3. 配合解析，掌握易错考点。考生往往面临"知其然、不知其所以然"的困境。针对这一难题，本套试卷选择了部分考题进行详细解析，详尽深入阐述各易错考点。

责任编辑：朱晓瑜　王华月
责任校对：张惠雯　姜小莲

2019年版全国一级造价工程师职业资格考试考前冲关九套题
建设工程技术与计量（安装工程）
天津理工大学造价工程师培训中心
赵　斌　陈丽萍　主编
*
中国建筑工业出版社、中国城市出版社出版、发行（北京海淀三里河路9号）
各地新华书店、建筑书店经销
北京佳捷真科技发展有限公司制版
北京圣夫亚美印刷有限公司印刷
*
开本：787×1092毫米　1/16　印张：16　字数：386千字
2019年9月第一版　2019年9月第一次印刷
定价：**52.00**元
ISBN 978-7-5074-3193-3
（904174）

版权所有　翻印必究
如有印装质量问题，可寄本社退换
（邮政编码100037）

前 言

一、2019 年一级造价师职业资格考试的特点分析

造价工程师职（执）业资格自从 1996 年建立以来，已历 20 余载，全国有近 20 万从业人员取得了相应专业的造价工程师职（执）业资格证书。2019 年恰逢考试制度做出重大调整，主要体现在以下几方面：

1. 2019 年是《造价工程师职业资格制度规定》和《造价工程师职业资格考试实施办法》（建人〔2018〕67）真正落地实施的第一年。国家组织一级造价工程师职业资格考试（分为四个专业），各地方组织二级造价工程师职业资格考试。为了体现出一级与二级造价工程师的级别差异，很有可能调整一级造价工程师的考核难度。

2. 2019 年采用了新版《造价工程师职业资格考试大纲》，进行了比较大的结构性调整。"建设工程计价"课程满分调整为 100 分，考试时间压缩为 150 分钟；"建设工程造价案例分析"课程满分调整为 120 分。这些考试形式和分值的变化对广大考生的应试备考提出了新的要求。

3. 2019 年使用新版"造价工程师职业资格考试培训教材"，各门课程的内容都进行了不同幅度的调整（大约在 15%~20%）。新修订及增加的内容在考核中如何要求，也是广大考生必须面临的一大问题。

二、考生在复习备考时遇到的困难

经过长期以来对考生复习状况的跟踪调研，以及与部分考生代表的当面沟通，大部分积极备考的考生普遍反映教材的内容并不难理解和掌握，但在考试时还是会不断出现判断、选择或计算错误。造成这些应考困境的主要原因是：

1. 造价工程师职业资格考试的教材内容就专业知识的层面来说并不很深，大多是从事专业领域工作应具备的基础知识。很多考生学习起来并不是很吃力，但经常出现顾此失彼的现象。因为同时进行四门课程的备考，不免在时间和精力分配上力不从心。并且各门课程的内容容易相互干扰，每一个知识点内容都不难掌握，但把四门课的知识点都集中在一起不免存在"丢东忘西"的状况。

2. 经过 20 多年的发展，造价工程师职业资格考试已经形成了比较稳定的模式。也就是不仅仅要求考生能够学会教材中的各个知识点，还必须能够牢固掌握并灵活运用。造价工程师职业资格考试的题目有时可能在一个相对简单的知识点上设计一些难度较大的题目，考生如不能掌握考试规律，很难得到理想的分数。

3. 考生备考时有时会有无从下手之感。面对厚厚的几百页教材，考生往往会抓不住重点，不了解主要的考点，不了解主要的题型，不了解主要的考试方式。如果在复习备考中不辅助以大量的高质量习题训练，可能最终会有事倍功半的结果。

三、本套试卷的主要特点

根据 20 余年造价工程师职业资格考试培训的经验，结合考生在复习备考时遇到的各类困境和疑惑。编委会精心策划编写了本套试卷，目的是通过真题模拟训练的方式增强考生的知识点的掌握程度，熟悉常见题型。与其他的模拟试卷相比，本套试卷独具以下特点：

1. 循序渐进，循环提高。本套试卷主要针对参加土建和安装专业的考生，四门专业课程（除"案例分析"课程为七套外）都准备了九套真题，并创新性地将其分为逆袭卷（五套）、黑白卷（三套）和定心卷（一套）。逆袭卷用于考前 45~60 天的阶段，主要特点是覆盖面广，对所有知识点和考点全面覆盖，以帮助考生深入掌握教材内容；黑白卷用于考前 30 天的阶段，主要特点是集中于教材的重点、难点及高频考点，以帮助考生最快速度最大程度掌握考试中分值占比最大的知识点；定心卷用于考前 7~15 天的阶段，主要特点是全真模拟考题难度，考生可以更加真实地测定出知识的掌握程度。

2. 关注新增及修订的知识点。每次教材改版时，新增及新修订的考点通常都会作为重点考核的内容。本套试卷针对这些知识点亦重点关注，反复用不同题型进行训练，提高考生掌握的熟练程度。

3. 配合解析，掌握易错考点。考生往往面临"知其然、不知其所以然"的困境。针对这一难题，本套试卷选择了部分考题进行详细解析，详尽深入阐述各易错考点。考生可举一反三，避免在考试中被类似题型迷惑，可以取得更好的成绩。

相信通过对本书中各套真题的学习，考生可以大幅度提高对各知识点的掌握程度，取得理想的考试结果。由于编者水平有限，难免会有疏漏，还望各位考生原谅并提出宝贵意见。

杨滔

2019 年 8 月

目　录

逆袭卷

黑白卷

定心卷

专家权威详解

逆袭卷

模拟题一

一、单项选择题（共 40 题，每题 1 分。每题的备选项中，只有 1 个最符合题意）

1. 以下属于无机耐蚀（酸）非金属材料的是（   ）。

A. 玻璃纤维
B. 玻璃
C. 耐酸陶瓷
D. 硅藻土

2. 钢材的成分一定时，对钢材金相组织影响最大的热处理方式是（   ）。

A. 退火
B. 正火
C. 淬火
D. 淬火加回火

3. 塑性和韧性较高，可通过热处理强化，多用于较重要的零件，是广泛应用的机械制造用钢的是（   ）。

A. 普通碳素结构钢
B. 优质碳素结构钢
C. 普通低合金钢
D. 优质低合金钢

4. 强度和硬度较高，塑性和韧性较低，切削性能良好，但焊接性能较差，冷热变形能力良好，主要用于制造荷载较大的机械零件的是（   ）。

A. 低碳钢
B. 中碳钢
C. 高碳钢
D. 碳素工具钢

5. 具有综合力学性能、耐低温冲击韧性、焊接性能和冷热压加工性能良好的特性，可用于建筑结构、化工容器和管道、起重机械和鼓风机的是（   ）。

A. Q215
B. Q235
C. Q275
D. Q345

6. 具有高的爆破强度和内表面清洁度，有良好的耐疲劳抗震性能。适于汽车和冷冻设备、电热电器工业中的刹车管、燃料管、润滑油管、加热或冷却器的是（   ）。

A. 无缝钢管
B. 直缝电焊钢管
C. 螺旋缝钢管
D. 双层卷焊钢管

7. 某钢管外径为 32mm，壁厚为 2mm，长度为 2m，该钢管的质量应为（   ）。

A. 1.48kg
B. 2.82kg
C. 2.96kg
D. 3.11kg

8. 主要用于工况比较苛刻的场合或应力变化反复的场合以及压力、温度大幅度波动的管道和高温、高压及零下低温的管道上的是（   ）。

A. 平焊法兰
B. 对焊法兰
C. 松套法兰
D. 螺纹法兰

9. 安装时易对中，垫片很少受介质的冲刷和腐蚀。适用于易燃、易爆、有毒介质及压力较高的重要密封场合的法兰是（   ）。

A. 凹凸面型法兰　　　　　　　　　　　B. 榫槽面型法兰

C. O 形圈面型法兰　　　　　　　　　　D. 环连接面型法兰

10. 专门与金属环形垫片（八角形或椭圆形的实体金属垫片）配合实现密封连接，密封性能好，对安装要求不太严格，适合于高温、高压工况，但密封面加工精度较高的法兰是（　　）。

A. 凹凸面型法兰　　　　　　　　　　　B. 榫槽面型法兰

C. O 形圈面型法兰　　　　　　　　　　D. 环连接面型法兰

11. 火灾发生时能维持一段时间的正常供电，主要使用在火灾报警设备、通风排烟设备、疏散指示灯、紧急用电梯等高层及安全性能要求高的供电回路电缆是（　　）。

A. 阻燃电缆　　　　　　　　　　　　　B. 耐火电缆

C. 低烟低卤电缆　　　　　　　　　　　D. 隔氧层耐火电力电缆

12. 以下对于钨极惰性气体保护焊（TIG 焊）的特点描述正确的是（　　）。

A. 不可焊接化学活泼性强的有色金属

B. 生产率高

C. 焊缝质量高

D. 不适用于厚壁压力容器及管道焊接

13. 与钨极惰性气体保护焊（TIG 焊）相比，熔化极气体保护焊（MIG 焊）具有的特点是（　　）。

A. 生产率高　　　　　　　　　　　　　B. 不采用直流反接

C. 不适合焊接有色金属和不锈钢　　　　D. 成本高

14. CO_2 气体保护焊具有的特点是（　　）。

A. 焊接生产效率高　　　　　　　　　　B. 焊接变形大但焊缝抗裂性好

C. 焊缝表面成形较好　　　　　　　　　D. 适合焊容易氧化的有色金属

15. 工效高、成本低，适用于现浇钢筋混凝土结构中竖向或斜向钢筋的连接，在一些高层建筑的柱、墙钢筋施工中经常采用的焊接方法是（　　）。

A. 点焊　　　　　　　　　　　　　　　B. 缝焊

C. 对焊　　　　　　　　　　　　　　　D. 电渣压力焊

16. 除锈效率高、质量好、设备简单，多用于施工现场设备及管道涂覆前的表面处理，是目前最广泛采用的除锈方法，该方法是（　　）。

A. 喷射除锈　　　　　　　　　　　　　B. 抛射除锈法

C. 化学方法　　　　　　　　　　　　　D. 火焰除锈法

17. 经喷射或抛射除锈，钢材表面无可见的油脂、污垢、氧化皮、铁锈和油漆涂层等附着物，任何残留的痕迹仅是点状或条纹状的轻微色斑。此除锈质量等级为（　　）。

A. Sa_1　　　　　　　　　　　　　　　B. Sa_2

C. $Sa_{2.5}$　　　　　　　　　　　　　　D. Sa_3

18. 以下属于轻小型起重设备的是（　　）。

A. 钢丝绳　　　　　　　　　　　　　　B. 吊梁

C. 滑轮　　　　　　　　　　　　　　　D. 滑车

19. 对于重级以上工作类型的起重机，滑轮采用（ ）制造。

A. 灰铸铁 B. 球墨铸铁

C. 铸钢 D. 碳钢 Q235-A

20. 对于管道的空气吹扫，说法正确的是（ ）。

A. 宜采用连续性吹扫

B. 吹扫流速不宜大于 20m/s

C. 空气吹扫合格后进行压力试验

D. "空气爆破法"吹扫的气体压力不得超过 0.5MPa

21. 适用于城市供热管网、供水管网，省水、省电、省时、节能环保，适用范围广，经济效益显著的吹扫清洗方法是（ ）。

A. 空气吹扫 B. 油清洗

C. 闭式循环冲洗 D. 水清洗

22. 以下对于工程量清单描述正确的是（ ）。

A. 工程量清单是指分部分项工程和单价措施项目清单

B. 同一份单位工程量清单中所列的分部分项工程量清单项目不得有重码

C. 同一个标段中多个单位工程包含同一项目特征的分项内容时项目编码应一致

D. 工程量清单的项目名称应严格按照工程量计量规范附录中的项目名称确定

23. 我国建设工程工程量清单第一级编码 03 表示的工程类别是（ ）。

A. 安装工程 B. 市政工程

C. 园林绿化工程 D. 仿古建筑工程

24. 适用于有强烈震动和冲击的重型设备的可拆卸地脚螺栓是（ ）。

A. 短地脚螺栓 B. 长地脚螺栓

C. 胀锚固地脚螺栓 D. 粘结地脚螺栓

25. 对于机械设备安装时垫铁的放置，说法正确的是（ ）。

A. 斜垫铁用于承受主要负荷和较强连续振动

B. 垫铁组伸入设备底座的长度不得超过地脚螺栓的中心

C. 每组垫铁总数一般不得超过 3 块

D. 同一组垫铁几何尺寸要相同

26. 对于机械设备安装时垫铁的放置，说法错误的是（ ）。

A. 不承受主要负荷可采用平垫铁加一块斜垫铁

B. 承受主要负荷需要采用成对斜垫铁并焊牢

C. 承受主要负荷和较强连续振动的用平垫铁

D. 同一组垫铁按照厚度从下至上依次放置

27. 以下属于专用机械设备的是（ ）。

A. 泵 B. 压缩机

C. 干燥设备 D. 起重运输机械

28. 以下属于其他专用机械的是（ ）。

A. 结晶器 B. 汽轮机

C. 刮油机 D. 干燥机

29. 对形状复杂、污垢粘附严重、清洗要求高的装配件，宜采用溶剂油、清洗汽油、轻柴油、金属清洗剂、三氯乙烯和碱液进行（ ）。

A. 擦洗和涮洗 B. 浸洗
C. 喷洗 D. 浸-喷联合清洗

30. 对于炉排安装，说法正确的是（ ）。

A. 安装前要进行炉外冷态试运转 B. 链条炉排试运转时间不应少于 4h
C. 试运转速度不少于一级 D. 炉排一般是由上而下的顺序安装

31. 以下属于工业锅炉上常用压力表的是（ ）。

A. 玻璃管式 B. 弹簧式
C. 平板式 D. 双色

32. 锅炉水位计安装时做法正确的是（ ）。

A. 每台锅炉均应安装一个水位计
B. 水位计和锅筒之间的汽-水连接管的内径小于 18mm
C. 水位计和锅筒之间连接管长度大于 500mm
D. 水位计与汽包之间的汽-水连接管上不得装设球阀

33. 当建筑物的高度超过 50m 或消火栓处静水压力超过 0.8MPa 时，应当设置（ ）的室内消火栓给水系统。

A. 仅设水箱 B. 设消防水泵和水箱
C. 分区给水 D. 临时高压

34. 与串联分区相比，并联分区给水的室内消火栓给水系统具有的特点是（ ）。

A. 管理方便 B. 无须高压泵及耐高压管
C. 供水安全性好 D. 消防泵设置于各区

35. 对于墙壁消防水泵接合器的设置，符合要求的是（ ）。

A. 安装高度距地面宜为 1.0m
B. 与墙面上的门、窗的净距离不应小于 2.0m
C. 应安装在玻璃幕墙下方
D. 与墙面上的孔、洞的净距离不应小于 0.7m

36. 室内消火栓管道布置符合要求的是（ ）。

A. 管网应布置成枝状
B. 每根竖管与供水横干管相接处设置阀门
C. 高层建筑消防给水与生活、生产给水为同一系统
D. 室内消火栓给水与自动喷水灭火系统为同一管网

37. 喷水灭火系统组成中有火灾探测器、闭式喷头，适用于不允许有水渍损失的建筑物的是（ ）。

A. 干式灭火系统 B. 水幕系统
C. 预作用系统 D. 开式喷水灭火系统

38. 色光、亮度、节能、寿命都较佳，适合宾馆、办公室、医院、图书馆及家庭等色

彩朴素但要求亮度高的场合使用的直管形荧光灯管径是（　　）。

A. T5 B. T8

C. T10 D. T12

39. 电光源中光效最高，寿命最长，具有不炫目的特点，是太阳能路灯照明系统的最佳光源的是（　　）。

A. 高压钠灯 B. 金属卤化物灯

C. 氙灯 D. 低压钠灯

40. 插座接线符合要求的是（　　）。

A. 交流、直流插座安装在同一场所时规格须一致

B. 相线与中性线需利用插座本体的接线端子转接供电

C. 插座的保护接地端子应与中性线端子连接

D. 保护接地线（PE）在插座间不得串联连接

二、多项选择题（共 20 题，每题 1.5 分，每题的备选项中，有 2 个或 2 个以上符合题意，至少有 1 个错项。错选，本题不得分；少选，所选的每个选项得 0.5 分）

41. 以下对于聚四氟乙烯性能描述正确的是（　　）。

A. 优良的耐高、低温性能 B. 耐蚀性极强

C. 强度高 D. 冷流性强

42. 工程型热塑性树脂一般具有优良的机械性能、耐磨性能、尺寸稳定性、耐热性能和耐腐蚀性能。主要品种有（　　）。

A. 聚甲醛 B. 聚苯乙烯

C. 聚酰胺 D. 聚苯醚

43. 空调、超净等防尘要求较高的通风系统，一般采用（　　）。

A. 普通钢板 B. 镀锌钢板

C. 塑料复合钢板 D. 不锈耐酸钢板

44. 与截止阀相比，闸阀具有的特点是（　　）。

A. 流体阻力大 B. 结构简单

C. 严密性较差 D. 主要用在大口径管道

45. 与多模光纤相比，单模光纤的主要传输特点有（　　）。

A. 耦合光能量大 B. 光纤与光纤接口难

C. 传输频带宽 D. 与发光二极管（LED）配合使用

46. 实际生产中应用最广的火焰切割是（　　）。

A. 氧-乙炔火焰切割 B. 氧-丙烷火焰切割

C. 氧-天然气火焰切割 D. 氧-氢火焰切割

47. 对于设备及管道表面金属涂层热喷涂法施工，描述正确的是（　　）。

A. 热喷涂热源可采用燃烧法或电加热法

B. 热喷涂工艺流程为精加工→热喷涂→后处理

C. 热喷涂设备不包括冷却系统

D. 热喷涂用材可采用锌、锌铝合金、铝和铝镁合金

48. 在已知被吊装设备或构件的就位位置、就位高度、设备尺寸、吊索高度和站车位置、起升高度特性曲线的情况下，可以确定起重机的（ ）。

A. 工作幅度
B. 臂长
C. 额定起重量
D. 起升高度

49. 符合管道水压试验方法和要求的是（ ）

A. 管道系统的最高点和管道末端安装排气阀
B. 管道的最低处安装排水阀
C. 压力表应安装在最低点
D. 试验时环境温度不宜低于5℃

50. 根据《安装计算规范》，属于安装与生产同时进行施工增加所包含的范围是（ ）。

A. 噪声防护
B. 地震防护
C. 火灾防护
D. 高浓度氧气防护

51. 属于安全施工包含范围的有（ ）。

A. 治安综合治理
B. 现场配备医药保健器材、物品费用
C. 建筑工地起重机械的检验检测
D. 消防设施与消防器材的配置

52. 以下属于高层施工增加范畴的是（ ）。

A. 高层施工引起的人工降效及机械降效
B. 突出单层主体建筑物顶的电梯机房的檐口超过20m
C. 通信联络设备的使用
D. 包括地下室2层在内的总层数为7层的建筑物

53. 钢筋混凝土结构的电梯井道，稳固导轨架的方式是（ ）。

A. 埋入式
B. 焊接式
C. 预埋螺栓固定式
D. 对穿螺栓固定式

54. 防止轿厢或对重装置意外坠落的电梯机械安全保护设施是（ ）。

A. 安全钳
B. 缓冲器
C. 限速器
D. 导轨架

55. 属于锅炉本体中"锅"的部分的是（ ）。

A. 蒸汽过热器
B. 省煤器
C. 送风装置
D. 水-汽系统

56. IG541混合气体灭火系统应用的场所有（ ）。

A. 电子计算机房
B. 油浸变压器室
C. 图书馆
D. D类活泼金属火灾

57. 下述气体灭火系统储存装置的安装，说法正确的是（ ）。

A. 容器阀和集流管之间应采用刚性连接
B. 容器阀上应设安全泄压装置和压力表
C. 灭火系统主管道上应设压力信号器或流量信号器
D. 选择阀的位置应远离储存容器

58. 负压类的泡沫比例混合器有（　　）。

A. 环泵式比例混合器　　　　　　　　B. 管线式泡沫比例混合器

C. 压力式泡沫比例混合器　　　　　　D. 平衡压力式泡沫比例混合器

59. 电线管路水平敷设时，管子长度超过（　　）时，中间应加接线盒。

A. 超过 30m、无弯曲　　　　　　　　B. 18m、有 1 个弯曲

C. 15m、有 2 个弯曲　　　　　　　　D. 8m、有 3 个弯曲时

60. 符合导线连接要求的是（　　）。

A. 2.5mm² 及以下的多芯铜芯线应直接与设备或器具的端子连接

B. 每个设备的端子接线不多于 3 根导线

C. 6mm² 及以下的铜芯导线在多尘场所连接应选用 IP5X 及以上的防护等级连接器

D. 绝缘导线不得采用开口端子

选做部分

共 40 题，分为两个专业组，考生可在两个专业组的 40 个试题中任选 20 题作答，按所答的前 20 题计分，每题 1.5 分。试题由单选和多选组成。错选，本题不得分；少选，所选的每个选项得 0.5 分。

一、（61~80 题）管道和设备工程

61. 各区独立运行互不干扰，供水可靠，水泵集中管理，运行费用经济。管线长，水泵较多，设备投资较高，适用于允许分区设置水箱的是（　　）。

A. 高位水箱串联供水　　　　　　　　B. 高位水箱并联供水

C. 气压罐供水　　　　　　　　　　　D. 减压水箱供水

62. 设计为室内给水系统总立管的球墨铸铁管可采用（　　）。

A. 橡胶圈机械式接口　　　　　　　　B. 承插接口

C. 螺纹法兰连接　　　　　　　　　　D. 青铅接口

63. 有关 UPVC 给水管安装，说法正确的是（　　）。

A. 适用于温度不大于 45°

B. 可用于水箱进出水管

C. 管外径 D_e > 63mm 时，宜采用承插式粘结

D. 与其他金属管材连接时，采用过渡性连接

64. 铸铁排水管材宜采用 A 型柔性法兰接口的是（　　）。

A. 排水支管　　　　　　　　　　　　B. 排水立管

C. 排水横干管　　　　　　　　　　　D. 首层出户管

65. 有关排出管安装，说法正确的是（　　）。

A. 排出管与室外排水管连接处设置检查口

B. 检查井中心至建筑物外墙的距离小于 3m

C. 排出管在隐蔽前必须做通球试验

D. 排出管穿地下构筑物的墙壁时应设防水套管

66. 对室内热水供应管道长度超过 40m 时，一般应设（　　）来补偿管道的温度变形。

A. L 型弯曲管段   B. Z 字弯曲管段

C. 套管伸缩器   D. 方形补偿器

67. 要求送风的空气分布器能将低温的新风以较小的风速均匀送出，低速、低温送风与室内分区流态是其重要特点，该通风方式为（   ）。

A. 稀释通风   B. 单向流通风

C. 均匀通风   D. 置换通风

68. 用于低浓度有害气体净化，特别是各种有机溶剂蒸气，净化效率能达到 100% 的净化方法是（   ）。

A. 燃烧法   B. 吸收法

C. 吸附法   D. 冷凝法

69. 空调按承担室内负荷的输送介质分类，属于空气-水系统的是（   ）。

A. 风机盘管系统   B. 带盘管的诱导系统

C. 风机盘管机组加新风系统   D. 辐射板系统等

70. 将回风与新风在空气处理设备前混合，利用回风的冷量或热量，来降低或提高新风温度，是空调中应用最广泛的一种形式。该空调属于（   ）。

A. 封闭式系统   B. 直流式系统

C. 一次回风系统   D. 二次回风系统

71. 有末端装置的半集中式系统，能在房间就地回风，具有风管断面小、空气处理室小、空调机房占地少、风机耗电量少的优点。此空调系统为（   ）。

A. 风机盘管系统   B. 双风管集中式系统

C. 诱导器系统   D. 变风量系统

72. 输送有毒、可燃、易爆气体介质，最高工作压力 $P > 4.0MPa$ 的长输管道属于（   ）。

A. GA1 级   B. GB1 级

C. GC1 级   D. GD1 级

73. 某工业管道设计压力 P 为 15MPa，则该管道属于（   ）。

A. 低压管道   B. 中压管道

C. 高压管道   D. 超高压管道

74. 下列有关热力管道上补偿器安装，说法正确的是（   ）。

A. 水平安装的方形补偿器应与管道保持同一坡度，垂直臂应呈水平

B. 方形补偿器两侧的第一个支架为滑动支架

C. 填料式补偿器活动侧管道的支架应为导向支架

D. 单向填料式补偿器应装在固定支架中间

75. 夹套管安装时，操作正确的是（   ）。

A. 内管直管段对接焊缝间距不应小于 100mm

B. 夹套管穿墙、平台或楼板，应装设套管和挡水环

C. 内管有焊缝时应进行 100% 射线检测

D. 真空度试验合格后进行严密性试验

76. 联苯热载体夹套的外管进行压力试验，不得采用的介质是（   ）。

A. 联苯 　　　　　　　　　　　　　　B. 氮气

C. 水 　　　　　　　　　　　　　　　D. 压缩空气

77. 在腐蚀严重或产品纯度要求高的场合使用（　　）制造设备。

A. 普通低合金钢 　　　　　　　　　　B. 铝

C. 铜和铜合金 　　　　　　　　　　　D. 铸铁

78. 利用气体或液体通过颗粒状固体层而使固体颗粒处于悬浮运动状态，并进行气固相反应过程或液固相反应过程的反应器是（　　）。

A. 釜式反应器 　　　　　　　　　　　B. 流化床反应器

C. 管式反应器 　　　　　　　　　　　D. 固定床反应器

79. 与浮顶罐比较，内浮顶储罐的优点是（　　）。

A. 绝对保证储液的质量 　　　　　　　B. 降低蒸发损耗

C. 维修简便 　　　　　　　　　　　　D. 储罐易大型化

80. 容积是 $1000 \sim 5000 m^3$ 的内浮顶油罐适合采用的施工方法是（　　）。

A. 水浮正装法 　　　　　　　　　　　B. 抱杆倒装法

C. 充气顶升法 　　　　　　　　　　　D. 整体卷装法

二、（81~100 题）电气和自动化控制工程

81. 要求尽量靠近变压器室，主要起到分配电力作用的是（　　）。

A. 高压配电室 　　　　　　　　　　　B. 低压配电室

C. 控制室 　　　　　　　　　　　　　D. 电容器室

82. 以下属于变配电设备中一次设备的是（　　）。

A. 高压断路器 　　　　　　　　　　　B. 高压隔离开关

C. 继电保护及自动装置 　　　　　　　D. 电压互感器

83. 目前应用较广的高压断路器有（　　）。

A. 多油断路器 　　　　　　　　　　　B. 少油断路器

C. 六氟化硫断路器 　　　　　　　　　D. 真空断路器

84. 高压真空断路器的形式有（　　）。

A. 悬挂式 　　　　　　　　　　　　　B. 压气式

C. 自能灭式 　　　　　　　　　　　　D. 手车式

85. 以下属于 SF_6 断路器特点的是（　　）。

A. 不能进行频繁操作 　　　　　　　　B. 运行维护复杂

C. 具有优良的电绝缘性能 　　　　　　D. 价格较低

86. 能切断工作电流，但不能切断事故电流，适用于无油化、不检修、要求频繁操作的场所的是（　　）。

A. 高压断路器 　　　　　　　　　　　B. 高压隔离开关

C. 高压负荷开关 　　　　　　　　　　D. 高压熔断器

87. 用来测量被控量的实际值，并经过信号处理，转换为与被控量有一定函数关系，且与输入信号同一物理量的信号是（　　）。

A. 放大变换环节 　　　　　　　　　　B. 反馈环节

C. 给定环节　　　　　　　　　　　　D. 校正装置

88. 控制输入信号与主反馈信号之差的是（　　　）。

A. 反馈信号　　　　　　　　　　　　B. 偏差信号

C. 误差信号　　　　　　　　　　　　D. 扰动信号

89. 用可以测量的中间变量，测量计算后转换计算出控制量的自动控制类型是（　　　）。

A. 单回路系统　　　　　　　　　　　B. 多回路系统

C. 比值系统　　　　　　　　　　　　D. 复合系统

90. 可以直接对干扰信号进行测控的自动控制类型是（　　　）。

A. 单回路系统　　　　　　　　　　　B. 多回路系统

C. 比值系统　　　　　　　　　　　　D. 复合系统

91. 使用方便、工作可靠、价格便宜，且具有高精度的放大电路，适用于远距离传输的集成温度传感器材质是（　　　）。

A. 铂及其合金　　　　　　　　　　　B. 铜-康铜

C. 镍铬-考铜　　　　　　　　　　　D. 半导体 PN 结

92. 前可供使用的双绞线多为 8 芯，在采用 10Base-T 的情况下，接收对为（　　　）。

A. 1、2 芯　　　　　　　　　　　　B. 3、6 芯

C. 4、7 芯　　　　　　　　　　　　D. 5、8 芯

93. 有关双绞线连接，描述正确的是（　　　）。

A. 星型网的布线　　　　　　　　　　B. 两端安装有 RJ-45 头

C. 最大网线长度为 500m　　　　　　D. 可安装 4 个中继器

94. 对于同轴电缆的细缆连接，描述正确的是（　　　）。

A. 与 RJ-45 接口相连　　　　　　　B. 每段干线长度最大为 925m

C. 每段干线最多接入 30 个用户　　　D. 最多采用 3 个中继器

95. 电磁绝缘性能好、信号衰减小、频带宽、传输速度快、传输距离大。主要用于要求传输距离较长、布线条件特殊的主干网连接的网络传输介质是（　　　）。

A. 非屏蔽双绞线　　　　　　　　　　B. 屏蔽双绞线

C. 同轴电缆　　　　　　　　　　　　D. 光纤

96. 智能建筑系统的智能化子系统构成有（　　　）。

A. 楼宇自动化系统（BAS）　　　　　B. 通信自动化系统（CAS）

C. 办公自动化系统（OAS）　　　　　D. 综合布线系统（PDS）

97. 以下属于楼宇自动化系统的是（　　　）。

A. 视频监控系统　　　　　　　　　　B. 数字信息分析处理

C. 联动系统　　　　　　　　　　　　D. 计算机网络

98. 体积小、重量轻、便于隐蔽、寿命长、价格低、易调整，被广泛使用在安全技术防范工程中的线型探测器是（　　　）。

A. 开关入侵探测器　　　　　　　　　B. 主动红外探测器

C. 带孔同轴电缆电场畸变探测器　　　D. 次声探测器

99. 传输视频图像的距离远、传输图像质量好、抗干扰、保密、体积小、重量轻、抗

腐蚀、容易敷设的系统信号的传输是（　　）。

A. 双绞线传输

B. 音频屏蔽线传输

C. 同轴电缆传输

D. 光缆传输

100. 与基带传输相比，闭路监控频带传输的特点是（　　）。

A. 不需要调制，解调

B. 传输距离一般不超过 2km

C. 设备花费少

D. 提高通信线路的利用率

模拟题二

一、单项选择题（共 40 题，每题 1 分。每题的备选项中，只有 1 个最符合题意）

1. 对铸铁的韧性和塑性影响最大的是石墨的（　　）。

   A. 数量　　　　　　　　　　　　B. 形状

   C. 大小　　　　　　　　　　　　D. 分布

2. 抗拉强度与钢相当，扭转疲劳强度甚至超过 45 钢。在实际工程中常用来代替钢制造某些重要零件，如曲轴、连杆和凸轮轴的是（　　）。

   A. 灰铸铁　　　　　　　　　　　B. 球墨铸铁

   C. 蠕墨铸铁　　　　　　　　　　D. 可锻铸铁

3. 强度高，密度小，有良好的耐蚀性，但铸造性能不佳，耐热性不良，多用于制造承受冲击荷载，以及在腐蚀性介质中工作的外形不太复杂的零件，如氨用泵体的是（　　）。

   A. Al-Si 铸造铝合金　　　　　　B. Al-Cu 铸造铝合金

   C. Al-Mg 铸造铝合金　　　　　　D. Al-Zn 铸造铝合金

4. 可制造齿轮、轴套和蜗轮等在复杂条件下工作的高强度抗磨零件，以及弹簧和其他高耐蚀性弹性元件的是（　　）。

   A. 铝黄铜　　　　　　　　　　　B. 锡青铜

   C. 铝青铜　　　　　　　　　　　D. 硅青铜

5. 可用于输送浓硝酸、强碱等介质，但焊接难度大的有色金属管是（　　）。

   A. 铅及铅合金管　　　　　　　　B. 铜及铜合金管

   C. 铝及铝合金管　　　　　　　　D. 钛及钛合金管

6. 耐温范围广（-70~110℃），能够任意弯曲安装简便，无味、无毒。适用于建筑冷热水管道、供暖管道、雨水管道、燃气管道的是（　　）。

   A. 氯化聚氯乙烯管　　　　　　　B. 聚乙烯管

   C. 交联聚乙烯管　　　　　　　　D. 聚丁烯管

7. 对用于法兰连接时的聚四氟乙烯垫片描述正确的是（　　）。

   A. 耐多种酸、碱、盐的腐蚀　　　B. 粘结金属法兰面

   C. 耐熔融碱金属腐蚀　　　　　　D. 可用于压力较高的场合

8. 具有多道密封和一定的自紧功能，不粘结法兰密封面，能在高温、低压、高真空、冲击振动等循环交变的各种苛刻条件下保持其优良的密封性能的垫片是（　　）。

   A. 柔性石墨垫片　　　　　　　　B. 金属缠绕式垫片

   C. 齿形金属垫片　　　　　　　　D. 金属环形垫片

9. 以下属于借助于介质本身的流量、压力或温度参数发生变化而自行动作的阀门是

（   ）。

A. 节流阀   B. 闸阀

C. 截止阀   D. 疏水器

10. 有线通信系统中有关同轴电缆描述错误的是（   ）。

A. 芯线越粗损耗越小   B. 长距离传输多采用内导体粗的电缆

C. 损耗与工作频率的平方根成反比   D. 衰减随着温度增高而增大

11. 以下属于埋弧焊特点的是（   ）。

A. 可用于焊铝、钛及其合金   B. 可进行全位置焊接

C. 焊接质量好   D. 适合焊厚度小于 1mm 的薄板

12. 普通结构钢、低合金钢的焊接可选用（   ）。

A. 中硅或低硅型焊剂   B. 高锰、高硅型焊剂

C. 低锰、低硅型焊剂   D. 烧结陶质焊剂

13. 以下对于焊接参数选择正确的是（   ）。

A. 为了提高劳动生产率应选择小直径焊条

B. 焊接电流选择的最主要的因素是焊条直径和焊缝空间位置

C. 使用酸性焊条焊接一般采用短弧焊

D. 重要焊接结构或厚板大刚度结构的焊接应选用交流焊机

14. 可获得高强度、较高的弹性极限和韧性，主要用于重要结构零件的热处理是（   ）。

A. 去应力退火   B. 正火

C. 淬火   D. 高温回火

15. 以下对于高压无气喷涂法说法正确的是（   ）。

A. 有涂料回弹和大量漆雾飞扬   B. 涂料利用率低

C. 涂膜质量较好   D. 是应用最广泛的涂装方法

16. 适用于以聚苯乙烯泡沫塑料、聚氯乙烯泡沫塑料、聚氨酯泡沫塑料作为绝热层且施工方便、工艺简单、效率高、不受绝热面几何形状限制、无接缝、整体性好，该绝热层为（   ）。

A. 涂抹绝热层   B. 喷涂绝热层

C. 浇注式绝热层   D. 闭孔橡胶挤出发泡材料

17. 以下属于桥架型起重机的是（   ）。

A. 门式起重机   B. 门座起重机

C. 桅杆起重机   D. 缆索起重机

18. 起重机吊装荷载的组成是（   ）。

A. 被吊物重量

B. 被吊物在吊装状态下的重量

C. 被吊物在吊装状态下的重量和吊、索具重量

D. 被吊物在吊装状态下的重量及吊、索具重量和滑车重量

19. 以下对于管道气压试验说法正确的是（   ）。

A. 承受内压的钢管气压试验压力为设计压力的 1.5 倍

B. 压力泄放装置的设定压力不得低于试验压力的 1.1 倍

C. 输送极度和高度危害介质必须进行泄漏性试验

D. 泄漏性试验合格后进行气压试验

20. 对在基础上作液压试验且容积大于 $100m^3$ 的设备，液压试验的同时，在（　　　）时，应作基础沉降观测。

A. 充液时 　　　　　　　　　　　　B. 充液 1/2

C. 充液 2/3 　　　　　　　　　　　D. 充满液

21. 表示分部工程编码的是（　　　）。

A. 第一、二位数字 　　　　　　　　B. 第三、四位数字

C. 第五、六位数字 　　　　　　　　D. 第七、八、九位数字

22. 对《安装工程计量规范》附录中工作内容的描述正确的是（　　　）。

A. 同一项目特征对应的工作内容必须一致

B. 工作内容体现的是清单项目质量或特性的要求或标准

C. 编制工程量清单时要描述工作内容

D. 工作内容因施工工艺和方法不同而不同

23. 对精密零件、滚动轴承表面的油脂清洗，可以采用的方法是（　　　）。

A. 超声波清洗 　　　　　　　　　　B. 乙醇浸洗

C. 喷洗 　　　　　　　　　　　　　D. 浸-喷联合清洗

24. 对润滑脂性能表述正确的是（　　　）。

A. 具有更高承载能力和更好的阻尼减震能力　B. 在垂直表面上易流失

C. 冷却散热性能好 　　　　　　　　D. 供脂换脂比油方便

25. 传动比大、传动比准确、传动平稳、噪声小、结构紧凑、能自锁，但传动效率低、工作时产生摩擦热大、需良好的润滑是（　　　）。

A. 螺栓连接 　　　　　　　　　　　B. 滑动轴承装配

C. 齿轮传动装配 　　　　　　　　　D. 蜗轮蜗杆传动机构

26. 工作可靠、平稳、无噪声、油膜吸振能力强，因此可承受较大的冲击荷载是（　　　）。

A. 螺栓连接 　　　　　　　　　　　B. 滑动轴承装配

C. 齿轮传动装配 　　　　　　　　　D. 蜗轮蜗杆传动机构

27. 可以输送具有磨琢性、化学腐蚀性的或有毒的散状固体物料，甚至输送高温物料。但不能输送黏性强的物料，同时不能大角度向上倾斜输送物料的输送机是（　　　）。

A. 带式输送机 　　　　　　　　　　B. 螺旋输送机

C. 埋刮板输送机 　　　　　　　　　D. 振动输送机

28. 结构简单、运行、安装、维修方便，操作安全可靠，使用寿命长，经济性好的设备是（　　　）。

A. 带式输送机 　　　　　　　　　　B. 斗式提升输送机

C. 鳞板输送机 　　　　　　　　　　D. 螺旋输送机

29. 以下属于锅炉辅助设备是（　　　）。

A. 送风装置　　　　　　　　　　　　B. 水-汽系统

C. 蒸汽过热器　　　　　　　　　　　D. 省煤器

30. 反映蒸汽锅炉容量大小的指标是（　　　）。

A. 额定蒸发量　　　　　　　　　　　B. 受热面蒸发率

C. 受热面发热率　　　　　　　　　　D. 锅炉热效率

31. 反映热水锅炉工作强度指标的是（　　　）。

A. 额定蒸发量　　　　　　　　　　　B. 受热面蒸发率

C. 受热面发热率　　　　　　　　　　D. 锅炉热效率

32. 对于锅炉锅筒的安装，说法正确的是（　　　）。

A. 上锅筒设支座，下锅筒靠对流管束支撑　　B. 下锅筒设支座，上锅筒用吊环吊挂

C. 上、下锅筒均设支座　　　　　　　D. 水压试验合格后安装锅筒内部装置

33. 二氧化碳灭火系统不适用于扑救的火灾是（　　　）。

A. 油浸变压器室　　　　　　　　　　B. 油轮油舱

C. 活泼金属及其氢化物的火灾　　　　D. 大中型电子计算机房

34. 符合绿色环保要求，灭火剂是以固态常温常压储存，属于无管网灭火系统，安装相对灵活且造价相对较低的气体灭火系统是（　　　）。

A. 二氧化碳灭火系统　　　　　　　　B. 七氟丙烷灭火系统

C. IG541 混合气体灭火系统　　　　　D. 热气溶胶预制灭火系统

35. 输送气体灭火剂的管道应采用（　　　）。

A. 无缝钢管　　　　　　　　　　　　B. 不锈钢管

C. 铜管　　　　　　　　　　　　　　D. 焊接钢管

36. 有关非抗溶性低倍数泡沫灭火剂，说法正确的是（　　　）。

A. 可扑救乙醇、甲醇等液体

B. 宜扑灭流动着的可燃液体或气体火灾

C. 适用于扑灭炼油厂、油库、鹤管栈桥、机场等处火灾

D. 宜与水枪和喷雾系统同时使用

37. 按"消防工程"相关项目编码列项的是（　　　）。

A. 消防管道上的阀门　　　　　　　　B. 消防管道进行探伤

C. 消防管道除锈、刷油、保温　　　　D. 水流指示器

38. 按不同点数以"系统"计算的消防系统调试是（　　　）。

A. 自动报警系统调试　　　　　　　　B. 水灭火控制装置调试

C. 防火控制装置调试　　　　　　　　D. 气体灭火系统装置调试

39. 电机控制和保护设备安装符合要求的是（　　　）。

A. 电机控制及保护设备应远离电动机

B. 每台电动机均应安装控制和保护设备

C. 采用热元件时的保护整定值一般为电动机额定电流的 1.5~2.5 倍

D. 采用熔丝时保护整定值为电机额定电流的 1.1~1.25 倍

40. 以下属于低压控制电器的是（　　　）。

A. 转换开关   B. 自动开关

C. 接触器   D. 熔断器

二、多项选择题（共 20 题，每题 1.5 分，每题的备选项中，有 2 个或 2 个以上符合题意，至少有 1 个错项。错选，本题不得分；少选，所选的每个选项得 0.5 分）

41. 使用温度 700℃以上，高温用的多孔质绝热材料是（ ）。

A. 石棉   B. 硅藻土

C. 硅酸钙   D. 蛭石加石棉

42. 以下属于石墨性能的是（ ）。

A. 极高的导热性   B. 强度随着温度的增加而降低

C. 耐硝酸的腐蚀   D. 耐熔融的碱腐蚀

43. 呋喃树脂漆不宜直接涂覆在金属或混凝土表面，使用时可作为其底漆的有（ ）。

A. 环氧树脂   B. 生漆

C. 过氯乙烯漆   D. 酚醛树脂清漆

44. 对于松套法兰描述正确的是（ ）。

A. 主要用于工况比较苛刻的场合

B. 多用于铜、铝等有色金属及不锈钢管道上

C. 法兰与管子材料必须一致

D. 大口径上易于安装

45. 对铜（铝）芯聚氯乙烯绝缘聚氯乙烯护套电力电缆描述正确的有（ ）。

A. 绝缘性能优良   B. 长期工作温度不超过 160℃

C. 短路最长持续时间不超过 5s D. 最小弯曲半径不小于电缆直径的 10 倍

46. 钎焊具有的特点是（ ）。

A. 可用于结构复杂、开敞性差的焊件

B. 容易实现异种金属、金属与非金属的连接

C. 接头的强度高、耐热能力好

D. 多采用搭接接头

47. 可用刷涂法进行小面积工件涂装的漆是（ ）。

A. 硝基漆   B. 酚醛漆

C. 过氯乙烯   D. 油性红丹漆

48. 对于履带式起重机描述正确的是（ ）。

A. 可以全回转作业   B. 对基础要求较高

C. 适用于没有道路的工地、野外等场所 D. 可以一机多用

49. 对于蒸汽吹扫，说法正确的是（ ）。

A. 管道绝热工程完成后再进行蒸汽吹扫

B. 流速不应小于 20m/s

C. 吹扫前应先进行暖管并及时疏水

D. 应按加热、冷却、再加热的顺序循环进行

50. 安装工程工程量的计量依据和文件包括的范围为（ ）。

A.《安装工程计量规范》的各项规定　　　B. 拟定的投标文件

C. 经审定通过的施工设计图纸及说明　　　D. 常规施工方案

51.《安装计量规范》中规定的基本安装高度为 5m 的是（　　　）。

A. 通风空调工程　　　　　　　　　　　　B. 建筑智能化工程

C. 消防工程　　　　　　　　　　　　　　D. 电气设备安装工程

52. 以下对于安装工业管道与市政工程管网的界定，说法正确的是（　　　）。

A. 给水管道以厂区入口水表井为界

B. 排水管道以厂区围墙内第一个污水井为界

C. 热力和燃气以厂区入口第一个计量表（阀门）为界

D. 室外给排水、供暖、燃气管道以市政管道碰头井为界

53. 电梯的轿厢引导系统和对重引导系统均由（　　　）组成。

A. 导向轮　　　　　　　　　　　　　　　B. 导轨架

C. 导靴　　　　　　　　　　　　　　　　D. 导轨

54. 混流泵是介于离心泵和轴流泵之间的一种泵，混流泵的特点是（　　　）。

A. 比转数高于离心泵、低于轴流泵　　　　B. 比转数低于离心泵、高于轴流泵

C. 流量比轴流泵小、比离心泵大　　　　　D. 扬程比轴流泵高、比离心泵低

55. 属于燃烧前脱硫技术的是（　　　）。

A. 洗选法　　　　　　　　　　　　　　　B. 化学浸出法

C. 微波法　　　　　　　　　　　　　　　D. 石灰石/石膏法

56. 有关消防水泵接合器设置符合要求的是（　　　）。

A. 消防车可通过消防水泵接合器加压送水

B. 水泵接合器处应设置永久性标志铭牌

C. 水泵接合器应设在距室外消火栓 15m 以内

D. 水泵接合器应距离消防水池 40m 上

57. 下列室内消火栓给水系统应设置消防水泵接合器的是（　　　）。

A. 超过四层的其他多层民用建筑

B. 高层工业建筑

C. 超过 2 层或建筑面积大于 10000m² 的地上建筑

D. 室内消火栓设计流量大于 l0L/s 平战结合的人防工程

58. 与自动喷水灭火系统相比，水喷雾灭火系统具有的特点是（　　　）。

A. 能够扑灭 C 类电气火灾

B. 水压低、水量小

C. 用于高层建筑内的柴油机发电机房、燃油锅炉房

D. 需要与防火卷帘或防火幕配合使用

59. 常见电光源中，属于气体放电发光电光源的是（　　　）。

A. 荧光灯　　　　　　　　　　　　　　　B. LED 灯

C. 卤钨灯　　　　　　　　　　　　　　　D. 金属卤化物灯

60. 与外镇流式高压水银灯相比，自镇流高压汞灯的特点是（　　　）。

A. 显色性好   B. 功率因数高

C. 寿命长   D. 发光效率高

选做部分

共 40 题，分为两个专业组，考生可在两个专业组的 40 个试题中任选 20 题作答，按所答的前 20 题计分，每题 1.5 分。试题由单选和多选组成。错选，本题不得分；少选，所选的每个选项得 0.5 分。

一、(61~80 题) 管道和设备工程

61. 适用于工作温度不大于 70℃，可承受高浓度的酸和碱腐蚀，防冻裂，安装简单，使用寿命长达 50 年的是 ( )。

A. 硬聚氯乙烯给水管   B. 聚丙烯给水管

C. 聚乙烯管   D. 聚丁烯管

62. 对于室内给水管道引入管的敷设，说法正确的是 ( )。

A. 引入管上应装设阀门、水表和止回阀

B. 引入管上应绕水表旁设旁通管

C. 环状管网应有 2 条或 2 条以上引入管

D. 枝状管网只需 1 条引入管

63. 以下对于给水管道安装顺序说法正确的是 ( )。

A. 防冻、防结露完成后进行水压试验   B. 水压试验压力为设计压力的 1.25 倍

C. 试压合格后进行管道防腐   D. 交付使用前冲洗、消毒

64. 适合建筑面积大，周围空地面积有限的大型单体建筑和小型建筑群落的地源热泵是 ( )。

A. 水平式地源热泵   B. 垂直式地源热泵

C. 地表水式地源热泵   D. 地下水式地源热泵

65. 管网控制方便，可实现分片供热，比较适用于面积较小、厂房密集的小型工厂的热网布置形式为 ( )。

A. 枝状管网   B. 环状管网

C. 辐射管网   D. 直线管网

66. 排气方便，室温可调节，易产生垂直失调，是最常用的双管系统做法。该机械循环热水供暖系统的是 ( )。

A. 双管上供下回式   B. 单—双管式

C. 双管中供式   D. 水平串联单管式

67. 目前高层建筑的垂直疏散通道和避难层 (间)，如防烟楼梯间和消防电梯，以及与之相连的前室和合用前室主要采用的防排烟方式是 ( )。

A. 自然排烟   B. 竖井排烟

C. 机械排烟   D. 加压防烟系统

68. 能够有效的收集物料，多用于集中式输送，即多点向一点输送，但输送距离受到一定限制的气力输送形式是 ( )。

A. 吸送式   B. 循环式

C. 混合式   D. 压送式

69. 与喷水室相比，表面式换热器具有（　　）特点。

A. 构造简单，占地少   B. 对水的清洁度要求高

C. 对空气加湿   D. 水侧阻力大

70. 能较好地去除 $0.5\mu m$ 以上的灰尘粒子，可做净化空调系统的中间过滤器和低级别净化空调系统的末端过滤器，其滤料为超细玻璃纤维滤纸和丙纶纤维滤纸的是（　　）。

A. 中效过滤器   B. 高中效过滤器

C. 亚高效过滤器   D. 高效过滤器

71. 矩形风管无法兰连接形式有（　　）。

A. 插条连接   B. 承插连接

C. 立咬口连接   D. 薄钢材法兰弹簧夹连接

72. 热力管道直接埋地敷设时，在补偿器和自然转弯处应设（　　）。

A. 通行地沟   B. 半通行地沟

C. 不通行地沟   D. 检查井

73. 热力管道安装符合要求的是（　　）。

A. 蒸汽支管应从主管下部或侧面接出

B. 汽、水逆向流动时蒸汽管道坡度一般为 3‰

C. 蒸汽管道敷设在其前进方向的左侧，凝结水管道敷设在右侧

D. 减压阀应垂直安装在水平管道上

74. 压缩空气管道安装符合要求的是（　　）。

A. 一般选用低压流体输送用焊接钢管、镀锌钢管及无缝钢管

B. 弯头的弯曲半径一般是 $3D$

C. 支管从总管或干管的底部引出

D. 强度和严密性试验的介质一般为水

75. 压缩空气管道安装符合要求的是（　　）。

A. 可选用无缝钢管

B. 支管从总管或干管的底部引出

C. 气密性试验合格后进行强度及严密性试验

D. 强度及严密性试验介质一般是水

76. 铝及铝合金管切割时一般采用（　　）。

A. 砂轮机   B. 车床切割

C. 氧—乙炔火焰切割   D. 手工锯条切割

77. 生产能力大，操作弹性大，塔板效率高，气体压降及液面落差较小，塔造价较低，是国内许多工厂进行蒸馏操作时最乐于采用的一种塔型。该塔是（　　）。

A. 泡罩塔   B. 筛板塔

C. 浮阀塔   D. 浮动喷射塔

78. 结构简单，阻力小，对于直径较小的塔，在处理有腐蚀性的物料或减压蒸馏时，

具有明显的优点。此种塔设备为（　　）。

A. 泡罩塔　　　　　　　　　　　　　　B. 筛板塔

C. 浮阀塔　　　　　　　　　　　　　　D. 填料塔

79. 组装速度快、应力小、不需要很大的吊装机械，但高空作业量大，需要相当数量的夹具，全位置焊接技术要求高，适用于任意大小球罐安装的方法是（　　）。

A. 分片组装法　　　　　　　　　　　　B. 分带分片混合组装法

C. 环带组装法　　　　　　　　　　　　D. 拼半球组装法

80. 应在焊后立即进行热消氢处理的球罐焊缝有（　　）。

A. 厚度大于 32mm 的高强度钢　　　　 B. 壁厚大于 34mm 的碳钢

C. 厚度大于 38mm 的其他低合金钢　　 D. 锻制凸缘与球壳板的对接焊缝

二、（81~100 题）电气和自动化控制工程

81. 与隔离开关不同的是，高压负荷开关（　　）。

A. 有明显可见的断开间隙

B. 有简单的灭弧装置

C. 能带负荷操作

D. 适用于无油化、不检修、要求频繁操作的场所

82. RN_1 系列高压熔断器用于（　　）。

A. 电力变压器短路保护　　　　　　　 B. 电力线路短路保护

C. 电压互感器的短路保护　　　　　　 D. 配电变压器短路保护

83. 变压器室外安装安装时，需要安装在室内的是（　　）。

A. 电流互感器　　　　　　　　　　　 B. 隔离开关

C. 测量系统及保护系统开关柜、盘、屏　D. 断路器

84. 以下对于变压器柱上安装，说法正确的是（　　）。

A. 适合于小容量变压器安装

B. 安装高度为离地面 2m 以上

C. 变压器外壳、中性点和避雷器三者合用一组接地引下线接地装置

D. 接地极根数每组 1 根

85. 以下属于第二类防雷建筑物的是（　　）。

A. 军工用品　　　　　　　　　　　　 B. 省级档案馆

C. 大型火车站　　　　　　　　　　　 D. 国家级重点文物保护的建筑物

86. 以下避雷针安装符合要求的是（　　）。

A. 引下线离地面 1.8m 处加断接卡子

B. 避雷针与引下线之间的连接可采用焊接

C. 避雷针应热镀锌

D. 避雷针及其接地装置应采取自上而下的施工程序

87. 以热电偶为材料的热电势传感器，当自由端距热源较近时，通常需采用（　　）和热电偶连接。

A. 半导体 PN 结　　　　　　　　　　 B. 铂及其合金

C. 镍铬-考铜　　　　　　　　　　　　D. 补偿导线

88. 一般用于精密测温, 其匹配性能好的双端温度传感器是 (　　)。

A. AD590 J　　　　　　　　　　　　　B. AD590 K

C. AD590 L　　　　　　　　　　　　　D. AD590 M

89. 积分调节是调节器输出使调节机构动作, 一直到被调参数与给定值之间偏差消失为止, 能用在 (　　) 的调节上。

A. 压力　　　　　　　　　　　　　　　B. 流量

C. 液位　　　　　　　　　　　　　　　D. 温度

90. 符合涡轮式流量计安装要求的是 (　　)。

A. 垂直安装

B. 安装在直管段

C. 流量计的前端应有长度为 $5D$ (D 为管径) 的直管

D. 传感器前后的管道中装有弯头时直管段的长度需相应减少

91. 符合电动调节阀安装要求的是 (　　)。

A. 电动调节阀在管道防腐和试压后进行

B. 应水平安装于水平管道上

C. 一般装在供水管上

D. 阀旁应装有旁通阀和旁通管路

92. 当网络规模较大, 或者网络应用较复杂, 则可采用 (　　)。

A. RJ-45 双绞线接口千兆位网卡

B. 光纤接口的千兆位网卡

C. 10/100Mbps 的 RJ-45 接口快速以太网网卡

D. 10/100/1000Mbps 双绞线以太网网卡

93. 在大中型网络中, 核心和骨干层交换机都要采用 (　　)。

A. 二层交换机　　　　　　　　　　　　B. 三层交换机

C. 四层交换机　　　　　　　　　　　　D. 七层交换机

94. 以下属于卫星电视接收系统室外单元设备的是 (　　)。

A. 高频头　　　　　　　　　　　　　　B. 接收天线

C. 卫星接收机　　　　　　　　　　　　D. 电视机

95. 把放大后的中频信号均等地分成若干路, 以供多台卫星接收机接收多套电视节目的是 (　　)。

A. 高频头　　　　　　　　　　　　　　B. 功分器

C. 调制器　　　　　　　　　　　　　　D. 混合器

96. 将摄像机输出的图像信号调制为电磁波, 常用在同时传输多路图像信号而布线相对容易的场所, 该信号传输的方式为 (　　)。

A. 直接传输　　　　　　　　　　　　　B. 射频传输

C. 微波传输　　　　　　　　　　　　　D. 光纤传输

97. 对于门禁控制系统, 表述正确的是 (　　)。

A. 主控模块、协议转换器属于前端设备

B. 门禁系统是典型的集散型控制系统

C. 监视、控制的现场网络完成各系统数据的高速交换和存储

D. 信息管理、交换的上层网络能够实现分散的控制设备、数据采集设备之间的通信连接

98. 根据通信线路和接续设备的分离，属于管理子系统的为（　　　）。

A. 建筑物配线架　　　　　　　　　　　B. 建筑物楼层网络设备

C. 楼层配线架　　　　　　　　　　　　D. 建筑物的网络设备

99. 有关水平布线子系统，说法正确的是（　　）。

A. 水平子系统的水平电缆最大长度为 90m

B. 通过转接点可实现多次转接

C. 水平系统布线是水平布线

D. 接插软线或跳线的长度不应超过 10m

100. 有关垂直干线子系统，说法正确的是（　　）。

A. 建筑物配线架到楼层配线架的距离不应超 2000m

B. 垂直干线子系统是垂直布线

C. 信息的交接最多 2 次

D. 布线走向应选择干线线缆最短、最安全和最经济的路由

模拟题三

一、单项选择题（共 **40** 题，每题 **1** 分。每题的备选项中，只有 **1** 个最符合题意）

1. 具有气孔率高、耐高温及保温性能好、密度小的特点，属于目前应用最多、最广的耐火隔热保温材料的是（　　）。

A. 硅藻土 　　　　　　　　　　　　B. 硅酸铝耐火纤维

C. 微孔硅酸钙 　　　　　　　　　　D. 矿渣棉制品

2. 合成树脂分子结构为直线型，进行反复加热冷却但化学成分没有发生变化的热塑性树脂是（　　）。

A. 低密度聚乙烯 　　　　　　　　　B. 聚苯乙烯

C. 酚醛树脂 　　　　　　　　　　　D. 环氧树脂

3. 能耐强酸、强碱和有机溶剂腐蚀，并能适用于其中两种介质的结合或交替使用的场合，特别适用于农药、人造纤维、染料、纸浆和有机溶剂的回收以及废水处理系统等工程的热固性塑料是（　　）。

A. 酚醛树脂 　　　　　　　　　　　B. 环氧树脂

C. 呋喃树脂 　　　　　　　　　　　D. 不饱和聚酯树脂

4. 具有优良阻燃性能，其重量轻，刚性大，尺寸稳定性好，耐化学腐蚀，价格低廉，广泛应用于中央空调系统、房屋隔热降能保温、化工管道的深低温的保温、车船等场所的保温领域的是（　　）。

A. 聚苯乙烯泡沫 　　　　　　　　　B. 聚氯乙烯泡沫

C. 聚氨酯泡沫 　　　　　　　　　　D. 酚醛泡沫

5. 最轻的热塑性塑料管，具有较高的强度，较好的耐热性，在 1.0MPa 下长期（50 年）使用温度可达 70℃的是（　　）。

A. 无规共聚聚丙烯管（PP-R） 　　　B. 聚丁烯（PB）管

C. 工程塑料（ABS）管 　　　　　　D. 耐酸酚醛塑料管

6. 质量轻，强度大，坚固耐用，适用于输送潮湿和酸碱等腐蚀性气体的通风系统的是（　　）。

A. 铝塑复合管 　　　　　　　　　　B. 涂塑钢管

C. 钢骨架聚乙烯（PE）管 　　　　　D. 玻璃钢管（FRP 管）

7. 以下对于蝶阀性能描述错误的是（　　）。

A. 可快速启闭 　　　　　　　　　　B. 良好的流量控制特性

C. 流体阻力大 　　　　　　　　　　D. 适合安装在大口径管道上

8. 阀门的进、出口一般要伴装截止阀，且阀门的工作原理是介质通过阀瓣通道小孔时阻力增大，经节流达到使用目的，该阀门是（　　）。

A. 安全阀   B. 止回阀

C. 节流阀   D. 减压阀

9. 高温下可正常运行，适用于工业、民用、国防及其他如高温、腐蚀、核辐射、防爆等恶劣环境及消防系统、救生系统场合的电缆是（   ）。

A. 铜（铝）芯交联聚乙烯绝缘电力电缆   B. 预制分支电缆

C. 矿物绝缘电缆   D. 穿刺分支电缆

10. 下列情况中，应当选用酸性焊条的是（   ）。

A. 承受动载荷和冲击载荷的焊件

B. 为了提高生产效率和保障焊工的健康

C. 母材中碳、硫、磷等元素含量偏高的焊件

D. 结构形状复杂、刚性大的厚大焊件

11. 绝大多数场合选用的焊后热处理方法是（   ）。

A. 低温回火   B. 单一的中温回火

C. 单一的高温回火   D. 正火加高温回火

12. 以下对于涡流探伤特点描述正确的是（   ）。

A. 检测速度快

B. 探头与试件需直接接触

C. 不受试件大小和形状限制

D. 可适用于非导体的表面、近表面缺陷检测

13. 因涡流和磁滞作用使钢材发热，具有效率高、升温速度快、调节方便、无剩磁等特点的焊后热处理方法是（   ）。

A. 感应加热   B. 火焰加热法

C. 电阻炉加热法   D. 红外线加热法

14. 对于塑料薄膜作防潮隔气层时，说法正确的是（   ）。

A. 在保温层外表面缠绕聚乙烯或聚氯乙烯薄膜

B. 适用于纤维质绝热层

C. 适用于硬质预制块绝热层

D. 适用于涂抹的绝热层

15. 适用于硬质材料的绝热层上面或要求防火的管道上的保护层是（   ）。

A. 塑料薄膜保护层   B. 玻璃丝布保护层

C. 石棉石膏或石棉水泥保护层   D. 金属薄板保护层

16. 三台起重机共同抬吊一个设备，已知设备质量为60t，索吊具质量为2t，不均匀载荷系数取上限，则计算载荷应为（   ）。

A. 62t   B. 68. 20t

C. 79. 20t   D. 81. 84t

17. 用在重量不大、跨度、高度较大的场合，如桥梁建造、电视塔顶设备吊装的吊装方法是（   ）。

A. 塔式起重机吊装   B. 履带起重机吊装

C. 缆索系统吊装　　　　　　　　　　　D. 液压提升

18. 承受内压的埋地钢管道，试验温度下的许用应力为 600MPa，设计温度下的许用应力为 300MPa，则液压试验压力应为设计压力的（　　　）。

A. 1.15 倍　　　　　　　　　　　　　B. 1.5 倍

C. 3 倍　　　　　　　　　　　　　　D. 9.75 倍

19. 对于设备的气压试验，说法正确的是（　　　）。

A. 气压试验介质应采用干燥洁净的空气、氮气或惰性气体

B. 碳素钢和低合金钢制设备试验时气体温度不得低于 5℃

C. 气压试验压力与设计压力相同

D. 气密性试验合格后进行气压试验

20. 依据《通用安装工程工程量计算规范》GB 50856 的规定，编码 030411 所表示的项目名称为（　　　）。

A. 电缆安装　　　　　　　　　　　　B. 防雷及接地装置

C. 配管、配线　　　　　　　　　　　D. 照明灯具安装

21. 以下属于《通用安装工程工程量计算规范》GB 50856 中通用措施项目列项的是（　　　）。

A. 特殊地区施工增加　　　　　　　　B. 高层施工增加

C. 脚手架搭拆　　　　　　　　　　　D. 安装与生产同时进行施工增加

22. 泵内装有两个相反方向同步旋转的叶形转子，启动快，耗功少，运转维护费用低，抽速大、效率高，对被抽气体中所含的少量水蒸气和灰尘不敏感，广泛用于真空冶金以及真空蒸馏等方面的是（　　　）。

A. 罗茨泵　　　　　　　　　　　　　B. 扩散泵

C. 电磁泵　　　　　　　　　　　　　D. 水环泵

23. 本身为一种次级泵，需要机械泵作为前级泵，是目前获得高真空最广泛、最主要的工具。该泵是（　　　）。

A. 罗茨泵　　　　　　　　　　　　　B. 扩散泵

C. 喷射泵　　　　　　　　　　　　　D. 水锤泵

24. 以下属于往复式通风机的是（　　　）。

A. 螺杆式　　　　　　　　　　　　　B. 轴流式

C. 活塞式　　　　　　　　　　　　　D. 罗茨式

25. 风机试运转时，应符合的要求有（　　　）。

A. 风机起动后应在临界转速附近运转

B. 风机的润滑油冷却系统中的冷却水压力必须高于油压

C. 起动油泵先于风机启动，停止则晚于风机停转

D. 风机达额定转速后将风机调理到最大负荷

26. 以下属于连续式工业炉的是（　　　）。

A. 室式炉　　　　　　　　　　　　　B. 台车式炉

C. 井式炉　　　　　　　　　　　　　D. 振底式炉

27. 与单段煤气发生炉相比，双段式煤气发生炉具有的特点是（　　）。

A. 效率较高　　　　　　　　　　　　B. 容易堵塞管道

C. 输送距离短　　　　　　　　　　　D. 长期运行成本高

28. 锅炉对流管束安装时做法正确的是（　　）。

A. 应先胀后焊　　　　　　　　　　　B. 胀接前行水压试验

C. 补胀不宜多于 2 次　　　　　　　　D. 先焊锅筒焊缝后焊集箱对接焊口

29. 锅炉水压试验的范围不包括（　　）。

A. 过热器　　　　　　　　　　　　　B. 对流管束

C. 安全阀　　　　　　　　　　　　　D. 锅炉本体范围内管道

30. 结构简单、处理烟气量大，没有运动部件、造价低、维护管理方便，除尘效率一般可达 85% 左右，在工业锅炉烟气净化中应用最广泛，该除尘设备是（　　）。

A. 湿式除尘器　　　　　　　　　　　B. 旋风除尘器

C. 麻石水膜除尘器　　　　　　　　　D. 旋风水膜除尘器

31. 下述喷水灭火系统中，喷头为开式的是（　　）。

A. 湿式灭火系统　　　　　　　　　　B. 干式灭火系统

C. 预作用系统　　　　　　　　　　　D. 自动喷水雨淋系统

32. 对于喷水灭火系统喷头的安装，说法正确的是（　　）。

A. 喷头应在系统管道试压、冲洗前安装

B. 应利用喷头的框架施拧

C. 喷头上应加红色装饰性涂层

D. 喷头安装时不得对喷头进行拆装、改动

33. 高倍泡沫灭火系统能用于扑救（　　）火灾。

A. 固体物资仓库及地下建筑工程　　　B. 立式钢制贮油罐内

C. 未封闭的带电设备　　　　　　　　D. 硝化纤维

34. 非吸气型泡沫喷头能采用（　　）。

A. 蛋白泡沫液　　　　　　　　　　　B. 氟蛋白泡沫液

C. 水成膜泡沫液　　　　　　　　　　D. 成膜氟蛋白泡沫液

35. 属于干粉灭火设备的是（　　）。

A. 报警控制器　　　　　　　　　　　B. 信号反馈装置

C. 减压阀　　　　　　　　　　　　　D. 火灾探测器

36. 采用在电路中串入电阻的方法以减小启动电流的是（　　）。

A. 自耦减压起动控制柜（箱）减压起动　B. 绕线转子异步电动机起动

C. 软启动器　　　　　　　　　　　　D. 变频启动

37. 延时精确度较高，且延时时间调整范围较大，但价格较高的是（　　）。

A. 电磁式时间继电器　　　　　　　　B. 电动式时间继电器

C. 空气阻尼式时间继电器　　　　　　D. 晶体管式时间继电器

38. 用电流继电器作为电动机保护和控制时，要求电流继电器（　　）。

A. 额定电流应小于电动机的额定电流

B.动作电流一般为电动机额定电流的 2.5 倍

C.线圈并联在主电路中

D.常闭触头并联于控制电路中

39.以下对于金属导管敷设，说法正确的是（　　）。

A.钢导管应采用对口熔焊连接

B.镀锌钢导管不得采用熔焊连接

C.以专用接地卡固定的铜芯软导线保护联结导体的截面积不应大于 4mm²

D.熔焊焊接的圆钢保护联结导体直径不应大于 6mm

40.柔性导管的连接符合规定的是（　　）。

A.柔性导管的长度在动力工程中不宜大于 1.2m

B.明配的柔性导管固定点间距不应大于 0.3m

C.金属柔性导管不应做保护导体的接续导体

D.柔性导管管卡与设备、弯头中点等边缘的距离应大于 0.3m

二、多项选择题（共 20 题，每题 1.5 分，每题的备选项中，有 2 个或 2 个以上符合题意，至少有 1 个错项。错选，本题不得分；少选，所选的每个选项得 0.5 分）

41.以下对于钢材性能表述正确的是（　　）。

A.碳含量在 1%以内时，钢材强度随着含碳量的增高而增大

B.磷使钢材产生热脆性

C.硫使钢材显著产生冷脆性

D.硅、锰使钢材强度、硬度提高但塑性、韧性不显著降低

42.奥氏体型不锈钢具有的性能是（　　）。

A.缺口敏感性和脆性转变温度较高　　　　　B.焊接性能不好

C.屈服强度低　　　　　　　　　　　　　　D.通过冷变形强化

43.具有耐酸性、耐碱性，并与金属附着力强的涂料是（　　）。

A.酚醛树脂漆　　　　　　　　　　　　　　B.环氧树脂漆

C.呋喃树脂漆　　　　　　　　　　　　　　D.氟-46 涂料

44.对球形补偿器特点描述正确的是（　　）。

A.补偿管道的轴向位移

B.单台使用时补偿热膨胀能力大

C.流体阻力和变形应力小

D.可防止因地基不均匀沉降对管道产生的破坏

45.与非屏蔽双绞线相比，对于屏蔽双绞线说法正确的是（　　）。

A.电缆的外层可完全消除辐射　　　　　　　B.价格相对较高

C.安装比非屏蔽双绞线电缆简单　　　　　　D.必须配有支持屏蔽功能的特殊连接器

46.能够用来切割不锈钢的方法为（　　）。

A.氧-丙烷火焰切割　　　　　　　　　　　　B.氧熔剂切割

C.等离子弧切割　　　　　　　　　　　　　D.碳弧气割

47.对于电泳涂装法的特点描述，正确的是（　　）。

A. 采用有机溶剂   B. 涂装效率高

C. 涂装质量好   D. 投资费用高

48. 桥架型起重机的工作机构构成通常包括（   ）。

A. 起升机构   B. 变幅机构

C. 小车运行机构和大车运行机构   D. 旋转机构

49. 对于水清洗，说法正确的是（   ）。

A. 水冲洗的流速不应小于 1.5m/s

B. 冲洗排放管的截面积不应大于被冲洗管截面积的 60%

C. 严重锈蚀和污染管道可分段进行高压水冲洗

D. 管道冲洗合格后用压缩空气或氮气吹干

50. 以下对于项目特征描述正确的是（   ）。

A. 项目特征对综合单价的确定没有影响

B. 当某项目超过基本安装高度时应在项目特征中予以描述

C. 体现项目特征区别和对报价有实质影响的内容必须描述

D. 项目特征的确定与拟建工程施工图纸无关

51. 与《通用安装工程工程量计算规范》GB 50856 不同的是，分部分项工程量清单形式中不包含（   ）。

A. 项目编码   B. 项目名称

C. 工程量计算规则   D. 工程内容

52. 根据《通用安装工程工程量计算规范》GB 50856，属于金属抱杆安装拆除、移位工作内容所包含的范围是（   ）。

A. 整体吊装临时加固件   B. 吊耳制作安装

C. 拖拉坑挖埋   D. 支架型钢搭设

53. 与润滑油相比，润滑脂常用的场合是（   ）。

A. 散热要求高、密封好   B. 重负荷和震动负荷

C. 轧机轴承润滑   D. 球磨机滑动轴承润滑

54. 吊斗式提升机具有的特点是（   ）。

A. 主要用于垂直方向输送   B. 可连续输送物料

C. 输送混合物料的离析很小   D. 适用于铸铁块、焦炭、大块物料输送

55. 蒸汽锅炉安全阀的安装和试验符合要求的是（   ）。

A. 安装前安全阀应逐个进行严密性试验

B. 按较高压力进行整定的安全阀必须是过热器上的安全阀

C. 安全阀应铅锤安装

D. 省煤器安全阀整定压力应在蒸汽严密性试验后用水压的方法进行

56. 对于喷水灭火系统管道的安装，说法正确的是（   ）。

A. 管道穿过建筑物的变形缝时设置柔性短管

B. 穿过墙体或楼板时加设套管

C. 套管长度不得大于墙体厚度

D. 套管应高出楼面或地面 30mm

57. 对于喷水灭火系统报警阀组安装，说法正确的是（　　）。

A. 在供水管网试压、冲洗合格后安装　　　B. 距室内地面高度宜为 1.2m

C. 正面与墙的距离不应小于 0.5m　　　　D. 两侧与墙的距离不应小于 1.2m

58. 高层建筑采用临时高压给水系统时，说法正确的是（　　）。

A. 可不设高位消防水箱

B. 应设高位消防水箱并保证最不利点消火栓静水压力

C. 当建筑高度超过 100m 时，最不利点消火栓静水压力不应低于 0.07MPa

D. 不能满足静水压力要求时，应设增压设施

59. 金属卤化物灯的特点有（　　）。

A. 发光效率高　　　　　　　　　　　　B. 显色性好

C. 电压突降不会熄灯　　　　　　　　　D. 需要配专用变压器

60. 以下属电机通电干燥法的是（　　）。

A. 磁铁感应干燥法　　　　　　　　　　B. 电阻器加盐干燥法

C. 外壳铁损干燥法　　　　　　　　　　D. 灯泡照射干燥法

选做部分

共 40 题，分为两个专业组，考生可在两个专业组的 40 个试题中任选 20 题作答，按所答的前 20 题计分，每题 1.5 分。试题由单选和多选组成。错选，本题不得分；少选，所选的每个选项得 0.5 分。

一、（61~80 题）管道和设备工程

61. 当管径大于 50mm 时，宜采用（　　）。

A. 球阀　　　　　　　　　　　　　　　B. 闸阀

C. 蝶阀　　　　　　　　　　　　　　　D. 快开阀

62. 用于消防系统的比例式减压阀，其设置符合要求的是（　　）。

A. 减压阀前后装设阀门和压力表　　　　B. 阀后应装设过滤器

C. 消防给水减压阀前应装设泄水龙头　　D. 需绕过减压阀设旁通管

63. 下述有关检查口设置正确的是（　　）。

A. 立管上检查口之间的距离不大于 10m

B. 最低层和设有卫生器具的二层以上坡屋顶建筑物的最高层设置检查口

C. 平顶建筑的通气管顶口不可用来代替检查口

D. 立管的乙字管的上部应设检查口

64. 适用于耗热量大的建筑物，间歇使用的房间和有防火防爆要求的车间。具有热惰性小、升温快、设备简单、投资省等优点的是（　　）。

A. 热水供暖系统　　　　　　　　　　　B. 蒸汽供暖系统

C. 热风供暖系统　　　　　　　　　　　D. 低温热水地板辐射供暖系统

65. 每户的供热管道入口设小型分水器和集水器，各组散热器并联。适用于多层住宅多个用户的分户热计量系统是（　　）。

A.分户水平单管系统 　　　　　　　　　B.分户水平双管系统

C.分户水平单双管系统 　　　　　　　　D.分户水平放射式系统

66.当供热区域地形复杂或供热距离很长，或热水网路扩建等原因，使换热站入口处热网资用压头不满足用户需要时，可设（　　　）。

A.补水泵 　　　　　　　　　　　　　　B.混水泵

C.循环水泵 　　　　　　　　　　　　　D.中继泵

67.适宜设置钢制散热器的是（　　　）。

A.高层建筑供暖和高温水供暖系统 　　　B.蒸汽供暖系统

C.相对湿度较大的房间 　　　　　　　　D.供水温度偏低且间歇供暖的房间

68.能提供较大的通风量和较高的风压，风机具有可逆转特性。可用于铁路、公路隧道的通风换气的是（　　　）。

A.排尘通风机 　　　　　　　　　　　　B.防爆通风机

C.防、排烟通风机 　　　　　　　　　　D.射流通风机

69.同时具有控制、调节两种功能，且主要用于大断面风管的风阀是（　　　）。

A.蝶式调节阀 　　　　　　　　　　　　B.复式多叶调节阀

C.菱形多叶调节阀 　　　　　　　　　　D.插板阀

70.具有制造简单、价格低廉、运行可靠、使用灵活等优点，在民用建筑空调制冷中采用时间最长，使用数量最多的一种机组是（　　　）。

A.活塞式冷水机组 　　　　　　　　　　B.离心式冷水机组

C.螺杆式冷水机组 　　　　　　　　　　D.冷风机组

71.适合于高、中、低压通风管道系统的是（　　　）。

A.铝板 　　　　　　　　　　　　　　　B.聚氨酯、酚醛复合风管

C.玻璃钢板 　　　　　　　　　　　　　D.玻璃纤维复合风管

72.空调风管多采用（　　　）。

A.圆形风管 　　　　　　　　　　　　　B.矩形风管

C.圆形螺旋风管 　　　　　　　　　　　D.椭圆形风管

73.目的是减弱压缩机排气的周期性脉动，稳定管网压力，同时可进一步分离空气中的油和水分的压缩空气站设备是（　　　）。

A.空气过滤器 　　　　　　　　　　　　B.后冷却器

C.储气罐 　　　　　　　　　　　　　　D.油水分离器

74.压缩机至后冷却器或贮气罐之间排气管上安装的手动调节管路，能使压缩机空载启动的是（　　　）。

A.空气管路 　　　　　　　　　　　　　B.油水吹除管路

C.负荷调节管路 　　　　　　　　　　　D.放散管路

75.大口径铜及铜合金连接应采用（　　　）。

A.螺纹连接 　　　　　　　　　　　　　B.承插焊

C.翻边活套法兰连接 　　　　　　　　　D.加衬焊环焊接

76.应用于PP-R管、PB管、金属复合管等新型管材与管件连接，是目前家装给水

系统应用最广的塑料管连接方式是（　　）。

    A. 粘结 　　　　　　　　　　　　B. 焊接

    C. 电熔合连接 　　　　　　　　　D. 法兰连接

77. 衬里用橡胶通常采用（　　）。

    A. 软橡胶 　　　　　　　　　　　B. 半硬橡胶

    C. 硬橡胶 　　　　　　　　　　　D. 硬橡胶（半硬橡胶）与软橡胶复合

78. 构造较简单，传热面积可根据需要而增减，双方的流体可作严格的逆流。用于传热面积不太大而要求压强较高或传热效果较好的场合。此种换热器是（　　）。

    A. 夹套式换热器 　　　　　　　　B. 沉浸式社管换热器

    C. 喷淋式蛇管换热器 　　　　　　D. 套管式换热器

79. 每根管子都可以自由伸缩，结构较简单，重量轻，适用于高温和高压场合，但管内清洗比较困难，管板的利用率差的是（　　）。

    A. 固定管板式热换器 　　　　　　B. U 形管换热器

    C. 浮头式换热器 　　　　　　　　D. 填料函式列管换热器

80. 对于气柜安装质量检验，说法正确的是（　　）。

    A. 气柜壁板的对接焊缝均应进行真空试漏法

    B. 气柜底板的严密性试验均应经煤油渗透试验

    C. 下水封的焊缝应进行注水试验

    D. 钟罩、中节的气密试验和快速升降试验属于总体试验

二、（81~100 题）电气和自动化控制工程

81. 主要对接收到的信号进行再生放大，以扩大网络的传输距离的网络设备是（　　）。

    A. 网卡 　　　　　　　　　　　　B. 集线器（HUB）

    C. 路由器 　　　　　　　　　　　D. 防火墙

82. 有线电视干线传输系统中，通过对各种不同频率的电信号的调节来补偿扬声器和声场的缺陷是（　　）。

    A. 均衡器 　　　　　　　　　　　B. 放大器

    C. 分支器 　　　　　　　　　　　D. 分配器

83. 符合建筑物内通信配线原则的是（　　）。

    A. 通信配线电缆应采用 HYA 或综合布线大对数铜芯对绞电缆

    B. 竖向（垂直）电缆配线管只允许穿放一条电缆

    C. 横向（水平）电缆配线管允许穿多根电缆

    D. 通信电缆可以与用户线合穿一根电缆配线管

84. 电缆接续环节包括的内容有（　　）。

    A. 模块的芯线复接 　　　　　　　B. 编排线序

    C. 扣式接线子的直接 　　　　　　D. 接头封合

85. 属于容积式的流量传感器是（　　）。

    A. 压差式流量计 　　　　　　　　B. 转子流量计

    C. 涡流流量计 　　　　　　　　　D. 椭圆齿轮流量计

86. 可以测量各种黏度的导电液体，特别适合测量含有各种纤维和固体污物的腐体，工作可靠、精度高、线性好、测量范围大，反应速度也快的流量传感器是（　　　）。

A. 节流式
B. 速度式
C. 容积式
D. 电磁式

87. 专门供石油、化工、食品等生产过程中测量具有腐蚀性、高黏度、易结晶、含有固体状颗粒、温度较高的液体介质的压力检测仪表是（　　　）。

A. 活塞式压力计
B. 远传压力表
C. 电接点压力表
D. 隔膜式压力表

88. 精度高，重复性好，结构简单，运动部件少，耐高压，用于城市燃气管网中测量燃气体积流量的仪表是（　　　）。

A. 电磁流量计
B. 涡轮流量计
C. 椭圆齿轮流量计
D. 节流装置流量计

89. 属于集散系统回路联调的是（　　　）。

A. 单机调试
B. 系统调试
C. 系统控制回路调试
D. 报警、连锁、程控网路试验

90. 与电压互感器不同的是，电流互感器（　　　）。

A. 一次绕组匝数较多
B. 二次绕组匝数较多
C. 一次绕组串接在电路中
D. 二次回路接近开路状态

91. 用于发电厂送电、电业系统和工矿企业变电所受电、配电、实现控制、保护、检测，还可以用于频繁启动高压电动机的移开式高压开关柜是（　　　）。

A. GG-1A（F）系列开关柜
B. XGN 系列开关柜
C. KYN 系列高压开关柜
D. JYN 系列高压开关柜

92. 漏电保护器安装符合要求的是（　　　）。

A. 照明线路的中性线不通过漏电保护器
B. 安装后应带负荷分、合开关三次，不得出现误动作
C. 安装漏电保护器后应拆除单相闸刀开关或瓷插
D. 电源进线必须接在漏电保护器的正下方

93. 母线安装时，涂漆颜色黄绿红黑对应的相序分别为（　　　）。

A. ABCN
B. NBCA
C. CNAB
D. CABN

94. 在防雷接地系统中，符合引下线安装要求的是（　　　）。

A. 引下线可采用扁钢和圆钢敷设
B. 引下线不可利用建筑物内的金属体
C. 明敷时宜在离地面 300~400mm 处加断接卡子
D. 单独敷设时必须采用镀锌

95. 在防雷接地系统中，符合均压环安装要求的是（　　　）。

A. 层高大于 3m 的建筑物每两层设置一圈均压环
B. 均压环是高层建筑为防侧击雷而设计的水平避雷带

C. 当建筑物高度超过 30m 时，30m 以上设置均压环

D. 均压环均用扁钢制作安装

96. 容量很大，能接几百个住户终端访客对讲系统是（　　　）。

A. 单户型对讲系统

B. 直按式对讲系统

C. 拨号式对讲系统

D. 联网型对讲系统

97. 是按设备对现场信息采集原理进行划分的火灾探测器是（　　　）。

A. 离子型探测器

B. 光电型探测器

C. 线性探测器

D. 红外光束探测器

98. 属于火灾现场报警装置的是（　　　）。

A. 火灾报警控制器

B. 联动控制器

C. 声光报警器

D. 消防广播

99. 以下属于综合布线系统连接件的为（　　　）。

A. 配线架

B. 光纤分线盒

C. 局域网设备

D. 终端匹配电阻

100. 超 5 类信息插座模块支持信息传输速率为（　　　）。

A. 16 Mbps

B. 155 Mbps

C. 622 Mbps

D. 1000 Mbps

模拟题四

一、单项选择题（共 40 题，每题 1 分。每题的备选项中，只有 1 个最符合题意）

1. 以下耐火砌体材料中，抗热震性好的中性耐火砌体材料的是（　　）。

A. 硅砖
B. 黏土砖
C. 铬砖
D. 碳砖

2. 用于燃料油、双酯润滑油和液压油系统的密封件的是（　　）。

A. 天然橡胶
B. 丁基橡胶
C. 氯丁橡胶
D. 氟硅橡胶

3. 耐压、抗破裂性能好、质量轻，具有一定的弹性、耐温性能好、防紫外线、抗热老化能力强、耐腐蚀性优异，且隔氧、隔磁、抗静电、抗音频干扰的复合材料是（　　）。

A. 玻璃纤维增强聚酰胺复合材料
B. 碳纤维复合材料
C. 塑料-钢复合材料
D. 塑料-铝合金

4. 具有"硬、韧、刚"的混合特性，综合机械性能良好。同时尺寸稳定，容易电镀和易于成型，耐热和耐蚀性较好，在-40℃的低温下仍有一定的机械强度，该热塑性塑料是（　　）。

A. 聚丙烯（PP）
B. 聚四氟乙烯
C. 聚苯乙烯（PS）
D. 工程塑料（ABS）

5. 能够耐强酸、强碱及强氧化剂腐蚀，具有杰出的防污和耐候性。特别适用于对耐候性要求很高的桥梁或化工厂设施的是（　　）。

A. 聚氨酯漆
B. 环氧煤沥青
C. 三聚乙烯防腐涂料
D. 氟-46 涂料

6. 对于化工衬里用的聚异丁烯橡胶，对其性能描述正确的是（　　）。

A. 良好的耐腐蚀性
B. 不透气性差
C. 强度高
D. 耐热性较好

7. 与方形补偿器相比，填料式补偿器与波形补偿器具有的共同特点是（　　）。

A. 补偿能力大
B. 占地面积大
C. 轴向推力大
D. 能补偿横向位移

8. 用于电压较低的户内外配电装置和配电箱之间电气回路连接的是（　　）。

A. 软母线
B. 硬母线
C. 电缆母线
D. 离相封闭母线

9. 具有耐腐蚀、耐油、耐水、强度高、安装简便等优点，适合含潮湿、盐雾、有化学气体和严寒、酷热等环境或应用于发电厂、变电所等电缆密集场所的是（　　）桥架模式。

A. 电缆托盘、梯架布线　　　　　　　　　B. 金属槽盒布线

C. 有盖的封闭金属槽盒　　　　　　　　　D. 难燃封闭槽盒

10. 以下对于总线型以太网中使用的 50Ω 细同轴电缆说法正确的是（　　）。

A. 用于数字传输　　　　　　　　　　　　B. 属宽带同轴电缆

C. 最大传输距离为 1000m　　　　　　　　D. 传输带宽可达 1GHz

11. 有关管材的 U 形坡口，说法正确的是（　　）。

A. 坡口的角度为 $60°\sim70°$　　　　　　　B. 适用于中低压钢管焊接

C. 适用于管壁厚度在 $20\sim60mm$ 之间　　D. 坡口根部不得有钝边

12. 可以用来检测 25mm 厚的金属焊缝缺陷形状，且显示缺陷的灵敏度高、速度快的方法是（　　）。

A. X 射线探伤　　　　　　　　　　　　　B. γ 射线探伤

C. 超声波探伤　　　　　　　　　　　　　D. 磁粉探伤

13. 对于钢结构基体表面处理，不符合质量要求的是（　　）。

A. 金属热喷涂层达到 Sa_3 级

B. 搪铅、纤维增强塑料衬里、橡胶衬里达到 $Sa_{2.5}$ 级

C. 衬铅、塑料板非黏结衬里达到 Sa_2 级

D. 水玻璃胶泥衬砌砖板衬里达到 Sa_1 级

14. 设备、管道衬里层及隔离层使用纤维增强塑料衬里进行手工铺贴时，应采用间断法施工的是（　　）。

A. 环氧树脂　　　　　　　　　　　　　　B. 不饱和聚酯树脂

C. 呋喃树脂　　　　　　　　　　　　　　D. 酚醛树脂

15. 结构简单，起重量大，对场地要求不高，使用成本低，但效率不高。主要适用于某些特重、特高和场地受到特殊限制的设备、构件吊装的是（　　）。

A. 履带起重机　　　　　　　　　　　　　B. 全地面起重机

C. 塔式起重机　　　　　　　　　　　　　D. 桅杆起重机

16. 吊装能力为 $3\sim100t$，臂长在 $40\sim80m$，使用较经济，常用在使用地点固定、使用周期较长场合的吊装方法是（　　）。

A. 塔式起重机吊装　　　　　　　　　　　B. 汽车起重机吊装

C. 桥式起重机吊装　　　　　　　　　　　D. 液压提升

17. 液压、润滑管道酸洗钝化的工艺顺序正确的是（　　）。

A. 酸洗→脱脂→水洗→钝化→水洗→无油压缩空气吹干

B. 脱脂→酸洗→水洗→钝化→水洗→无油压缩空气吹干

C. 水洗→酸洗→脱脂→钝化→水洗→无油压缩空气吹干

D. 水洗→脱脂→酸洗→钝化→水洗→无油压缩空气吹干

18. 设计压力为 1.2MPa 的埋地铸铁管道，其水压试验的压力应为（　　）。

A. 1.2MPa　　　　　　　　　　　　　　　B. 1.7MPa

C. 1.8MPa　　　　　　　　　　　　　　　D. 2.4MPa

19. 依据《通用安装工程工程量计算规范》GB 50856 的规定，编码 0312 所表示的项

目名称为（   ）。

A. 机械设备安装工程　　　　　　　　　B. 电气设备安装工程

C. 刷油、防腐蚀、绝热工程　　　　　　D. 措施项目

20. 当拟建工程中有 15MPa 的高压管道敷设时，措施项目清单可列项（   ）。

A. 平台铺设、拆除　　　　　　　　　　B. 工程系统检测、检验

C. 金属抱杆安装、拆除、移位　　　　　D. 管道安拆后充气保护

21. 以下属于回转泵的是（   ）。

A. 离心泵　　　　　　　　　　　　　　B. 旋涡泵

C. 隔膜泵　　　　　　　　　　　　　　D. 螺杆泵

22. 此泵相当于将几个单级蜗壳式泵装在一根轴上串联工作，主要用于流量较大、扬程较高的城市给水、矿山排水和输油管线，排出压力高达 18MPa。该离心泵是（   ）。

A. 分段式多级离心泵　　　　　　　　　B. 中开式多级离心泵

C. 自吸离心泵　　　　　　　　　　　　D. 离心式冷凝水泵

23. 将叶轮与电动机转子直联成一体，浸没在被输送液体中工作，可以保证绝对不泄漏，特别适用于输送腐蚀性、易燃易爆、高压、高温、低温等液体的离心泵是（   ）。

A. 深井潜水泵　　　　　　　　　　　　B. 隔膜计量泵

C. 筒式离心油泵　　　　　　　　　　　D. 屏蔽泵

24. 以下对于无填料泵主要特点描述错误的是（   ）。

A. 用屏蔽套将叶轮与电动机的转子隔离开来

B. 可以保证绝对不泄漏

C. 特别适用于输送腐蚀性、易燃易爆、剧毒、有放射性及极为贵重的液体

D. 适用于输送高压、高温、低温及高熔点的液体

25. 与离心式通风机的型号表示方法不同的是，轴流式通风机型号表示方法中不含（   ）。

A. 传动方式　　　　　　　　　　　　　B. 旋转方式

C. 出风口位置　　　　　　　　　　　　D. 气流风向

26. 与离心通风机相比，轴流通风机具有的特点是（   ）。

A. 流量小　　　　　　　　　　　　　　B. 风压大

C. 体积大　　　　　　　　　　　　　　D. 经济性好

27. 对省煤器性能表述正确的是（   ）。

A. 改善并强化燃烧　　　　　　　　　　B. 缩短汽包使用寿命

C. 省煤器可完全代替蒸发受热面　　　　D. 安装前应逐根进行水压试验

28. 当锅筒工作压力为 2MPa 时，锅炉本体水压试验的试验压力应为（   ）。

A. 2MPa　　　　　　　　　　　　　　B. 2.4MPa

C. 2.5MPa　　　　　　　　　　　　　D. 3MPa

29. 当锅筒工作压力为 1MPa 时，锅炉本体水压试验的试验压力应为（   ）。

A. 1MPa　　　　　　　　　　　　　　B. 1.4MPa

C. 1.25MPa　　　　　　　　　　　　D. 1.5MPa

30. 与高速水雾喷头相比，中速水雾喷头具有的特点是（   ）。

A. 离心式喷头 　　　　　　　　　　　　B. 主要用于防护冷却

C. 可以有效扑救电气火灾 　　　　　　　D. 可用于燃油锅炉房

31. 对于水流指示器安装，说法正确的是（　　　）。

A. 在管道试压和冲洗前安装

B. 信号阀应安装在水流指示器后的管道上

C. 水流指示器前后应保持不宜小于 300mm 直管段

D. 电器元件部位竖直安装在水平管道上侧

32. 液下喷射泡沫灭火系统适用于（　　　）。

A. 固定拱顶储罐 　　　　　　　　　　　B. 外浮顶储罐

C. 内浮顶储罐 　　　　　　　　　　　　D. 水溶性甲、乙、丙液体固定顶储罐

33. 与固定式泡沫灭火系统相比，移动式泡沫灭火系统具有的特点是（　　　）。

A. 使用不受初期燃烧爆炸的影响 　　　　B. 扑救更及时

C. 供给的泡沫量和强度都较小 　　　　　D. 受外界因素影响较小

34. 固定消防炮灭火系统的设置符合要求的是（　　　）。

A. 宜选用近控炮系统

B. 室内消防炮的布置数量不应少于一门

C. 室外消防炮应设置在被保护场所常年主导风向的下风方向

D. 灭火对象高度较高、面积较大时应设置消防炮塔

35. 当电路发生严重过载、短路以及失压等故障时，能自动切断故障电路，广泛用于建筑照明和动力配电线路中的是（　　　）。

A. 转换开关 　　　　　　　　　　　　　B. 自动开关

C. 行程开关 　　　　　　　　　　　　　D. 接近开关

36. 响应频率低，稳定性好，适用于非金属（或金属）、液位高度、粉状物高度、塑料、烟草等测试对象的接近开关是（　　　）。

A. 涡流式接近开关 　　　　　　　　　　B. 电容式接近开关

C. 霍尔接近开关 　　　　　　　　　　　D. 光电接近开关

37. 具有限流作用及较高的极限分断能力，用于较大短路电流的电力系统和成套配电的装置中的熔断器是（　　　）。

A. 螺旋式熔断器 　　　　　　　　　　　B. 封闭式熔断器

C. 填充料式熔断器 　　　　　　　　　　D. 自复熔断器

38. 组合型漏电保护器的组成有漏电开关与（　　　）。

A. 熔断器 　　　　　　　　　　　　　　B. 低压断路器

C. 接触器 　　　　　　　　　　　　　　D. 电压继电器

39. 具有连接、弯曲操作简易，不用套丝、无须做跨接线、无须刷油，效率较高的新型保护用导管是（　　　）。

A. 焊接钢管 　　　　　　　　　　　　　B. 半硬质阻燃管

C. 套接紧定式 JDG 钢导管 　　　　　　 D. 可挠金属套管

40. 符合塑料护套线配线要求的是（　　　）。

A. 塑料护套线应直接敷设于混凝土内

B. 塑料护套线平弯时的弯曲半径不小于护套线厚度的 3 倍

C. 塑料护套线在室内沿建筑物表面水平敷设高度距地面不应小于 1.8m

D. 多尘场所应采用 IPX5 等级的密闭式盒

二、多项选择题（共 20 题，每题 1.5 分，每题的备选项中，有 2 个或 2 个以上符合题意，至少有 1 个错项。错选，本题不得分；少选，所选的每个选项得 0.5 分）

41. 与铁素体型不锈钢相比，沉淀硬化型不锈钢的特点是（　　）。

A. 具有高强度

B. 耐蚀性好

C. 耐高温

D. 缺口敏感性和韧脆转变温度较高

42. 对于钛及钛合金性能描述正确的是（　　）。

A. 具有良好的低温性能

B. 耐硝酸和碱溶液腐蚀

C. 耐氢氟酸腐蚀

D. 焊接性能好

43. 以下对于焊条药皮作用表述正确的是（　　）。

A. 促进合金元素氧化

B. 改善焊接工艺性能

C. 保证焊缝质量

D. 提高焊缝金属的力学性能

44. 与旋塞阀性能相比不同的是，球阀（　　）。

A. 密封性能好

B. 具有良好的流量调节功能

C. 可快速启闭

D. 适用于含纤维、微小固体颗料等介质

45. 与电力电缆相比，控制电缆的特点是（　　）。

A. 有铜芯和铝芯

B. 线径较粗

C. 绝缘层相对要薄

D. 芯数较多

46. 等离子弧焊与 TIG 焊相比具有的特点是（　　）。

A. 焊接生产率高

B. 穿透能力强

C. 设备费用低

D. 不可焊 1mm 以下金属箔

47. 金属薄板保护层连接时，不使用自攻螺钉的是（　　）。

A. 金属保护层纵缝的插接缝

B. 金属保护层纵缝的搭接缝

C. 水平金属管道上的环缝

D. 铝箔玻璃钢板保护层的纵缝

48. 以下属于塔式起重机特点的是（　　）。

A. 台班费高

B. 适用于作业周期长的吊装

C. 适用于单件重量大的吊装

D. 吊装速度快

49. 以下属于交流换向器电动机的是（　　）。

A. 磁滞同步电动机

B. 单相串励电动机

C. 推斥电动机

D. 三相异步电动机

50. 设备的耐压试验若采用气压试验代替液压试验时，符合规定的是（　　）。

A. 压力容器的对接焊缝进行 100%射线或超声检测并合格

B. 非压力容器的对接焊缝进行 25%超声Ⅲ级检测并合格

C. 非压力容器的对接焊缝进行 25%射线Ⅱ级检测并合格

D. 由单位技术总负责人批准的安全措施

51. 以下按其他措施编码列项的是（　　）。

A. 焦炉烘炉

B. 大型机械设备进出场及安拆

C. 联合试运转

D. 安装工程设备场外运输

52. 以下属于单价措施项目清单编制的列项是（　　）。

A. 夜间设施增加

B. 工程系统检测、检验

C. 已完工程及设备保护

D. 金属抱杆安装拆除、移位

53. 单价措施项目清单编制的主要依据是（　　）。

A. 施工方法

B. 施工平面图

C. 施工方案

D. 施工现场管理

54. 按埋置深度不同区分，属于深设备基础是（　　）。

A. 桩基础

B. 联合基础

C. 独立基础

D. 沉井基础

55. 螺栓连接的防松装置中，属于摩擦力防松装置的是（　　）。

A. 弹簧垫圈

B. 槽型螺母和开口销

C. 对顶螺母

D. 圆螺母带翅片

56. 以下对于工业锅炉过热器安装说法正确的是（　　）。

A. 通常由支承架、带法兰的铸铁翼片管、铸铁弯头或蛇形管等组成

B. 对流过热器大都垂直悬挂于锅炉尾部

C. 辐射过热器多半装于锅炉的炉顶部或包覆于炉墙内壁上

D. 过热器材料大多为铸铁

57. 水灭火系统的末端试水装置的安装包含（　　）。

A. 压力表

B. 控制阀

C. 连接管

D. 排水管

58. 对于喷淋系统水灭火管道、消火栓管道室内外界线的划分，说法正确的是（　　）。

A. 以建筑物外墙皮 1.5m 为界

B. 入口处设阀门者以阀门为界

C. 设在高层建筑物内消防泵间管道应以泵间外墙皮 1.5m 为界

D. 以与市政给水管道碰头点（井）为界

59. 室内消火栓给水管道的管径大于 100mm 时，管道连接宜采用（　　）。

A. 螺纹连接

B. 卡箍管接头

C. 法兰连接

D. 焊接

60. 符合灯器具安装一般规定的是（　　）。

A. 相线应接于螺口灯头中间触点的端子上

B. 敞开式灯具的灯头对地面距离应大于 2.5m

C. 高低压配电设备的正上方应安装灯具

D. 绝缘铜芯导线的线芯截面积不应小于 $1mm^2$

选做部分

共40题，分为两个专业组，考生可在两个专业组的40个试题中任选20题作答，按所答的前20题计分，每题1.5分。试题由单选和多选组成。错选，本题不得分；少选，所选的每个选项得0.5分。

一、（61~80题）管道和设备工程

61. 以下倒流防止器的安装符合要求的是（　　）。

A. 倒流防止器应安装在垂直位置　　　　　B. 采用焊接连接

C. 倒流防止器两端宜安装闸阀　　　　　　D. 两端不宜安装可挠性接头

62. 室外给水管网允许直接吸水时，水泵的进水管和出水管上均应设置（　　）。

A. 阀门　　　　　　　　　　　　　　　　B. 止回阀

C. 压力表　　　　　　　　　　　　　　　D. 防水锤措施

63. 室外供暖管道采用的管材有（　　）。

A. 无缝钢管　　　　　　　　　　　　　　B. 焊接钢管

C. 钢板卷焊管　　　　　　　　　　　　　D. 镀锌钢管

64. 有关供暖管道安装，符合要求的是（　　）。

A. 管径大于32mm宜采用焊接或法兰连接

B. 共用立管宜采用热镀锌钢管螺纹连接

C. 管道穿外墙或基础时应加设填料套管

D. 一对共用立管每层连接的户数不宜大于3户

65. 室内燃气管道安装，符合要求的是（　　）。

A. 中压燃气管道选用无缝钢管，焊接或法兰连接

B. $DN>50mm$的低压管道选用镀锌钢管，螺纹连接

C. 埋地敷设采用镀锌钢管，丝扣连接

D. 引入管壁厚不得小于3mm

66. 燃气管道吹扫、试压、探伤表述正确的是（　　）。

A. 室内燃气管道强度试验的介质为水

B. 燃气管道空气吹扫流速不宜高于20m/s

C. 中压B级天然气管道全部焊缝需100%超声波无损探伤

D. 中压B级天然气地下管道30%X光拍片

67. 在供热计量系统中作为强制收费的管理手段，又可在常规供暖系统中利用其调节功能，避免用户随意调节，维持系统正常运行的是（　　）。

A. 锁闭阀　　　　　　　　　　　　　　　B. 调节阀

C. 关断阀　　　　　　　　　　　　　　　D. 平衡阀

68. 利用射流能量密集、速度衰减慢，而吸气气流速度衰减快的特点使有害物得到控制，具有风量小，控制效果好，抗干扰能力强，不影响工艺操作的是（　　）。

A. 密闭罩　　　　　　　　　　　　　　　B. 吹吸式排风罩

C. 外部吸气罩　　　　　　　　　　　　　D. 接受式排风罩

69. 除尘效率高、耐温性能好、压力损失低；但一次投资高，钢材消耗多、要求较高的制造安装精度，该除尘器是（　　）。

　　A. 旋风除尘器　　　　　　　　　　B. 湿式除尘器

　　C. 过滤式除尘器　　　　　　　　　D. 静电除尘器

70. 利用声波通道截面的突变达到消声的目的，宜于在高温、高湿、高速及脉动气流环境下工作，具有良好的低频或低中频消声性能的是（　　）。

　　A. 阻性消声器　　　　　　　　　　B. 抗性消声器

　　C. 扩散消声器　　　　　　　　　　D. 干涉型消声器

71. 风管制作时，镀锌钢板及含有各类复合保护层的钢板应采用的连接方法有（　　）。

　　A. 电焊　　　　　　　　　　　　　B. 气焊

　　C. 咬口连接　　　　　　　　　　　D. 铆接

72. 夹套管的内管输送的介质为（　　）。

　　A. 工艺物料　　　　　　　　　　　B. 蒸汽

　　C. 热水　　　　　　　　　　　　　D. 联苯热载体

73. 对于不锈钢管道安装，说法正确的是（　　）。

　A. 宜采用机械和等离子切割

　B. 壁厚大于 3mm 的不锈钢管应采用钨极惰性气体保护焊

　C. 焊接前无需采取防护措施

　D. 组对时采用碳素钢卡具

74. 衬胶管道预制时，对于现场加工的钢制弯管，说法正确的是（　　）。

　A. 基体一般为无缝钢管

　B. 弯曲角度大于 90°

　C. 弯曲半径不小于管外径的 4 倍，只允许一个平面弯

　D. 弯管完毕后进行衬里

75. 对于高压管子焊口探伤符合要求的是（　　）。

　A. 用 X 射线透视，固定焊抽查 20%　　B. 用 X 射线透视，转动平焊抽查 20%

　C. 超声波探伤，100%检查　　　　　　D. 探伤不合格的焊缝允许返修两次

76. 金属油罐罐壁严密性试验一般采用（　　）。

　　A. 真空箱试验法　　　　　　　　　B. 煤油试漏法

　　C. 化学试验法　　　　　　　　　　D. 压缩空气试验法

77. 有关低压干式气柜，说法正确的是（　　）。

　　A. 基础费用高　　　　　　　　　　B. 煤气压力稳定

　　C. 大容量贮气经济　　　　　　　　D. 无内部活动部件

78. 以下属于静置设备安装——整体塔器安装工作内容的是（　　）。

　　A. 吊耳制作、安装　　　　　　　　B. 压力试验

　　C. 清洗、脱脂、钝化　　　　　　　D. 防腐、绝热

79. 铝及铝合金管道保温时，不得使用的保温材料是（　　）。

　　A. 石棉绳　　　　　　　　　　　　B. 毛毡

C. 橡胶板   D. 玻璃棉

80. 高压管道的弯头和异径管，可在施工现场用高压管子（   ）。

A. 焊制   B. 弯制

C. 缩制   D. 胀接

二、（81～100题）电气和自动化控制工程

81. 具有较强的灭弧能力，有限流作用。熔体还具有"锡桥"，利用"冶金效应"可使熔体在较小的短路电流和过负荷时熔断的是（   ）。

A. RM10 低压断路器   B. RL6 低压断路器

C. RT0 低压熔断器   D. RS0 低压熔断器

82. 能带负荷通断电路，又能在短路、过负荷、欠压或失压的情况下自动跳闸，主要用作低压配电装置的主控制开关的是（   ）。

A. 塑壳式低压断路器   B. 万能式低压断路器

C. 低压熔断器   D. 低压配电箱

83. 符合电缆敷设一般技术要求的有（   ）。

A. 三相四线制系统可采用三芯电缆另加一根单芯电缆

B. 并联运行的电力电缆，应采用相同型号、规格及长度电缆

C. 电缆终端头与电源接头附近均应留有备用长度

D. 直埋电缆应在全长上留少量裕度

84. 以下电缆安装操作正确的是（   ）。

A. 裸钢带铠装电缆应埋地敷设

B. 电缆接头处、转弯处应设置明显的标桩

C. 电缆穿导管敷设时管子的两端应做喇叭口

D. 交流单芯电缆应单独穿入钢管内

85. 能有效地发现较危险的集中性缺陷，是鉴定电气设备绝缘强度最直接的方法。该电气设备基本试验是（   ）。

A. 泄漏电流的测试   B. 直流耐压试验

C. 交流耐压试验   D. 电容比的测量

86. 对于架空线路的敷设，说法正确的是（   ）。

A. 靠近混凝土杆的两根架空导线间距不小于 300mm

B. 直线杆时上下两层横担间距为 300mm

C. 同杆架设时通信电缆应在电力线上方

D. 通信电缆与电力线的垂直距离不小于 1.5m

87. 发生偏差时，调节器输出信号不仅与输入偏差信号大小有关，与偏差存在时间长短有关，还与偏差变化的速度有关，也可用于温度测量的是（   ）。

A. 比例微分调节（PD）   B. 积分调节（I）

C. 比例积分调节（PI）   D. 比例积分—微分调节（PID）

88. 对于液位、界位和料位均能够测量的仪表为（   ）。

A. 超声波式   B. 电极式

C. 重锤探测式　　　　　　　　　　　　D. 音叉式

89. 有关水管压力传感器安装，说法正确的是（　　　）。

A. 在工艺管道的防腐和试压后进行　　　B. 宜选在管道弯头部分安装

C. 应加接缓冲弯管和截止阀　　　　　　D. 开孔与焊接应在工艺管道安装后进行

90. 有关电磁流量计安装，说法正确的是（　　　）。

A. 应安装在直管段

B. 流量计的前端应有长度为 5D 直管段

C. 安装有阀门和弯头时直管段的长度需相应减少

D. 应安装在流量调节阀的后端

91. 集散型控制系统是由（　　　）部分组成的。

A. 集中管理　　　　　　　　　　　　　B. 分散控制

C. 检测　　　　　　　　　　　　　　　D. 通信

92. 路由器的选择必须具有的安全特性是（　　　）。

A. 身份认证　　　　　　　　　　　　　B. 网管功能

C. 数据加密　　　　　　　　　　　　　D. 攻击探测和防范

93. 传输电视信号具有传输损耗小、频带宽、传输容量大、频率特性好、抗干扰能力强、安全可靠的是（　　　）。

A. 同轴电缆传输　　　　　　　　　　　B. 光缆传输

C. 多频道微波分配系统　　　　　　　　D. 调幅微波链路

94. 电话通信建筑物内用户线安装符合要求的是（　　　）。

A. 电话线路保护管的最大标称管径不大于 30mm

B. 一根保护管最多布放 6 对电话线

C. 暗装墙内的电话分线箱宜为底边距地面 0.5～1.0m

D. 电话出线盒的底边距地面宜为 0.5m

95. 电缆芯线接续、改接按设计图示数量以（　　　）计算。

A. "头"　　　　　　　　　　　　　　　B. "芯"

C. "中继段"　　　　　　　　　　　　　D. "百对"

96. 办公自动化系统的神经系统是（　　　）。

A. 计算机技术　　　　　　　　　　　　B. 通信技术

C. 系统科学　　　　　　　　　　　　　D. 行为科学

97. 属于办公自动化使用的数据传输及通信设备是（　　　）。

A. 可视电话　　　　　　　　　　　　　B. 传真机

C. 调制解调器　　　　　　　　　　　　D. 局域网

98. 建筑物干线布线子系统（有时也称垂直干线子系统）指的是（　　　）。

A. 从建筑群配线架到各建筑物配线架

B. 从建筑物配线架到各楼层配线架

C. 从楼层配线架到各信息插座

D. 从信息插座到终端设备

99. 可以应用于所有场合，特别适应信息插座比较多的建筑物楼层配线间的配线架是（   ）。

A. LGX 光纤配线架　　　　　　　　B. 组合式可滑动配线架

C. 模块化系列配线架　　　　　　　　D. 110A 配线架

100. 双绞线测试，光纤测试以（   ）计算。

A. 个（块）　　　　　　　　　　　　B. 芯（端口）

C. 根　　　　　　　　　　　　　　　D. 链路（点、芯）

模拟题五

一、单项选择题（共 **40** 题，每题 **1** 分。每题的备选项中，只有 **1** 个最符合题意）

1. 与钢相比不同的是，耐磨铸铁中的（　　）。
   A. 碳、硅含量高
   B. 硅和锰有益
   C. 硫有害
   D. 磷有害

2. 可用于高温、高压、高浓度或混有不纯物等各种苛刻腐蚀环境，塑性、韧性优良的有色金属是（　　）。
   A. 铝及铝合金
   B. 铜及铜合金
   C. 镍及镍合金
   D. 钛及钛合金

3. 具有极高的透明度，电绝缘性能好，制成的泡沫塑料是目前使用最多的一种缓冲材料，有优良的抗水性，机械强度好，缓冲性能优异，易于模塑成型，该热塑性塑料是（　　）。
   A. 聚丙烯（PP）
   B. 聚四氟乙烯
   C. 聚苯乙烯（PS）
   D. ABS 树脂

4. 能使语言和数据通信设备、交换设备和其他信息管理设备彼此连接的是（　　）。
   A. 电力电缆
   B. 控制电缆
   C. 综合布线电缆
   D. 母线

5. 以下属于涂料中次要成膜物质的是（　　）。
   A. 合成树脂
   B. 颜料
   C. 稀料
   D. 增塑剂

6. 能够提高漆膜的致密度，降低漆膜的可渗性，在底漆中起到防锈作用的物理性防锈颜料是（　　）。
   A. 锌铬黄
   B. 锌粉
   C. 磷酸锌
   D. 氧化锌

7. 拆装方便，安装时不需要停用设备，拆开缆线，不影响设备生产且节省安装时间，可用于大型冶炼设备中的防火套管是（　　）。
   A. 管筒式防火套管
   B. 缠绕式防火套管
   C. 开口式防火套管
   D. 搭扣式防火套管

8. 主要用于切断、分配和改变介质流动方向，可适用于工作条件恶劣的介质，且特别适用于含纤维、微小固体颗料等介质输送的是（　　）。
   A. 节流阀
   B. 球阀
   C. 截止阀
   D. 止回阀

9. 接头完全绝缘，且接头耐用，耐扭曲，防震、防水、防腐蚀老化，安装简便可靠，可以在现场带电安装，不需使用终端箱、分线箱的电缆是（　　）。

A. 铜（铝）芯交联聚乙烯绝缘电力电缆　　B. 预制分支电缆

C. 矿物绝缘电缆　　D. 穿刺分支电缆

10. 传输电视信号具有传输损耗小、频带宽、传输容量大、频率特性好、抗干扰能力强、安全可靠等优点，是有线电视信号传输技术手段发展方向的是（　　）。

A. 双绞电缆　　B. 通信电缆

C. 同轴电缆　　D. 通信光缆

11. 以下对于碳弧切割描述错误的是（　　）。

A. 适用于开 U 形坡口　　B. 可在金属上加工沟槽

C. 能切割不锈钢　　D. 生产效率高

12. 属于熔化极电弧焊的焊接方法是（　　）。

A. 埋弧焊　　B. 等离子弧焊

C. 电渣焊　　D. 电阻焊

13. 与埋弧焊相比，电渣焊具有的特点是（　　）。

A. 只能平焊　　B. 焊接效率低

C. 热影响区窄　　D. 主要应用于 30mm 以上的厚件

14. 在熔焊接头的坡口中，属于组合型坡口是（　　）。

A. U 形坡口　　B. Y 形坡口

C. V 形坡口　　D. 卷边坡口

15. 与衬铅相比，搪铅具有的特点是（　　）。

A. 采用搪钉固定法　　B. 生产周期短

C. 成本低　　D. 适用于负压、回转运动和震动下工作

16. 与地上管道的保温结构组成相比不同的是，管道的保冷结构具有（　　）。

A. 防锈层　　B. 防潮层

C. 保护层　　D. 修饰层

17. 可吊重慢速行驶，稳定性能较好，可以全回转作业，适宜于作业地点相对固定而作业量较大场合的流动式起重机是（　　）。

A. 汽车起重机　　B. 轮胎起重机

C. 履带起重机　　D. 塔式起重机

18. 以下对于流动式起重机的特性曲线，说法正确的是（　　）。

A. 型号相同起重机的特性曲线相同

B. 计算起重机荷载不得计入吊钩和索、吊具重量

C. 起升高度特性曲线应考虑滑轮组的最短极限距离

D. 流动式起重机特性曲线即起重量特性曲线

19. 对于忌油系统脱脂，符合要求的是（　　）。

A. 脱脂溶剂可采用四氯化碳、精馏酒精、三氯乙烯和二氯乙烷

B. 对有明显油渍或锈蚀严重的管子应先酸洗后再脱脂

C. 脱脂后应自然蒸发清除残液

D. 有防锈要求的脱脂件宜在干燥的环境下保存

20. 对于液压、润滑油管道采用化学清洗法除锈时，说法正确的是（　　　）。

A. 应当对整个管道系统及设备进行全面化学清洗

B. 酸洗合格后进行水洗、钝化

C. 循环酸洗合格后的管道系统应进行空气试漏或液压试漏检验

D. 对不能及时投入运行的化学清洗合格的管道必须采取预膜保护措施

21. 主要依靠降低金属本身的化学活性来提高它在环境介质中的稳定性或依靠金属表面上的转化产物对环境介质的隔离而起到防护作用。该辅助项目为（　　　）

A. 酸洗　　　　　　　　　　　　　B. 钝化

C. 脱脂　　　　　　　　　　　　　D. 预膜

22. 与管道压力试验相比，属于设备特有的压力试验是（　　　）。

A. 液压试验　　　　　　　　　　　B. 气压试验

C. 泄漏性试验　　　　　　　　　　D. 气密性实验

23. 依据《通用安装工程工程量计算规范》GB 50856 的规定，编码 0309 所表示的项目名称为（　　　）。

A. 给水排水、供暖、燃气工程　　　B. 工业管道工程

C. 消防工程　　　　　　　　　　　D. 通风空调工程

24. 汇总工程量时，其精确度取值以（　　　）为单位，应保留小数点后三位数字。

A. m　　　　　　　　　　　　　　B. kg

C. t　　　　　　　　　　　　　　D. 组

25. 性能优越、安全可靠、速度可达 6m/s 的无齿轮减速器式的交流电动机电梯是（　　　）。

A. 调速电梯　　　　　　　　　　　B. 调压调速电梯

C. 调频调压调速电梯　　　　　　　D. 蜗杆蜗轮减速器式电梯

26. 对于电梯导轨架安装，说法正确的是（　　　）。

A. 导轨架不得用于对重装置

B. 轿厢装置上至少应设置 1 列导轨

C. 每根导轨上至少应设置 2 个导轨架

D. 各导轨架之间的间隔距离应不小于 2.5m

27. 液体沿轴向移动，流量连续均匀，脉动小，流量随压力变化也很小，运转时无振动和噪声，泵的转数可高达 18000r/min，能够输送黏度变化范围大的液体。该泵是（　　　）。

A. 轴流泵　　　　　　　　　　　　B. 往复泵

C. 齿轮泵　　　　　　　　　　　　D. 螺杆泵

28. 以下风机中，产生的风压最高的是（　　　）。

A. 轴流通风机　　　　　　　　　　B. 鼓风机

C. 压缩机　　　　　　　　　　　　D. 高压离心式通风机

29. 与活塞式压缩机相比，透平式压缩机具有的主要性能特点是（　　　）。

A. 气流速度高，损失大　　　　　　B. 从低压到超高压范围均适用

C. 旋转零部件常用普通金属材料　　　　　D. 排气脉动性大

30. 以下属于煤气发生附属设备的是（　　　）。

A. 煤气洗涤塔　　　　　　　　　　　　B. 电气滤清器

C. 竖管　　　　　　　　　　　　　　　D. 旋风除尘器

31. 对于烘炉、煮炉，说法正确的是（　　　）。

A. 烘炉后锅炉本体要经过水压试验　　　B. 烘炉可采用火焰或蒸汽

C. 烘炉一般为 2~4d　　　　　　　　　D. 整体安装的锅炉可不烘炉

32. 对于抛煤机炉、煤粉炉、沸腾炉等室燃炉锅炉，一般采用（　　　）。

A. 单级旋风除尘器　　　　　　　　　　B. 二级旋风除尘器

C. 麻石水膜除尘器　　　　　　　　　　D. 旋风水膜除尘器

33. 对于石灰石（石灰）-石膏湿法烟气脱硫的特点表述正确的是（　　　）。

A. 脱硫效率高　　　　　　　　　　　　B. 基建投资费用低

C. 水消耗小　　　　　　　　　　　　　D. 设备的腐蚀较干法轻

34. 以下对于喷水灭火系统中报警阀的安装，说法正确的是（　　　）。

A. 每批抽查 1% 进行渗漏试验　　　　　B. 试验压力为额定工作压力的 1.5 倍

C. 试验时间为 3min　　　　　　　　　D. 阀瓣处无渗漏为合格

35. 干粉灭火系统适用扑灭（　　　）。

A. 可燃固体深位火灾　　　　　　　　　B. 灭火前可切断气源的气体火灾

C. 可燃金属及其氢化物　　　　　　　　D. 带电设备火灾

36. 干粉炮系统适用于（　　　）。

A. 甲、乙、丙类液体火灾

B. 一般固体可燃物火灾

C. 可燃气体火灾

D. 遇水发生化学反应而引起燃烧的物质

37. 室外消火栓计量单位是（　　　）。

A. 个　　　　　　　　　　　　　　　　B. 台

C 组　　　　　　　　　　　　　　　　D. 套

38. 空气经过硅胶或氯化钙等吸湿材料的表面或孔隙，使得空气中的水分被吸附的方法是（　　　）。

A. 表面式换热器减湿　　　　　　　　　B. 冷冻减湿机减湿法

C. 固体吸湿剂法　　　　　　　　　　　D. 液体吸湿剂法

39. 焊接钢管内穿 4 根线芯截面是 $4mm^2$ 的铜芯绝缘导线时，应选择的管径为（　　　）。

A. 15mm　　　　　　　　　　　　　　B. 20mm

C. 25mm　　　　　　　　　　　　　　D. 32mm

40. 以下对于导管管子的加工，说法正确的是（　　　）。

A. 采用气焊切割

B. 明设管弯曲半径不宜小于管外径的 6 倍

C. 混凝土内暗配管的弯曲半径不应小于管外径的 4 倍

D.埋地配管的弯曲半径不应小于外径的6倍

二、多项选择题（共**20**题，每题**1.5**分，每题的备选项中，有**2**个或**2**个以上符合题意，至少有**1**个错项。错选，本题不得分；少选，所选的每个选项得**0.5**分）

41.与普通耐火砖比较，耐火混凝土具有的特点是（　　）。

A.施工简便 B.价廉

C.炉衬整体密封性强 D.强度较高

42.与普通材料相比，复合材料具有的特性是（　　）。

A.耐疲劳性高 B.耐腐蚀性好

C.高温性能差 D.抗断裂能力差

43.与酸性焊条相比，碱性焊条焊接时所表现出的特点是（　　）。

A.熔渣脱氧完全 B.对铁锈、水分不敏感

C.焊缝金属的抗裂性较好 D.用于合金钢和重要碳钢结构的焊接

44.用填料密封，适用于穿过水池壁、防爆车间的墙壁的套管是（　　）。

A.柔性套管 B.刚性套管

C.钢管套管 D.铁皮套管

45.有线传输中的接续设备是系统中各种连接硬件的统称，包括连接器、（　　）。

A.信息插座 B.连接模块

C.配线架 D.管理器

46.以下对于渗透探伤特点描述正确的是（　　）。

A.不受被检试件形状、大小的限制

B.缺陷显示直观，检验灵敏度高

C.适用于结构疏松及多孔性材料

D.能显示缺陷的深度及缺陷内部的形状和大小

47.半硬质或软质的绝热制品金属保护层纵缝可采用（　　）形式。

A.咬接 B.插接

C.搭接 D.咬合或钢带捆扎

48.以下属于流动式起重机特点的是（　　）。

A.台班费低

B.对道路、场地要求较高

C.适用于单件重量大的大、中型设备、构件吊装

D.适用于短周期作业

49.对于大型机械设备的润滑油、密封油管道系统的清洗，说法正确的是（　　）。

A.酸洗合格后、系统试运行前进行油清洗

B.不锈钢管道宜采用水冲洗净后进行油清洗

C.油清洗应采用系统内循环方式进行

D.油清洗合格的管道应封闭或充氮保护

50.等离子弧焊与TIG焊相比具有的特点是（　　）。

A.焊接生产率高 B.穿透能力强

C. 设备费用低　　　　　　　　　　　D. 不可焊 1mm 以下金属箔

51. 030801001 低压碳钢管的项目特征包含的内容有（　　）。

A. 绝热形式　　　　　　　　　　　　B. 压力试验

C. 吹扫、清洗与脱脂设计要求　　　　D. 除锈、刷油

52. 以下属于总价措施项目费是（　　）。

A. 安全文明施工费　　　　　　　　　B. 超高施工增加

C. 二次搬运　　　　　　　　　　　　D. 吊车加固

53. 以下属于《通用安装工程工程量计算规范》GB 50856 中安全文明施工的列项是（　　）。

A. 环境保护　　　　　　　　　　　　B. 高层施工增加

C. 临时设施　　　　　　　　　　　　D. 夜间施工增加

54. 与离心泵相比，往复泵具有的特点是（　　）。

A. 扬程无限高　　　　　　　　　　　B. 流量与排出压力无关

C. 具有自吸能力　　　　　　　　　　D. 流量均匀

55. 与透平式压缩机相比，活塞式压缩机的主要性能特点有（　　）。

A. 气流速度低、损失小　　　　　　　B. 从低压到超高压范围均适用

C. 排气量和出口压力变化无关　　　　D. 排气均匀无脉动

56. 以下对于燃气供应系统描述正确的是（　　）。

A. 用户属于燃气输配系统

B. 调压计量装置属于燃气输配系统

C. 储配站属于气源

D. 中、低压两级管道系统压送设备有罗茨式鼓风机和往复式压送机

57. 同一泵组的消防水泵设置正确的是（　　）。

A. 消防水泵型号宜一致

B. 工作泵不少于 3 台

C. 消防水泵的吸水管不应少于 2 条

D. 消防水泵的出水管上应安装止回阀和压力表

58. 对于自动喷水灭火系统中的水流指示器连接，可以采用的方式是（　　）。

A. 承插式　　　　　　　　　　　　　B. 法兰式

C. 焊接式　　　　　　　　　　　　　D. 鞍座式

59. 对于自动喷水灭火系统管道安装，说法正确的是（　　）。

A. 安装顺序为先配水干管、后配水管和配水支管

B. 管道变径时，宜采用异径接头

C. 管道弯头处应采用补芯

D. 公称通径大于 50mm 的管道上宜采用活接头

60. 对于磁力启动器，说法正确的是（　　）。

A. 磁力起动器由接触器、按钮和热继电器组成

B. 两只接触器的主触头并联起来接入主电路

C. 线圈串联起来接入控制电路

D. 用于某些按下停止按钮后电动机不及时停转易造成事故的生产场合

选做部分

共40题，分为两个专业组，考生可在两个专业组的40个试题中任选20题作答，按所答的前20题计分，每题1.5分。试题由单选和多选组成。错选，本题不得分；少选，所选的每个选项得0.5分。

一、（61～80题）管道和设备工程

61. 有关排出立管安装，说法正确的是（　　）。

A. 立管上管卡间距不得大于3m　　　　B. 垂直方向转弯应采用90°弯头连接

C. 立管上的检查口与外墙成90°角　　　D. 排水立管应作灌水试验

62. 宜设置环形通气管的是（　　）。

A. 与排水立管的距离大于12m的污水横支管

B. 连接4个及以上卫生器具的污水横支管

C. 连接6个及以上大便器的污水横支管

D. 转弯角度小于135°的污水横管直线管段

63. 是一种新型高效节能散热器，装饰性强，小体积能达到最佳散热效果，提高了房间的利用率，该散热器是（　　）。

A. 翼形散热器　　　　　　　　　　　B. 钢制板式散热器

C. 钢制翅片管对流散热器　　　　　　D. 光排管散热器

64. 膨胀水箱安装时，（　　）上可以安装阀门。

A. 膨胀管　　　　　　　　　　　　　B. 循环管

C. 信号管　　　　　　　　　　　　　D. 溢流管

65. 室内热水供暖系统试压，操作正确的是（　　）。

A. 在试压系统最高点设手压泵　　　　B. 关闭与室外系统相通的阀门

C. 打开系统中全部阀门　　　　　　　D. 试压时不能隔断锅炉和膨胀水箱

66. 有关燃气调压器安装，说法正确的是（　　）。

A. 调压器的燃气进、出口管道之间应设旁通管

B. 中压燃气调压站室外进口管道上不得设置阀门

C. 调压器前后均应设置自动记录式压力仪表

D. 放散管管口不得超过调压站屋檐1.0m

67. 室外燃气聚乙烯（PE）管道安装采用的连接方式有（　　）。

A. 电熔连接　　　　　　　　　　　　B. 螺纹连接

C. 粘结　　　　　　　　　　　　　　D. 热熔连接

68. 空调按空气处理设备的设置情况分类，属于半集中式系统的是（　　）。

A. 单风管系统　　　　　　　　　　　B. 双风管系统

C. 风机盘管机组加新风系统　　　　　D. 局部系统

69. 分体式空调机组中属于室外机的有（　　）。

A. 压缩机   B. 冷凝器

C. 送风机   D. 加热器

70. 当中、高压风管的管段长大于 1.2m 时，（   ）。

A. 采用扁钢平加固   B. 采用棱筋、棱线的方法加固

C. 采用加固框的形式加固   D. 不需加固

71. 有关风管连接表述正确的是（   ）。

A. 铝板风管法兰连接可采用增强尼龙螺栓

B. 硬聚氯乙烯风管和法兰连接可采用镀锌螺栓

C. 软管连接可用于风管与部件连接

D. 风管在刷油、绝热后进行严密性、漏风量检测

72. 空调系统热交换器安装时，蒸汽加热器入口的管路上应安装（   ）。

A. 温度计   B. 压力表

C. 调节阀   D. 疏水阀

73. 在通风空调系统中，以"㎡"为计量单位的是（   ）。

A. 风机盘管   B. 柔性接口

C. 柔性软风管   D. 风管漏光试验、漏风试验

74. 空调冷凝水管道宜采用的材质是（   ）。

A. 聚氯乙烯塑料管   B. 铸铁管

C. 热镀锌钢管   D. 焊接钢管

75. 钛及钛合金管焊接应采用（   ）。

A. 惰性气体保护焊   B. 氧-乙炔焊

C. 二氧化碳气体保护焊   D. 真空焊

76. 铝及铝合金管连接一般采用（   ）。

A. 手工钨极氩弧焊   B. 氧-乙炔焊

C. 熔化极半自动氩弧焊   D. 二氧化碳气体保护焊

77. 高压钢管验收时，当管子外径大于或等于 35mm 时做（   ）。

A. 拉力试验两个   B. 冲击试验两个

C. 压扁试验一个   D. 冷弯试验一个

78. 公称直径为 32mm 的奥氏体不锈钢管探伤应采用（   ）。

A. 磁力法   B. 荧光法

C. 着色法   D. 超声波法

79. 对于高压管道安装，说法正确的是（   ）。

A. 高压阀门应逐个进行强度和严密性试验

B. 高压管子冷弯后需必须进行热处理

C. 奥氏体不锈钢高压管热处理的次数不得超过 3 次

D. 壁厚为 16~34mm 的高压钢管采用 V 形坡口

80. 高压管道的弯头和异径管，可在施工现场用高压管子（   ）。

A. 焊制   B. 弯制

C. 缩制 　　　　　　　　　　　　　　　　D. 胀接

二、(81~100题) 电气和自动化控制工程

81. 避雷器应安装时，符合要求的是 (　　)。

A. 阀型避雷器应垂直安装

B. 多污秽地区的管型避雷器安装应减小倾斜角度

C. 磁吹阀型避雷器组装时其上下节可以互换

D. 避雷器不得任意拆开

82. 对于母线安装，说法正确的是 (　　)。

A. 低压母线垂直安装　　　　　　　　B. 母线焊接采用氩弧焊

C. 包括支持绝缘子安装　　　　　　　D. 包括母线伸缩接头的制作安装

83. 建筑工地临时供电的直线杆上，低压与低压线的横担间的最小垂直距离是 (　　)。

A. 1.2m　　　　　　　　　　　　　　B. 1.0m

C. 0.6m　　　　　　　　　　　　　　D. 0.3m

84. 接地极制作安装符合要求的是 (　　)。

A. 常用的为钢管接地极和角钢接地极　　B. 接地极长为 5m

C. 接地极只能垂直敷设　　　　　　　D. 接地极的间距不宜小 2.5m

85. 以下对于户内接地母线，敷设符合要求的是 (　　)。

A. 大部分采用埋地敷设　　　　　　　B. 接地线的连接采用搭接焊

C. 明敷接地线宜涂淡蓝色标识　　　　D. 圆钢接地线搭接长度为直径的 2 倍

86. 现场总线控制系统的特点是 (　　)。

A. 系统的开放性　　　　　　　　　　B. 系统的互操作性

C. 分散的系统结构　　　　　　　　　D. 接线复杂

87. 测量范围极大，适用于炼钢炉、炼焦炉等高温地区，也可测量液态氢、液态氮等低温物体。该温度检测仪表是 (　　)。

A. 双金属温度计　　　　　　　　　　B. 热电阻温度计

C. 热电偶温度计　　　　　　　　　　D. 辐射式温度计

88. 以下对于辐射温度计特点表述正确的是 (　　)。

A. 测量不干扰被测温场　　　　　　　B. 有较高的测量准确度

C. 易于快速与动态测量　　　　　　　D. 中低温区常用

89. 电气调整试验的步骤是 (　　)。

A. 准备工作→分系统调试→整体调试→外观检查→单体试验

B. 准备工作→外观检查→单体试验→整体调试→分系统调试

C. 准备工作→外观检查→单体试验→分系统调试→整体调试

D. 准备工作→单体试验→分系统调试→整体调试→外观检查

90. 下列热力管道敷设时，适宜采用不通行地沟敷设的是 (　　)。

A. 直接埋地敷设管道的补偿器处

B. 管道数量多、管径较大、管道垂直排列宽度超过 1.5m

C. 直接埋地敷设管道的阀门处

D. 管道数量少、管径较小、距离较短且维修工作量不大

91. 对于位于计算机和它所连接的网络之间的防火墙，说法正确的是（　　）。

A. 包过滤路由器是硬件形式的防火墙

B. 代理服务器是软件形式的防火墙

C. 防火墙主要由服务访问规则、验证工具、包过滤和应用网关组成

D. 专用防火墙设备是固件形式的防火墙

92. 有线电视系统中，把多路电视信号转换成一路含有多套电视节目的宽带复合信号的是（　　）。

A. 天线　　　　　　　　　　　　　　B. 前端装置

C. 传输干线　　　　　　　　　　　　D. 用户分配网络

93. 对电话通信系统安装描述正确的是（　　）。

A. 一般包括数字程控用户交换机、配线架、交接箱、分线箱（盒）及传输线的安装

B. 用户交换机与市电信局连接的中继线一般用同轴电缆

C. 建筑内的传输线用双绞线

D. 程控电话交换采用的是模拟语音信息传输

94. 建筑物内普通市话电缆芯线接续应采用（　　）。

A. 扣式接线子

B. 扭绞接续

C. 外护套分接处接头封合宜采用热可缩套管

D. 旋转卡接式

95. 通过应用软件包内不同应用程序之间的互相调用或共享数据，以提高办公效率的是（　　）。

A. 事务型办公系统　　　　　　　　　B. 信息管理型办公系统

C. 决策支持型办公系统　　　　　　　D. 综合型办公系统

96. 使用较多，具有光耦合效率较高、纤芯直径较大，施工安装时光纤对准要求不高，配备设备较少，而且光缆在微小弯曲或较大弯曲时，传输特性不会有太大改变的是（　　）。

A. 8.3μm/125μm 突变型单模光纤　　　B. 50μm/125μ 光纤

C. 62.5μm/125μm 光纤　　　　　　　　D. 9μm/125μm 光纤

97. 在传输速率在 100Mbps 的应用系统中，（　　）传输距离最大。

A. 5 类双绞电缆　　　　　　　　　　B. 62.5/125μm 多模光纤

C. 同轴电缆　　　　　　　　　　　　D. 单模光缆

98. 当给定楼层配线间所要服务的信息插座大于 75m 且超过 200 个时，通常（　　）。

A. 采用单干线子系统

B. 采用双通道或多个通道的干线子系统

C. 采用分支电缆与配线间干线相连接的二级交接间

D. 增设楼层配线间

99. 符合光电缆敷设一般规定的是（　　）。

A. 光缆弯曲半径不应小于光缆外径的 15 倍

B. 布放光缆的牵引力不应超过允许张力的 100%

C. 瞬间最大牵引力不得超过允许张力的 120%

D. 主要牵引力应加在光缆的光芯上

100. 在一般的综合布线系统工程设计中，为了保证网络安全可靠，垂直干线线缆与楼层配线架的连接方法应首先选用（　　）。

A. 点对点端接 　　　　　　　　　　 B. 分支递减连接

C. 点对点端接与分支递减连接混合 　　 D. 总线制

黑白卷

模拟题六

一、单项选择题（共 **40** 题，每题 **1** 分。每题的备选项中，只有 **1** 个最符合题意）

1. 钢中某元素含量高时，钢材的强度高，而塑性小、硬度大、性脆和不易加工，此种元素为（　　）。

   A. 碳
                    B. 氢

   C. 磷
                    D. 硫

2. 铸铁按照石墨的形状特征分类，普通灰铸铁中石墨呈（　　）。

   A. 片状
                    B. 蠕虫状

   C. 团絮状
                 D. 球状

3. 力学性能良好，尤其塑性、韧性优良，能适应多种腐蚀环境，多用于食品加工设备、化学品装运容器、电气与电子部件、处理苛性碱设备、耐海水腐蚀设备和换热器，也常用于制作接触浓 $CaCl_2$ 溶液的冷冻机零件，以及发电厂给水加热器管合金为（　　）。

   A. 钛及钛合金
          B. 铅及铅合金

   C. 镁及镁合金
          D. 镍及镍合金

4. 石墨具有良好的化学稳定性，甚至在（　　）中也很稳定。

   A. 硝酸
                    B. 铬酸

   C. 熔融的碱
                D. 发烟硫酸

5. 特点是无毒、耐化学腐蚀，在常温下无任何溶剂能溶解，是最轻的热塑性塑料管，具有较高的强度，较好的耐热性，最高工作温度可达 95℃，目前它被广泛地用在冷热水供应系统中，但其低温脆化温度仅为 -15~0℃，在北方地区其应用受到一定限制，这种非金属管材是（　　）。

   A. 超高分子量聚乙烯管
     B. 聚乙烯管（PE 管）

   C. 交联聚乙烯管（PEX 管）
     D. 无规共聚聚丙烯管（PP-R 管）

6. 垫片很少受介质的冲刷和腐蚀，适用于易燃、易爆、有毒介质及压力较高的重要密封的法兰是（　　）。

   A. 环连接面型
           B. 突面型

   C. 凹凸面型
            D. 榫槽面型

7. 不仅在石油、煤气、化工、水处理等一般工业上得到广泛应用，而且还应用于热电站的冷却水系统，结构简单、体积小、重量轻，只由少数几个零件组成，操作简单，且有较好的流量控制特性，适合安装在大口径管道上的阀门是（　　）。

   A. 截止阀
           B. 闸阀

   C. 止回阀
           D. 蝶阀

8. 波形补偿器的缺点是制造比较困难、耐压低、补偿能力小和（　　）。

A. 占地面积较大　　　　　　　　　　　B. 轴向推力大

C. 易漏水漏气　　　　　　　　　　　　D. 需经常检修

9. 主要使用在应急电源至用户消防设备、火灾报警设备、通风排烟设备、疏散指示灯、紧急电源插座、紧急用电梯等供电回路的衍生电缆是（　　　）。

A. 阻燃电缆　　　　　　　　　　　　　B. 耐火电缆

C. 防水电缆　　　　　　　　　　　　　D. 耐寒电缆

10. 作为各类电气仪表及自动化仪表装置之间的连接线，起着传递各种电气信号、保障系统安全、可靠运行作用的电气材料是（　　　）。

A. 电力电缆　　　　　　　　　　　　　B. 控制电缆

C. 信号电缆　　　　　　　　　　　　　D. 综合布线电缆

11. 气割不能切割的金属是（　　　）。

A. 铸铁　　　　　　　　　　　　　　　B. 纯铁

C. 低合金钢　　　　　　　　　　　　　D. 钛

12. 能量集中、温度高，电弧挺度好，焊接速度比钨极惰性气体保护焊快，能够焊接更细、更薄的工件（如 1mm 以下金属箔的焊接）的焊接方法是（　　　）。

A. 埋弧焊　　　　　　　　　　　　　　B. 钎焊

C. 熔化极气体保护焊　　　　　　　　　D. 等离子弧焊

13. 下列焊接接头的坡口，不属于基本型坡口的是（　　　）。

A. Ⅰ形坡口　　　　　　　　　　　　　B. Ⅴ形坡口

C. 带钝边 J 形坡口　　　　　　　　　　D. 单边 Ⅴ形坡口

14. 焊后热处理中，回火处理的目的不包括（　　　）。

A. 调整工件的强度、硬度及韧性　　　　B. 细化组织、改善切削加工性能

C. 避免变形、开裂　　　　　　　　　　D. 保持使用过程中的尺寸稳定

15. 适用于铝、镁、钛合金结构件表面及近表面缺陷的检测方法为（　　　）。

A. 涡流检测　　　　　　　　　　　　　B. 磁粉检测

C. 荧光液体渗透检测　　　　　　　　　D. 着色液体渗透检测

16. 采用氢-氧焰将铅条熔融后贴覆在被衬的物件或设备表面上，形成具有一定厚度的密实的铅层。这种防腐方法为（　　　）。

A. 涂铅　　　　　　　　　　　　　　　B. 粘铅

C. 衬铅　　　　　　　　　　　　　　　D. 搪铅

17. 目前应用最普遍的绝热层结构形式，主要用于管、柱状保温体的预制保温瓦和保温毡等绝热材料施工的是（　　　）。

A. 粘贴绝热层　　　　　　　　　　　　B. 绑扎绝热层

C. 钉贴绝热层　　　　　　　　　　　　D. 充填绝热层

18. 某施工单位承担一台 82 t 大型压缩机的吊装任务，施工现场可提供 200 t、170 t 的大型汽车式起重机各 1 台，200 t、170 t 汽车式起重机吊索具重量均为 2 t，不均匀荷载系数为 1.1。该吊装工程的计算荷载为（　　　）。（小数点后保留 1 位，四舍五入）

A. 94.6t　　　　　　　　　　　　　　B. 92.4t

C. 101.6t　　　　　　　　　　　　　　D. 104.1t

19. 解决了在常规状态下，采用桅杆起重机、移动式起重机所不能解决的大型构件整体提升技术难题的吊装方法是（　　　）。

A. 直升机吊装　　　　　　　　　　　B. 缆索系统吊装

C. 液压提升　　　　　　　　　　　　D. 桥式起重机吊装

20. 某有色金属管道的设计压力为 0.6MPa，其气压试验压力为（　　　）。

A. 0.6MPa　　　　　　　　　　　　　B. 0.69MPa

C. 0.75MPa　　　　　　　　　　　　 D. 0.90MPa

21. 编码前四位为 0310 的是（　　　）。

A. 机械设备安装工程　　　　　　　　B. 通风空调工程

C. 工业管道工程　　　　　　　　　　D. 给水排水、供暖、燃气工程

22. 《通用措施项目一览表》中的措施项目一般不能计算工程量，以（　　　）为计量单位计量。

A. 个　　　　　　　　　　　　　　　B. 项

C. 次　　　　　　　　　　　　　　　D. 条

23. 机械设备按使用范围可分为通用机械设备和专用机械设备，下列设备中，属于专用机械设备的是（　　　）。

A. 铸造设备　　　　　　　　　　　　B. 锻压设备

C. 过滤设备　　　　　　　　　　　　D. 压缩机

24. 适用于大型储罐的设备基础是（　　　）。

A. 素混凝土基础　　　　　　　　　　B. 钢筋混凝土基础

C. 垫层基础　　　　　　　　　　　　D. 框架式基础

25. 输送能力大、运转费用低、常用来完成大量繁重散状固体及具有磨琢性物料的输送任务的输送设备为（　　　）。

A. 斗式输送机　　　　　　　　　　　B. 鳞板输送机

C. 刮板输送机　　　　　　　　　　　D. 螺旋输送机

26. 对于砖混结构的电梯井道，一般导轨架的固定方式为（　　　）。

A. 焊接式　　　　　　　　　　　　　B. 埋入式

C. 预埋螺栓固定式　　　　　　　　　D. 对穿螺栓固定式

27. 在化工、印刷行业中用于输送一些有毒的重金属，如汞、铅等，用于核动力装置中输送作为载热体的液态金属（钠或钾、钠钾合金），也用于铸造生产中输送熔融的有色金属的其他类型泵是（　　　）。

A. 喷射泵　　　　　　　　　　　　　B. 水环泵

C. 电磁泵　　　　　　　　　　　　　D. 水锤泵

28. 在锅炉的主要性能指标中，反映锅炉工作强度的指标是（　　　）。

A. 蒸发量　　　　　　　　　　　　　B. 出口蒸汽压力和热水出口温度

C. 受热面蒸发率　　　　　　　　　　D. 热效率

29. 工业中大规模应用且有效的脱硫方法是（　　　）。

A. 燃烧前燃料脱硫 　　　　　　　　　　B. 烟气脱硫

C. 干法脱硫 　　　　　　　　　　　　　D. 湿法烟气脱硫

30. 额定蒸发量 2t/h 的锅炉，其水位计和安全阀（不包括省煤器上的安全阀）的安装数量为（　　　　）。

A. 一个水位计，一个安全阀 　　　　　　B. 一个水位计，至少两个安全阀

C. 两个水位计，一个安全阀 　　　　　　D. 两个水位计，至少两个安全阀

31. 依据《通用安装工程工程量计算规范》GB 50856 的规定，中压锅炉本体设备安装工程量计量时，按图示数量以"套"计算的项目是（　　　　）。

A. 旋风分离器 　　　　　　　　　　　　B. 省煤器

C. 管式空气预热器 　　　　　　　　　　D. 炉排及燃烧装置

32. 某建筑物高度为 120m，采用临时高压给水系统时，应设高位消防水箱，水箱的设置高度应保证最不利点消火栓静压力不低于（　　　　）。

A. 0.07MPa 　　　　　　　　　　　　B. 0.10MPa

C. 0.15MPa 　　　　　　　　　　　　D. 0.20MPa

33. 喷头是开式的自动喷水灭火系统是（　　　　）。

A. 自动喷水湿式灭火系统 　　　　　　　B. 自动喷水干式灭火系统系统

C. 自动喷水预作用系统 　　　　　　　　D. 自动喷水雨淋系统

34. 对非水溶性甲、乙、丙类液体储罐，可采用液上或液下喷射泡沫灭火，仅适用于液上喷射灭火的泡沫液为（　　　　）。

A. 蛋白泡沫液 　　　　　　　　　　　　B. 氟蛋白泡沫液

C. 水成膜泡沫液 　　　　　　　　　　　D. 成膜氟蛋白泡沫液

35. 灭火报警装置的计量单位是（　　　　）。

A. 个 　　　　　　　　　　　　　　　　B. 组

C. 套 　　　　　　　　　　　　　　　　D. 部

36. 小容量三相鼠笼式异步电动机适宜的启动方法一般应为（　　　　）。

A. 直接启动 　　　　　　　　　　　　　B. 变频启动

C. Y—Δ 降压启动 　　　　　　　　　　D. 串电阻降压启动

37. 所测对象是非金属（或金属）、液位高度、粉状物高度、塑料、烟草等，应选用的接近开关是（　　　　）。

A. 涡流式 　　　　　　　　　　　　　　B. 电容式

C. 霍尔 　　　　　　　　　　　　　　　D. 光电

38. 接点多、容量大，可以将一个输入信号变成一个或多个输出信号的继电器是（　　　　）。

A. 电流继电器 　　　　　　　　　　　　B. 温度继电器

C. 中间继电器 　　　　　　　　　　　　D. 时间继电器

39. 主要用于砖、混凝土内暗设和吊顶内敷设及与钢管、电线管与设备连接间的过渡，与钢管、电线管、设备入口均采用专用混合接头连接的导管为（　　　　）。

A. 刚性阻燃管 　　　　　　　　　　　　B. 套接紧定式 JDG 钢导管

C. 金属软管　　　　　　　　　　　　　D. 可挠金属套管

40. 下列关于导管敷设叙述不正确的是（　　　　）。

A. 导管与热水管、蒸汽管平行敷设时，宜敷设在热水管、蒸汽管的下面

B. 对有保温措施的热水管、蒸汽管，其最小距离不宜小于100mm

C. 导管（或配线槽盒）与不含可燃及易燃易爆气体的其他管道的距离，平行或交叉敷设不应小于100mm

D. 导管（或配线槽盒）与可燃及易燃易爆气体不宜平行敷设，交叉敷设处不应小于100mm

二、多项选择题（共20题，每题1.5分。每题的备选项中，有2个或2个以上符合题意，至少有1个错项。错选，本题不得分；少选，所选的每个选项得0.5分）

41. 普通低合金钢比碳素结构钢具有（　　　　）。

A. 较高的韧性　　　　　　　　　　　　B. 良好的焊接性能

C. 良好的耐蚀性　　　　　　　　　　　D. 较高的脆性转变温度

42. 下列耐火材料中，耐热震性好的有（　　　　）。

A. 硅砖制品　　　　　　　　　　　　　B. 黏土砖制品

C. 高铝质制品　　　　　　　　　　　　D. 碳质制品

43. 在非金属管材中，石墨管的主要特点有（　　　　）。

A. 热稳定性好　　　　　　　　　　　　B. 导热性良好

C. 线膨胀系数大　　　　　　　　　　　D. 耐酸、碱腐蚀

44. 颜料是涂料的次要成膜物质，其主要功能有（　　　　）。

A. 溶解成膜物质　　　　　　　　　　　B. 提高涂层的机械强度、抗渗性

C. 增进涂层的耐候性　　　　　　　　　D. 滤去有害光波

45. 下列关于对焊法兰叙述正确的是（　　　　）。

A. 法兰强度高

B. 用于管道热膨胀或其他载荷而使法兰处受的应力较大

C. 不适用于低温的管道

D. 适用于应力变化反复的场合

46. 下列关于闸阀的特征与用途，叙述正确的是（　　　　）。

A. 和截止阀相比，在开启和关闭闸阀时省力，水流阻力较小

B. 用于启闭频繁的管路上

C. 用于完全开启或完全关闭的管路中

D. 适合安装在各种口径的管道上

47. 多模光纤的特点有（　　　　）。

A. 耦合光能量大　　　　　　　　　　　B. 发散角度大

C. 传输频带较窄　　　　　　　　　　　D. 适用于远程通信

48. 激光切割与其他热切割方法相比较，主要特点有（　　　　）。

A. 切口宽度小、切割精度高

B. 切割速度快

C. 可切割金属、非金属、金属基和非金属基复合材料、皮革、木材及纤维

D. 可以切割任意厚度的材料

49. 与熔化极气体保护焊相比，CO_2 气体保护电弧焊的特点有（　　）。

A. 焊接生产效率高

B. 焊接飞溅较大，焊缝表面成形较差

C. 不能焊接容易氧化的有色金属

D. 是熔化极

50. 采用电弧焊焊接时，正确的焊条选用方法有（　　）。

A. 焊接在腐蚀介质、高温条件下工作的结构件时，应选用低合金钢焊条

B. 对于普通结构钢，应选用熔敷金属抗拉强度等于或稍高于母材的焊条

C. 对结构形状复杂、刚性大的厚大焊件，应选用低氢型焊条。

D. 为保障焊工身体健康，条件允许情况下尽量多采用酸性焊条

51. 电泳涂装法目前在工业上较为广泛采用的是直流电源定电压法的阳极电泳，其主要特点有（　　）。

A. 大大降低了大气污染和环境危害

B. 涂装效率高，涂料损失小

C. 解决了其他涂装方法对复杂形状工件的涂装难题

D. 设备简单，投资费用低

52. 下列关于防潮层施工，叙述正确的是（　　）。

A. 阻燃性沥青玛蹄脂贴玻璃布作防潮隔气层时，在绝热层外面涂抹一层 2～3mm 厚的阻燃性沥青玛蹄脂，接着缠绕一层玻璃布或涂塑窗纱布

B. 阻燃性沥青玛蹄脂贴玻璃布作防潮隔气层适用于纤维质绝热层

C. 塑料薄膜作防潮隔气层，搭接缝宽度应在 100mm 左右

D. 塑料薄膜作防潮隔气层适用于硬质预制块做的绝热层或涂抹的绝热层

53. 大型机械的润滑油、密封油等管道系统进行油清洗时，应遵循的规定有（　　）。

A. 系统酸洗合格后，试运转前进行油清洗

B. 不锈钢油管道系统宜采用蒸汽吹净后，再进行油清洗

C. 酸洗钝化或蒸汽吹扫合格后，应在两周内进行油清洗

D. 油清洗合格的管道，应脱脂后进行封闭保护

54. 下列关于安装工业管道与市政工程管网工程的界定，叙述正确的是（　　）。

A. 给水管道以厂区入口水表井为界

B. 排水管道以厂区围墙外第一个污水井为界

C. 热力以厂区入口第一个计量表（阀门）为界

D. 燃气以市政管道碰头井为界

55. 安装专业工程措施项目中，焦炉烘炉、热态工程的工作内容包括（　　）。

A. 烘炉安装、拆除、外运　　　　　　B. 有害化合物防护

C. 安装质量监督检验检测　　　　　　D. 热态作业劳保消耗

56. 按照在生产中所起的作用分类，污水处理机械包括（　　）。

A. 结晶器 B. 刮油机

C. 污泥（油）输送机 D. 水力除焦机

57. 蜗轮蜗杆传动机构的特点是（ ）。

A. 传动比大 B. 传动比准确

C. 噪声大 D. 传动效率高

58. 下列属于锅炉中"炉"的组成设备的是（ ）。

A. 对流管束 B. 煤斗

C. 省煤器 D. 除渣板

59. 需要设置消防水泵接合器的室内消火栓给水系统有（ ）。

A. 高层民用建筑

B. 建筑面积大于 5000m² 的地下或半地下建筑

C. 高层工业建筑和超过四层的多层工业建筑

D. 城市交通隧道

60. 常见电光源中，属于气体放电发光电光源的是（ ）。

A. 卤钨灯 B. 荧光灯

C. 汞灯 D. 钠灯

选做部分

共 40 题，分为二个专业，考生可在二个专业组的 40 个试题中任选 20 题作答，按所答的前 20 题计分，每题 1.5 分。试题由单项和多选组成。错选，本题不得分；少选，所选的每个选项得 0.5 分。

一、(61~80 题) 管道和设备工程

61. 对于层数较多的建筑物，当室外给水管网水压不能满足室内用水时，可采用的给水方式有（ ）。

A. 高位水箱并联给水方式 B. 气压罐供水方式

C. 高位水箱串联给水方式 D. 贮水池加水泵方式

62. 住宅建筑应在配水管上和分户管上设置水表，根据有关规定，（ ）水表在表前与阀门间应有 8~10 倍水表直径的直线管段。

A. 旋翼式 B. 螺翼式

C. 孔板式 D. 容积活塞式

63. 下列关于室内排出管安装要求，叙述正确的是（ ）。

A. 排出管一般铺设在地下室或地下

B. 排出管穿过地下室外墙或地下构筑物的墙壁时应设置防水套管

C. 排水立管应作通球试验

D. 排出管在隐蔽前必须做泄漏试验

64. 热风供暖系统是利用热风炉输出热风进行供暖的系统，其特点有（ ）。

A. 适用于耗热量小的建筑物

B. 适用于间歇使用的房间和有防火防爆要求的车间

C. 热惰性小

D. 设备简单

65. 供暖钢管的连接可采用（　　）。

A. 热熔连接

B. 焊接

C. 法兰盘连接

D. 丝扣连接

66. 置换通风送风分布器的位置通常设在（　　）。

A. 靠近房顶处

B. 房顶上

C. 房顶与地板中间处

D. 靠近地板处

67. 对于防爆等级高的通风机，其制造材料的要求应符合（　　）。

A. 叶轮及机壳均采用高温合金钢板

B. 叶轮表面喷镀三氧化二铝

C. 叶轮和机壳均采用铝板

D. 叶轮采用铝板、机壳采用高温合金钢板

68. 按承担室内负荷的输送介质分类，属于全水系统的是（　　）。

A. 带盘管的诱导系统

B. 风机盘管机组加新风系统

C. 风机盘管系统

D. 辐射板系统

69. 空气处理机组中必须设置加湿设备的空调为（　　）。

A. 舒适性空调

B. 制药车间空调

C. 纺织车间空调

D. 计算机机房空调

70. 矩形风管无法兰连接形式有（　　）。

A. 插条连接

B. 立咬口连接

C. 薄钢材法兰弹簧夹连接

D. 抱箍连接

71. 某热力管道敷设方式比较经济，且维修检查方便，但占地面积较大，热损失较大，其敷设方式为（　　）。

A. 直接埋地敷设

B. 地沟敷设

C. 架空敷设

D. 直埋与地沟相结合敷设

72. 目的是减弱压缩机排气的周期性脉动，稳定管网压力，同时可进一步分离空气中的油和水分的压缩空气站设备是（　　）。

A. 空气过滤器

B. 后冷却器

C. 贮气罐

D. 油水分离器

73. 联苯热载体夹套的外管，应用（　　）进行压力试验。

A. 联苯

B. 水

C. 氮气

D. 压缩空气

74. 下列关于塑料管连接方法，叙述正确的是（　　）。

A. 粘结法主要用于聚烯烃管，如 LDPE，HDPE 及 PP 管

B. 焊接主要用于硬 PVC 管、ABS 管的连接

C. 电熔合连接应用于 PP-R 管、PB 管、PE-RT 管、金属复合管

D. 螺纹连接填料可采用白漆丝或生料带

75. 在工业管道安装中，高压管道除采用法兰接口外，对于工作温度为−40~200℃条件下的管道连接也可采用活接头连接，其允许范围是（　　）。

A. $PN \leqslant 80MPa$，$DN \leqslant 60mm$　　　　　　B. $PN \leqslant 60MPa$，$DN \leqslant 50mm$

C. $PN \leqslant 32MPa$，$DN \leqslant 15mm$　　　　　　D. $PN \leqslant 20MPa$，$DN \leqslant 25mm$

76. 该塔突出的优点是结构简单、金属耗量小、总价低，主要缺点是操作弹性范围较窄、小孔易堵塞，此塔为（　　）。

A. 泡罩塔　　　　　　　　　　　B. 筛板塔

C. 喷射塔　　　　　　　　　　　D. 浮阀塔

77. 某列管换热器制造方便，易于更换管束和检修清洗，且适用于温差较大，腐蚀严重的场合。此换热器为（　　）。

A. 固定管板式换热器　　　　　　B. 填料函式换热器

C. 浮头式换热器　　　　　　　　D. U 形管换热器

78. 内浮顶储罐是带罐顶的浮顶罐，也是拱顶罐和浮顶罐相结合的新型储罐，其特点有（　　）。

A. 能绝对保证储液的质量　　　　B. 与浮顶相比可以进一步降低蒸发损耗

C. 维修简便　　　　　　　　　　D. 储罐大型化

79. 球罐拼装焊接安装完毕后，应进行检验，检验内容包括（　　）。

A. 焊缝检查　　　　　　　　　　B. 水压试验

C. 充水试验　　　　　　　　　　D. 气密性试验

80. 火柜和排气筒塔架防腐蚀方法是（　　）。

A. 涂沥青漆　　　　　　　　　　B. 涂过氯乙烯漆

C. 涂防锈漆　　　　　　　　　　D. 涂防锈漆和着色漆

二、(81~100 题) 电气与自动化控制工程

81. 变电所工程中，电容器室的主要作用是（　　）。

A. 接受电力　　　　　　　　　　B. 分配电力

C. 存储电能　　　　　　　　　　D. 提高功率因数

82. 下列关于高压变配电设备，叙述正确的是（　　）。

A. 断路器可以切断工作电流和事故电流

B. 负荷开关可以切断工作电流和事故电流

C. 隔离开关只能在没电流时分合闸

D. 送电时先合隔离开关，再合负荷开关。停电时先分负荷开关，再分隔离开关

83. 氧化锌避雷针在电站和变电所中应用广泛，其主要特点为（　　）。

A. 动作迅速，残压低　　　　　　B. 结构简单，可靠性高

C. 流通容量大，续流电流小　　　D. 耐污能力强

84. 母线垂直布置，位于上方的相序是（　　）。

A. A　　　　　　　　　　　　　B. B

C. C　　　　　　　　　　　　　D. N

85. 电力电缆安装前要进行检查，对 1kV 以下的电缆进行检查的内容是（　　）。

A. 直流耐压试验　　　　　　　　　　　B. 交流耐压试验

C. 用 500V 摇表测绝缘　　　　　　　　　D. 用 1000V 摇表测绝缘

86. 建筑物防雷接地系统安装工程中，属于独立避雷针的除钢筋结构独立避雷针外，还应包括的是（　　　）。

A. 等边角钢独立避雷针　　　　　　　　B. 扁钢与角钢混合结构独立避雷针

C. 钢管环形结构独立避雷针　　　　　　D. 钢筋混凝土环形杆独立避雷针

87. 重型母线的计量单位为（　　　）。

A. m　　　　　　　　　　　　　　　　B. kg

C. t　　　　　　　　　　　　　　　　D. 延米

88. 广泛适用于冶金、铸造、石化、水泥等领域的过程检测，可对各种运动工作物体的表面温度进行快速测量的温度检测仪表为（　　　）。

A. 智能温度变送器　　　　　　　　　　B. 红外辐射温度检测器

C. 装备式热电阻　　　　　　　　　　　D. 装配式铂电阻

89. 电磁流量计特点有（　　　）。

A. 无阻流元件，阻力损失极小　　　　　B. 不能测量含有固体颗粒或纤维的液体

C. 可以测量腐蚀性及非腐蚀性液体　　　D. 只能测导电液体

90. 下列过程检测仪表计量，以"台"为计量单位的是（　　　）。

A. 温度仪表　　　　　　　　　　　　　B. 压力仪表

C. 变送单元仪　　　　　　　　　　　　D. 流量仪表

91. 可在 6~8km 距离内不使用中继器实现高速率数据传输，电磁绝缘性能好、衰减小、频带宽，传输速度快，主要用于布线条件特殊的主干网，该网络传输介质为（　　　）。

A. 双绞线　　　　　　　　　　　　　　B. 同轴电缆

C. 光纤　　　　　　　　　　　　　　　D. 大对数铜缆

92. 有判断网络地址和选择 IP 路径的功能，能在多网络互联环境中建立灵活的连接，可用完全不同的数据分组和介质访问方法连接各种子网。属网络层的一种互联设备，该设备是（　　　）。

A. 集线器　　　　　　　　　　　　　　B. 路由器

C. 交换机　　　　　　　　　　　　　　D. 网卡

93. 在计算机控制系统中，代号为 DCS 的系统是（　　　）。

A. 数据采集系统　　　　　　　　　　　B. 直接数字控制系统

C. 监督控制系统　　　　　　　　　　　D. 集散控制系统

94. 现场总线系统的特点包括（　　　）。

A. 系统的开放性　　　　　　　　　　　B. 互操作性

C. 分散的系统结构　　　　　　　　　　D. 数据整合性

95. 电话通信系统的主要组成部分包括（　　　）。

A. 用户终端设备　　　　　　　　　　　B. 传输系统

C. 用户分配网　　　　　　　　　　　　D. 电话交换设备

96. 建筑物内通信配线的分线箱（组线箱）内接线模块宜采用（　　　）。

A. 普通卡接式接线模块　　　　　　　B. 旋转卡接式接线模块

C. 扣式接线子　　　　　　　　　　　D. RJ45 快接式接线模块

97. 智能建筑的楼宇自动化系统包括的内容有（　　　　）。

A. 电梯监控系统　　　　　　　　　　B. 保安监控系统

C. 防盗报警系统　　　　　　　　　　D. 给水排水监控系统

98. 火灾报警系统的设备安装中，属于按火灾探测器对现场信息采集原理划分的探测器类型有（　　　　）。

A. 感烟探测器　　　　　　　　　　　B. 感温探测器

C. 离子型探测器　　　　　　　　　　D. 线性探测器

99. 闭路监控系统中，能完成对摄像机镜头、全方位云台的总线控制，有的还能对摄像机电源的通断进行控制的设备为（　　　　）。

A. 处理器　　　　　　　　　　　　　B. 均衡器

C. 调制器　　　　　　　　　　　　　D. 解码器

100. 安全防范系统工程计量中，安全防范分系统调试的计量单位是（　　　　）。

A. 系统　　　　　　　　　　　　　　B. 台

C. 套　　　　　　　　　　　　　　　D. 部

模拟题七

一、单项选择题（共 40 题，每题 1 分。每题的备选项中，只有 1 个最符合题意）

1. 钢中碳的含量对钢的性质起着决定性作用，含碳量增加对钢强度的影响表述正确的是（　　）。

A. 钢的强度增大，直至变为生铁

B. 钢的强度变低，直至变为生铁

C. 钢的强度增大，但含碳量超过 1.00% 时，其强度开始下降

D. 钢的强度变低，但含碳量超过 1.00% 时，其强度开始上升

2. 强度和硬度较高，耐磨性较好，但塑性、冲击韧性和可焊性差，主要用于制造轴类、农具、耐磨零件和垫板等的普通碳素结构钢型号为（　　）。

A. Q195
B. Q215

C. Q235
D. Q275

3. 抗拉强度远远超过灰铸铁，而与钢相当，具有较好的耐疲劳强度，常用来代替钢制造某些重要零件，如曲轴、连杆和凸轮轴等，也可用于高层建筑室外进入室内给水的总管或室内总干管。这种铸铁是（　　）。

A. 球墨铸铁
B. 蠕墨铸铁

C. 可锻铸铁
D. 耐蚀铸铁

4. 在工程材料分类中，铸石属于（　　）。

A. 耐火材料
B. 耐火隔热材料

C. 耐蚀非金属材料
D. 陶瓷材料

5. 某盐酸合成车间的换热器，其材质应选用（　　）。

A. 高合金钢
B. 铸石

C. 不透性石墨
D. 耐蚀陶瓷

6. 用来输送高温、高压汽、水等介质或高温高压含氢介质的管材为（　　）。

A. 螺旋缝焊接钢管
B. 双层卷焊钢管

C. 一般无缝钢管
D. 锅炉用高压无缝钢管

7. 当焊件和焊条存在水分时，采用碱性焊条焊接，焊缝中容易出现的缺陷是（　　）。

A. 变形
B. 夹渣

C. 裂纹
D. 氢气孔

8. 压缩回弹性能好，具有多道密封和一定自紧功能，对法兰压紧面的表面缺陷不敏感，易对中，拆卸方便，能在高温、低压、高真空、冲击振动等场合使用的平垫片为（　　）。

A. 橡胶石棉垫片
B. 金属缠绕式垫片

C. 齿形垫片　　　　　　　　　　　　D. 金属环形垫片

9. 防止管道介质中的杂质进入传动设备或精密部位，使生产发生故障或影响产品的质量的附件是（　　　）。

A. 补偿器　　　　　　　　　　　　　B. 视镜

C. 阻火器　　　　　　　　　　　　　D. 除污器

10. 成对使用，单台使用没有补偿能力，但它可作管道万向接头使用的补偿器是（　　　）。

A. 方形补偿器　　　　　　　　　　　B. 填料式补偿器

C. 波形补偿器　　　　　　　　　　　D. 球形补偿器

11. 能够对非金属材料切割的是（　　　）。

A. 氧-乙炔切割　　　　　　　　　　B. 氢氧源切割

C. 等离子弧切割　　　　　　　　　　D. 碳弧气割

12. 焊接质量好，但速度慢、生产效率低的非熔化极焊接方法为（　　　）。

A. 埋弧焊　　　　　　　　　　　　　B. 钨极惰性气体保护焊

C. CO_2 气体保护焊　　　　　　　　D. 等离子弧焊

13. 管壁厚度为 20~60mm 的高压钢管焊接时，其坡口规定为（　　　）。

A. V 形坡口，根部钝边厚度 3mm 左右

B. V 形坡口，根部钝边厚度 2mm 左右

C. U 形坡口，根部钝边厚度 2mm 左右

D. U 形坡口，根部钝边厚度为管壁厚度的 1/5

14. 为了使重要的金属结构零件获得高强度、较高弹性极限和较高的韧性，应采用的热处理工艺为（　　　）。

A. 正火　　　　　　　　　　　　　　B. 高温回火

C. 去应力退火　　　　　　　　　　　D. 完全退火

15. 对于铁磁性和非铁磁性金属材料而言，只能检查其表面和近表面缺陷的无损探伤方法为（　　　）。

A. 超声波探伤　　　　　　　　　　　B. 涡流检测

C. 磁粉检测　　　　　　　　　　　　D. 液体渗透检测

16. 基体表面处理质量等级需达到 Sa_3 级的是（　　　）。

A. 金属热喷涂层　　　　　　　　　　B. 搪铅

C. 橡胶衬里　　　　　　　　　　　　D. 涂料涂层

17. 某工艺管道绝热安装工程，管道外径为 $D=250mm$，绝热层厚度 $\delta=120mm$，管道长度 $L=10m$，该管道绝热工程量为（　　　）m^3。

A. 0.607　　　　　　　　　　　　　B. 0.84

C. 1.45　　　　　　　　　　　　　　D. 1.55

18. 特别适用于精密仪器及外表面要求比较严格物件吊装的索具是（　　　）。

A. 素麻绳　　　　　　　　　　　　　B. 油浸麻绳

C. 尼龙带　　　　　　　　　　　　　D. 钢丝绳

19. 两台起重机共同抬吊一个重物，已知重物质量为50t，索吊具质量为2t，不均衡荷载系数为1.1，其计算荷载应为（　　　）。

A. 55t
B. 57.2t
C. 60.5t
D. 62.92t

20. 液压、润滑管道的除锈应采用（　　　）。

A. 水清洗
B. 油清洗
C. 酸洗
D. 蒸汽吹扫

21. 根据《建设工程工程量清单计价规范》GB 50500 的规定，项目编码第五、六位数字表示的是（　　　）。

A. 工程类别
B. 专业工程
C. 分部工程
D. 分项工程

22. 项目编码前六位为030803的是（　　　）。

A. 切削设备安装工程
B. 给水排水管道
C. 高压管道
D. 管道附件

23. 适用于固定有强烈震动和冲击的重型设备的螺栓是（　　　）。

A. 固定地脚螺栓
B. 活动地脚螺栓
C. 胀锚地脚螺栓
D. 粘结地脚螺栓

24. 固体散料输送设备中，振动输送机的工作特点为（　　　）。

A. 能输送黏性强的物料
B. 能输送具有化学腐蚀性或有毒的散状固体物料
C. 能输送易破损的物料
D. 能输送含气的物料

25. 按照泵的作用原理分类，转子泵应属于（　　　）。

A. 漩涡泵
B. 往复泵
C. 滑片泵
D. 喷射泵

26. 特点是启动快，耗功少，运转维护费用低，抽速大、效率高，对被抽气体中所含的少量水蒸气和灰尘不敏感，广泛用于真空冶金中的冶炼、脱气、轧制的泵是（　　　）。

A. 喷射泵
B. 水环泵
C. 罗茨泵
D. 扩散泵

27. 与离心式通风机相比，轴流式通风机的使用特点为（　　　）。

A. 风压高、流量小
B. 体积较大
C. 动叶、导叶可调节
D. 经济性较差

28. 容量是锅炉的主要性能指标之一，热水锅炉容量单位是（　　　）。

A. t/h
B. MW
C. $kg/(m^2 \cdot h)$
D. $kJ/(m^2 \cdot h)$

29. 锅炉的汽、水压力系统及其附属设备安装完毕后，必须进行水压试验，其中应单独作水压试验的是（　　　）。

A. 锅筒
B. 联箱

C. 过热器　　　　　　　　　　　　　　　　D. 安全阀

30. 锅炉安全附件安装中，常用的水位计有玻璃管式、磁翻柱液位计以及（　　）。

　　A. 波纹管式水位计　　　　　　　　　　　B. 弹簧式水位计

　　C. 杠杆式水位计　　　　　　　　　　　　D. 平板式水位计

31. 设备比较简单，操作容易，脱硫效率高；但脱硫后烟气温度较低，且设备的腐蚀较干法严重的脱硫方法是（　　）。

　　A. 燃烧前燃料脱硫　　　　　　　　　　　B. 烟气脱硫

　　C. 干法脱硫　　　　　　　　　　　　　　D. 湿法烟气脱硫

32. 通常由支承架、带法兰的铸铁翼片管、铸铁弯头或蛇形管等组成，安装在锅炉尾部烟管中的设备是（　　）。

　　A. 省煤器　　　　　　　　　　　　　　　B. 空气预热器

　　C. 过热器　　　　　　　　　　　　　　　D. 对流管束

33. 自动喷水雨淋式灭火系统包括管道系统、雨淋阀、火灾探测器以及（　　）。

　　A. 水流指示器　　　　　　　　　　　　　B. 预作用阀

　　C. 开式喷头　　　　　　　　　　　　　　D. 闭式喷头

34. 具有冷却、乳化、稀释等作用，且不仅可用于灭火，还可以用来控制火势及防护冷却的灭火系统为（　　）。

　　A. 自动喷水湿式灭火系统　　　　　　　　B. 自动喷水干式灭火系统

　　C. 水喷雾灭火系统　　　　　　　　　　　D. 水幕灭火系统

35. 在自动喷水灭火系统管道安装中，下列做法正确的是（　　）。

　　A. 管道穿过楼板时加设套管，套管应高出楼面 50mm

　　B. 管道安装顺序为先支管，后配水管和干管

　　C. 管道弯头处应采用补芯

　　D. 管道横向安装宜设 0.001～0.002 的坡度，坡向立管

36. 在建筑施工现场使用的能够瞬时点燃，工作稳定，能耐高、低温，功率大，但平均寿命短的光源类型为（　　）。

　　A. 长弧氙灯　　　　　　　　　　　　　　B. 短弧氙灯

　　C. 高压钠灯　　　　　　　　　　　　　　D. 卤钨灯

37. 可以对三相笼型异步电动机作不频繁自耦减压起动，以减少电动机起动电流对输电网络的影响，并可加速电动机转速至额定转速和人为停止电动机运转，并对电动机具有过载、断相、短路等保护的电动机的起动方法是（　　）。

　　A. 星—三角起动法　　　　　　　　　　　B. 自耦减压起动控制柜（箱）减压起动

　　C. 绕线转子异步电动机起动方法　　　　　D. 软启动器

38. 具有断路保护功能，能起到灭弧作用，还能避免相间短路，常用于容量较大的负载上作短路保护。这种低压电气设备是（　　）。

　　A. 螺旋式熔断器　　　　　　　　　　　　B. 瓷插式熔断器

　　C. 封闭式熔断器　　　　　　　　　　　　D. 铁壳刀开关

39. 一般敷设在较小型电动机的接线盒与钢管口的连接处，用来保护电缆或导线不受

机械损伤的导管为（　　　）。

A. 电线管　　　　　　　　　　　　B. 硬质聚氯乙烯管

C. 金属软管　　　　　　　　　　　D. 可挠金属套管

40. 下列关于导管的弯曲半径叙述不正确的是（　　　）。

A. 明配导管的弯曲半径不宜小于管外径的 5 倍

B. 埋设于混凝土内的导管的弯曲半径不宜小于管外径的 6 倍

C. 当直埋于地下时，导管弯曲半径不宜小于管外径的 10 倍

D. 电缆导管的弯曲半径不应小于电缆最小允许弯曲半径

二、多项选择题（共 20 题，每题 1.5 分。每题的备选项中，有 2 个或 2 个以上符合题意，至少有 1 个错项。错选，本题不得分；少选，所选的每个选项得 0.5 分）

41. 下列关于沉淀硬化型不锈钢叙述正确的是（　　　）。

A. 突出优点是经沉淀硬化热处理以后具有高的强度

B. 但耐蚀性较铁素体型不锈钢差

C. 主要用于制造高强度的容器、结构和零件

D. 也可用作高温零件

42. 某热力管道的介质工作温度为 800℃，为了节能及安全，其外设计有保温层，该保温层宜选用的材料有（　　　）。

A. 硅藻土　　　　　　　　　　　　B. 矿渣棉

C. 硅酸铝纤维　　　　　　　　　　D. 泡沫混凝土

43. 属于化学防锈颜料的有（　　　）。

A. 氧化锌　　　　　　　　　　　　B. 红丹

C. 锌铬黄　　　　　　　　　　　　D. 锌粉

44. 常用耐腐蚀涂料中，具有良好耐碱性能的包括（　　　）。

A. 酚醛树脂漆　　　　　　　　　　B. 环氧—酚醛漆

C. 环氧树脂涂料　　　　　　　　　D. 呋喃树脂漆

45. 下列关于松套法兰叙述正确的是（　　　）。

A. 多用于铜、铝等有色金属及不锈钢管道上

B. 比较适合于输送腐蚀性介质

C. 适用于管道需要频繁拆卸以供清洗和检查的地方

D. 适用于高压管道的连接

46. 下列关于球阀叙述正确的是（　　　）。

A. 主要用于切断、分配和改变介质流动方向

B. 结构紧凑、密封性能好

C. 易实现快速启闭、维修方便

D. 仅适用于清洁介质

47. 与氧–乙炔火焰切割相比，氧–丙烷火焰切割的优点有（　　　）。

A. 火焰温度高，切割预热时间短

B. 点火温度高，切割时的安全性能高

C. 成本低廉，易于液化和罐装，环境污染小

D. 选用合理的切割参数时，其切割面的粗糙度较优

48. 钎焊的缺点是（　　）。

A. 不易保证焊件的尺寸精度　　　　　　B. 增加了结构重量

C. 接头的耐热能力比较差　　　　　　　D. 接头强度比较低

49. 超声波探伤比 X 射线探伤相比，具有的特点是（　　）。

A. 探伤灵敏度高　　　　　　　　　　　B. 周期长、成本高

C. 适用于任意工作表面　　　　　　　　D. 适合于厚度较大的零件

50. 设备衬胶前的表面处理宜采用喷砂除锈法。在喷砂前应除去铸件气孔中的空气及油垢等杂质，采用的方法有（　　）。

A. 蒸汽吹扫　　　　　　　　　　　　　B. 加热

C. 脱脂及空气吹扫　　　　　　　　　　D. 脱脂及酸洗、钝化

51. 下列关于绝热结构保护层施工，叙述正确的是（　　）。

A. 塑料薄膜或玻璃丝布保护层适用于硬质材料的绝热层上面或要求防火的管道上

B. 石棉石膏或石棉水泥保护层适用于纤维制的绝热层上面使用

C. 金属保护层的接缝形式可根据具体情况选用搭接、插接或咬接形式

D. 金属保护层应有整体防（雨）水功能，对水易渗进绝热层的部位应用玛蹄脂或胶泥严缝

52. 有防锈要求的脱脂件经脱脂处理后，宜采取的密封保护措施有（　　）。

A. 充氮封存　　　　　　　　　　　　　B. 气相防锈纸

C. 充空气封存　　　　　　　　　　　　D. 气相防锈塑料薄膜

53. 低压碳钢管的"工程内容"有（　　）。

A. 压力试验　　　　　　　　　　　　　B. 吹扫、清洗

C. 脱脂　　　　　　　　　　　　　　　D. 除锈、刷油、防腐蚀

54. 安装专业工程措施项目中，安装与生产同时进行施工增加的工作内容包括（　　）。

A. 火灾防护　　　　　　　　　　　　　B. 噪声防护

C. 有害化合物防护　　　　　　　　　　D. 粉尘防护

55. 润滑脂常用于（　　）。

A. 散热要求不是很高的场合

B. 密封设计很高的场合

C. 重负荷和震动负荷、中速或低速、经常间歇或往复运动的轴承

D. 球磨机滑动轴承润滑

56. 电梯安装工程中，运行速度小于 2.5m/s 的电梯通常有（　　）。

A. 蜗杆蜗轮式减速器电梯　　　　　　　B. 斜齿轮式减速器电梯

C. 行星轮式减速器电梯　　　　　　　　D. 无齿轮减速器的电梯

57. 离心式锅炉给水泵是锅炉给水专业用泵，其特点有（　　）。

A. 扬程不高　　　　　　　　　　　　　B. 结构形式均为单级离心泵

C. 输送带悬浮物的液体　　　　　　　　D. 流量随锅炉负荷变化

58. 下列能表明蒸汽锅炉热经济性的指标有（　　　）。

A. 锅炉热效率　　　　　　　　　　　　B. 煤水比

C. 煤汽比　　　　　　　　　　　　　　D. 锅炉受热面蒸发率

59. 在气体灭火系统中，二氧化碳灭火系统适用于扑灭（　　　）。

A. 多油开关及发电机房火灾　　　　　　B. 大中型电子计算机房火

C. 硝化纤维和火药库火灾　　　　　　　D. 文物资料珍藏室火灾

60. 高压钠灯发光效率高，属于节能型光源，其特点有（　　　）。

A. 黄色光谱透雾性能好　　　　　　　　B. 最适于交通照明

C. 耐震性能好　　　　　　　　　　　　D. 功率因数高

选做部分

共40题，分为二个专业，考生可在二个专业组的40个试题中任选20题作答，按所答的前20题计分，每题1.5分。试题由单项和多选组成。错选，本题不得分；少选，所选的每个选项得0.5分。

一、（61~80题）管道和设备工程

61. 在室内竖向分区给水方式中，高位水箱并联供水方式同高位水箱串联供水方式相比，具有的特点有（　　　）。

A. 各区独立运行互不干扰，供水可靠

B. 能源消耗较小

C. 管材耗用较多，水泵型号较多，投资较高

D. 水箱占用建筑上层使用面积

62. 下列关于室内给水管道的防护及水压试验，叙述正确的是（　　　）。

A. 埋地的钢管、铸铁管一般采用涂刷热沥青绝缘防腐

B. 管道防冻防结露常用的绝热层材料有聚氨酯、岩棉、毛毡、玻璃丝布

C. 生活给水系统管道在交付使用之前必须进行冲洗和消毒

D. 饮用水管道在使用前用每升水中含 20~30mg 游离氯的水灌满管道进行消毒，水在管道中停留 24h 以上

63. 排出管有室外排水管连接处的检查井，井中心距建筑物外墙不小于（　　　）。

A. 2m　　　　　　　　　　　　　　　　B. 3m

C. 4m　　　　　　　　　　　　　　　　D. 5m

64. 下列关于室内燃气管道，叙述正确的是（　　　）。

A. 低压管道，当管径 $DN \leq 50$ 时，一般选用镀锌钢管，连接方式为螺纹连接

B. 低压管道，当管径 $DN > 50$ 时，选用无缝钢管，连接方式为焊接或法兰连接

C. 选用无缝钢管其壁厚不得小于 2mm

D. 引入管不小于 2.5mm

65. 在中、低压两级燃气输送系统中，常用的压送设备除选用往复式压缩机外，还可选用（　　　）。

A. 轴流式压缩机　　　　　　　　　B. 罗茨式鼓风机

C. 离心式压缩机　　　　　　　　　D. 透平式压缩机

66. 适用于燃气管道的塑料管主要是（　　　）。

A. 聚氯乙烯　　　　　　　　　　　B. 聚丁烯

C. 聚乙烯　　　　　　　　　　　　D. 聚丙烯

67. 分散除尘系统的特点有（　　　）。

A. 系统管道复杂　　　　　　　　　B. 系统压力容易平衡

C. 布置紧凑　　　　　　　　　　　D. 除尘器回收粉尘的处理较为麻烦

68. 除尘效率高、耐温性能好、压力损失低；但一次投资高，钢材消耗多、要求较高的制造安装精度的除尘设备是（　　　）。

A. 惯性除尘器　　　　　　　　　　B. 旋风除尘器

C. 湿式除尘器　　　　　　　　　　D. 静电除尘器

69. 与喷水室相比，表面式换热器具有的特点包括（　　　）。

A. 构造简单　　　　　　　　　　　B. 占地少

C. 对水的清洁度要求较高　　　　　D. 水侧阻力小

70. 圆形风管的无法兰连接中，其连接形式有（　　　）。

A. 承插连接　　　　　　　　　　　B. 立咬口连接

C. 芯管连接　　　　　　　　　　　D. 抱箍连接

71. 下列关于热力管道地沟敷设叙述正确的是（　　　）。

A. 管道数量少、管径较小、距离较短，宜采用半通行地沟敷设

B. 不通行地沟内管道一般不采用单排水平敷设

C. 在热力管沟内严禁敷设易燃易爆、易挥发、有毒、腐蚀性的液体或气体管道

D. 直接埋地敷设要求管道保温结构具有低的导热系数、高的耐压强度和良好的防火性能

72. 压缩空气站里常用的油水分离器形式有（　　　）。

A. 环形回转式　　　　　　　　　　B. 撞击折回式

C. 离心折回式　　　　　　　　　　D. 离心旋转式

73. 为保证薄壁不锈钢管内壁焊接成型平整光滑，应采用的焊接方式为（　　　）。

A. 激光焊　　　　　　　　　　　　B. 氧—乙炔焊

C. 二氧化碳气体保护焊　　　　　　D. 钨极惰性气体保护焊

74. 防腐衬胶管道未衬里前应先预安装，预安装完成后，需要进行（　　　）。

A. 气压试验　　　　　　　　　　　B. 严密性试验

C. 水压试验　　　　　　　　　　　D. 渗漏试验

75. 下列工业管道工程计量规则叙述正确的是（　　　）。

A. 各种管道安装工程量，均按设计管道中心线长度，以"米"计算

B. 扣除阀门及各种管件所占长度

C. 遇弯管时，按两管交叉的中心线交点计算

D. 方形补偿器以其所占长度列入管道安装工程量

76. 具有生产能力大，操作弹性大，塔板效率高，气体压降及液面落差小，塔造价低，自 50 年代开始在工业上广泛使用的塔为（　　）。

A. 筛板塔　　　　　　　　　　　　　B. 泡罩塔

C. 填料塔　　　　　　　　　　　　　D. 浮阀塔

77. 油罐焊接完毕后，检查罐顶焊缝严密性的方法一般采用（　　）。

A. 煤油试漏法　　　　　　　　　　　B. 压缩空气试验法

C. 真空箱试验法　　　　　　　　　　D. 化学试验法

78. 下列油罐不属于地上油罐的是（　　）。

A. 罐底位于设计标高±0.000 及其以上

B. 罐底在设计标高±0.000 以下，但不超过油罐高度的 1/2

C. 油罐埋入地下深于其高度的 1/2，而且油罐的液位的最大高度不超过设计标高±0.000 以上 0.2m

D. 罐内液位处于设计标高±0.000 以下 0.2m

79. 球罐的预热温度应根据以下条件确定：焊接材料、气象条件、接头的拘束度和（　　）。

A. 焊件长度　　　　　　　　　　　　B. 焊件厚度

C. 焊件韧性　　　　　　　　　　　　D. 焊件塑性

80. 静置设备安装——整体容器安装（项目编码：030302002），工作内容不包括（　　）。

A. 附件制作　　　　　　　　　　　　B. 安装

C. 压力试验　　　　　　　　　　　　D. 清洗、脱脂、钝化

二、（81~100 题）电气与自动化控制工程

81. 容量较小，一般在 315kVA 及以下的变压器是（　　）。

A. 车间变电所　　　　　　　　　　　B. 独立变电所

C. 杆上变电所　　　　　　　　　　　D. 建筑物及高层建筑物变电所

82. 高压开关设备中的熔断器，在电力系统中可作为（　　）。

A. 过载故障的保护设备　　　　　　　B. 转移电能的开关设备

C. 短路故障的保护设备　　　　　　　D. 控制设备启停的操作设备

83. 敞开装设在金属框架上，保护和操作方案较多，装设地点灵活的低压断路器为（　　）。

A. SF6 低压断路器　　　　　　　　　B. 万能式低压断路器

C. 塑壳式低压断路器　　　　　　　　D. 固定式低压断路器

84. 电缆安装工程施工时，下列做法中，错误的为（　　）。

A. 直埋电缆做波浪形敷设

B. 在三相四线制系统中采用四芯电力电缆

C. 并联运行电缆具备相同的型号、规格及长度

D. 裸钢带铠装电缆进行直接埋地敷设

85. 防雷接地系统安装时，在土壤条件极差的山石地区应采用接地极水平敷设。要求

接地装置所用材料全部采用（　　）。

A. 镀锌圆钢 　　　　　　　　　　　B. 镀锌方钢

C. 镀锌角钢 　　　　　　　　　　　D. 镀锌扁钢

86. 检验电气设备承受雷电压和操作电压的绝缘性能和保护性能，应采用的检验方法为（　　）。

A. 绝缘电阻测试 　　　　　　　　　B. 直流耐压试验

C. 冲击波试验 　　　　　　　　　　D. 泄漏电流试验

87. 根据《通用安装工程工程量计算规范》，单独安装的铁壳开关、自动开关、箱式电阻器、变阻器的外部进出线预留长度应从（　　）。

A. 安装对象最远端子接口算起 　　　B. 安装对象最近端子接口算起

C. 安装对象下端往上 2/3 处算起 　　D. 安装对象中心算起

88. 接收变换和放大后的偏差信号，转换为被控对象进行操作控制信号的装置是（　　）。

A. 被控对象 　　　　　　　　　　　B. 控制器

C. 放大变换环节 　　　　　　　　　D. 校正装置

89. 测量范围极大，远远大于酒精、水银温度计，适用于炼钢炉、炼焦炉等高温地区，也可测量液态氢、液态氮等低温物体的温度检测仪表是（　　）。

A. 热电偶温度计 　　　　　　　　　B. 热电阻温度计

C. 辐射温度计 　　　　　　　　　　D. 一体化温度变送器

90. 特别适合于重油、聚乙烯醇、树脂等粘度较高介质流量的测量，用于精密地、连续或间断地测量管道流体的流量或瞬时流量，属容积式流量计。该流量计是（　　）。

A. 涡轮流量计 　　　　　　　　　　B. 椭圆齿轮流量计

C. 电磁流量计 　　　　　　　　　　D. 均速管流量计

91. 能够对空气、氮气、水及与水相似的其他安全流体进行小流量测量，其结构简单、维修方便、价格较便宜、测量精度低。该流量测量仪表为（　　）。

A. 涡轮流量计 　　　　　　　　　　B. 椭圆齿轮流量计

C. 玻璃管转子流量计 　　　　　　　D. 电磁流量计

92. 根据《通用安装工程工程量计算规范》GB 50856，下列部件按工业管道工程相关项目编码列项的有（　　）。

A. 电磁阀 　　　　　　　　　　　　B. 节流装置

C. 消防控制 　　　　　　　　　　　D. 取源部件

93. 电磁绝缘性能好、信号衰减小、频带宽、传输速度快、传输距离大的网络传输介质是（　　）。

A. 双绞线 　　　　　　　　　　　　B. 粗缆

C. 细缆 　　　　　　　　　　　　　D. 光纤

94. 有线电视系统安装时，室外线路敷设正确的做法有（　　）。

A. 用户数量和位置变动较大时，可架空敷设

B. 用户数量和位置比较稳定时，可直接埋地敷设

C. 有电力电缆管道时，可共管孔敷设

D. 可利用架空通信、电力杆路敷设

95. 不需要调制、解调，设备花费少、传输距离一般不超过 2km 的电视监控系统信号传输方式为（　　）。

A. 微波传输   B. 射频传输

C. 基带传输   D. 宽带传输

96. 作用是将反射面内收集到的卫星电视信号聚焦到馈源口，形成适合波导传输的电磁波的卫星电视接收系统是（　　）。

A. 卫星天线   B. 高频头

C. 功分器   D. 调制器

97. 火灾现场报警装置包括（　　）。

A. 火灾报警控制器   B. 声光报警器

C. 警铃   D. 消防电话

98. 空间入侵探测器包括（　　）。

A. 声控探测器   B. 被动红外探测器

C. 微波入侵探测器   D. 视频运动探测器

99. 办公自动化系统的支柱科学技术是（　　）。

A. 计算机技术   B. 通信技术

C. 系统科学   D. 网络技术

100. 综合布线系统中，使不同尺寸或不同类型的插头与信息插座相匹配，提供引线的重新排列，把电缆连接到应用系统的设备接口的器件是（　　）。

A. 适配器   B. 接线器

C. 连接模块   D. 转接器

模拟题八

一、单项选择题（共40题，每题1分。每题的备选项中，只有1个最符合题意）

1. 钢中含有的碳、硅、锰、硫、磷等元素对钢材性能影响正确的为（　　）。

A. 当含碳量超过1.00%时，钢材强度下降，塑性大、硬度小、易加工

B. 硫、磷含量较高时，会使钢材产生热脆和冷脆性，但对其塑性、韧性影响不大

C. 硅、锰能够在不显著降低塑性、韧性的情况下，提高钢材的强度和硬度

D. 锰能够提高钢材的强度和硬度，而硅则会使钢材塑性、韧性显著降低

2. 某种钢材，其塑性和韧性较高，可通过热处理强化，多用于制作较重要的、荷载较大的机械零件，是广泛应用的机械制造用钢。此种钢材为（　　）。

　　A. 普通碳素结构钢　　　　　　　　　B. 优质碳素结构钢

　　C. 普通低合金钢　　　　　　　　　　D. 奥氏体型不锈钢

3. 某种铸铁具有较高的强度、塑性和冲击韧性，可以部分代替碳钢，用来制作形状复杂、承受冲击和振动荷载的零件，且与其他铸铁相比，其成本低，质量稳定，处理工艺简单。此铸铁为（　　）。

　　A. 可锻铸铁　　　　　　　　　　　　B. 球墨铸铁

　　C. 蠕墨铸铁　　　　　　　　　　　　D. 片墨铸铁

4. 在要求耐蚀、耐磨或高温条件下，当不受冲击震动时，选用的非金属材料为（　　）。

　　A. 蛭石　　　　　　　　　　　　　　B. 铸石

　　C. 石墨　　　　　　　　　　　　　　D. 玻璃

5. 用来输送石油和天然气等特殊用途的管材为（　　）。

　　A. 双面螺旋焊管　　　　　　　　　　B. 一般无缝钢管

　　C. 单面螺旋焊管　　　　　　　　　　D. 锅炉用高压无缝钢管

6. 根据涂料的基本组成分类，溶剂应属于（　　）。

　　A. 主要成膜物质　　　　　　　　　　B. 次要成膜物质

　　C. 辅助成膜物质　　　　　　　　　　D. 其他辅助材料

7. 密封性能较好，使用周期长，常用于凹凸式密封面法兰的连接，缺点是在每次更换垫片时，都要对两法兰密封面进行加工，因而费时费力，这种垫片是（　　）。

　　A. 橡胶垫片　　　　　　　　　　　　B. 橡胶石棉垫片

　　C. 齿形垫片　　　　　　　　　　　　D. 金属环形垫片

8. 某补偿器具有补偿能力大，流体阻力和变形应力小等特点，特别适合远距离热能输送。可用于建筑物的各种管道中，以防止不均匀沉降或振动造成的管道破坏。此补偿器为（　　）。

A. 方形补偿器　　　　　　　　　　　B. 套筒式补偿器

C. 球形补偿器　　　　　　　　　　　D. 波形补偿器

9. 一般适合保护较短或较平直的管线，电缆保护，汽车线束，发电机组中常用，安装后牢靠，不易拆卸，密封、绝缘、隔热、防潮的效果较好的防火套管是（　　　）。

A. 搭扣式防火套管　　　　　　　　　B. 不缠绕式防火套管

C. 管筒式防火套管　　　　　　　　　D. 耐高温套管

10. 主要使用在应急电源至用户消防设备、火灾报警设备、通风排烟设备、疏散指示灯、紧急电源插座、紧急用电梯等供电回路的衍生电缆是（　　　）。

A. 阻燃电缆　　　　　　　　　　　　B. 耐火电缆

C. 防水电缆　　　　　　　　　　　　D. 耐寒电缆

11. 在金属结构制造部门得到广泛应用，加工多种不能用气割加工的金属，如铸铁、高合金钢、铜和铝及其合金等，但对有耐腐蚀要求的不锈钢一般不采用的切割方法是（　　　）。

A. 氧一乙炔火焰切割　　　　　　　　B. 等离子弧切割

C. 碳弧气割　　　　　　　　　　　　D. 冷切割

12. 采用熔化极惰性气体保护焊焊接铝、镁等金属时，为提高接头的焊接质量，可采用的焊接连接方式为（　　　）。

A. 直流正接法　　　　　　　　　　　B. 直流反接法

C. 交流串接法　　　　　　　　　　　D. 交流并接法

13. 焊接电流的大小，对焊接质量及生产率有较大影响。其中最主要的因素是焊条直径和（　　　）。

A. 焊条类型　　　　　　　　　　　　B. 接头形式

C. 焊接层次　　　　　　　　　　　　D. 焊缝空间位置

14. 工件强度、硬度、韧性较退火为高，而且生产周期短，能量耗费少的焊后热处理工艺为（　　　）。

A. 正火工艺　　　　　　　　　　　　B. 淬火工艺

C. 中温回火　　　　　　　　　　　　D. 高温回火

15. 只适用于工地拼装的大型普通低碳钢容器的组装焊缝的焊后热处理工艺是（　　　）。

A. 正火加高温回火　　　　　　　　　B. 单一的高温回火

C. 单一的中温回火　　　　　　　　　D. 正火

16. 特点是质量高，但只适用于较厚的、不怕碰撞的工件的金属表面处理方法是（　　　）。

A. 手工方法　　　　　　　　　　　　B. 湿喷砂法

C. 酸洗法　　　　　　　　　　　　　D. 抛丸法

17. 某设备内部需覆盖铅防腐，该设备在负压下回转运动，且要求传热性好，此时覆盖铅的方法应为（　　　）。

A. 搪钉固定法　　　　　　　　　　　B. 搪铅法

C. 螺栓固定法   D. 压板条固定法

18. 某工艺管道绝热安装工程，管道外径为 $D=250mm$，绝热层厚度 $\delta=120mm$，管道长度 $L=10m$，该管道保护层工程量为（   ）m^2。

    A. 15.02   B. 16.02

    C. 17.02   D. 18.02

19. 自行式起重机选用时，根据被吊设备或构件的就位位置、现场具体情况等确定起重机的站车位置，站车位置一旦确定，则（   ）。

    A. 可由特性曲线确定起重机臂长

    B. 可由特性曲线确定起重机能吊装的荷载

    C. 可确定起重机的工作幅度

    D. 起重机的最大起升高度即可确定

20. 脱脂后应及时将脱脂件内部的残液排净，不能采用的方法是（   ）。

    A. 用清洁、无油压缩空气吹干   B. 用清氮气吹干

    C. 自然蒸发   D. 用清洁无油的蒸汽吹干

21. 编制工程量清单时，安装工程工程量清单编制依据的文件不包括（   ）。

    A. 经审定通过的项目可行性研究报告   B. 与工程相关的标准、规范和技术资料

    C. 经审定通过的施工组织设计   D. 经审定通过的施工图纸

22. 在编制一般工艺钢结构预制安装工程措施项目清单时，当拟建工程中有工艺钢结构预制安装，有工业管道预制安装，可列项的是（   ）。

    A. 平台铺设、拆除   B. 防冻防雨措施

    C. 焊接保护措施   D. 焊缝真空检验

23. 中小型形状复杂的装配件表面的防锈油脂，其初步清洗的方法是（   ）。

    A. 清洗液浸洗   B. 热空气吹洗

    C. 清洗液喷洗   D. 溶剂油擦洗

24. 机械设备安装工程中，常用于固定静置的简单设备或辅助设备的地脚螺栓为（   ）。

    A. 长地脚螺栓   B. 可拆卸地脚螺栓

    C. 活动地脚螺栓   D. 胀锚地脚螺栓

25. 适用于运送粉末状的、块状的或片状的颗粒物料的带式输送机为（   ）。

    A. 平型带式输送机   B. 槽型带式输送机

    C. 拉链式带式输送机   D. 弯曲带式输送机

26. 电梯无严格的速度分类，我国习惯上将高速电梯的速度规定为（   ）。

    A. 速度低于 1.0m/s 的电梯   B. 速度在 1.0~2.0m/s 的电梯

    C. 速度大于 2.0m/s 的电梯   D. 速度超过 5.0m/s 的电梯

27. 与离心泵的主要区别是防止输送的液体与电气部分接触，保证输送液体绝对不泄露的泵是（   ）。

    A. 离心式杂质泵   B. 离心式冷凝水泵

    C. 屏蔽泵   D. 混流泵

28. 广泛应用于大型电站、大型隧道、矿井的通风、引风机的应是（　　）。

A. 离心式通风机　　　　　　　　　　B. 轴流式通风机

C. 混流式通风机　　　　　　　　　　D. 罗茨式通风机

29. 蒸发量为 1t/h 的锅炉，其省煤器上装有 3 个安全阀，为确保锅炉安全运行，此锅炉至少应安装的安全阀数量为（　　）。

A. 3 个　　　　　　　　　　　　　　B. 4 个

C. 5 个　　　　　　　　　　　　　　D. 6 个

30. 锅炉本体安装时，对流式过热器安装的部位应为（　　）。

A. 水平悬挂于锅炉尾部　　　　　　　B. 垂直悬挂于锅炉尾部

C. 包覆于炉墙内壁上　　　　　　　　D. 包覆于锅炉的炉顶部

31. 根据生产工艺要求，烟气除尘率达到 85% 左右即满足需要，可选用没有运动部件、结构简单、造价低、维护管理方便，且广泛应用的除尘设备是（　　）。

A. 麻石水膜除尘器　　　　　　　　　B. 旋风水膜除尘器

C. 旋风除尘器　　　　　　　　　　　D. 静电除尘器

32. 锅炉安全附件安装中，常用的水位计有玻璃管式、磁翻柱液位计以及（　　）。

A. 波纹管式水位计　　　　　　　　　B. 弹簧式水位计

C. 杠杆式水位计　　　　　　　　　　D. 平板式水位计

33. 通常将火灾划分为四大类，其中 D 类火灾指（　　）。

A. 木材、布类、纸类、橡胶和塑胶等普通可燃物的火灾

B. 可燃性液体或气体的火灾

C. 电气设备的火灾

D. 钾、钠、镁等可燃性金属或其他活性金属的火灾

34. 绝热性能好、无毒、能消烟、能排除有毒气体，灭火剂用量和水用量少，水渍损失小，灭火后泡沫易清除，但不能扑救立式油罐内火灾的泡沫灭火系统为（　　）。

A. 高倍数泡沫灭火系统　　　　　　　B. 中倍数泡沫灭火系统

C. 氟蛋白泡沫灭火系统　　　　　　　D. 成膜氟蛋白泡沫灭火系统

35. 下列关于高速水雾喷头，叙述不正确的是（　　）。

A. 主要用于灭火和控火　　　　　　　B. 可以有效扑救电气火灾

C. 可用于燃油锅炉房　　　　　　　　D. 可用于燃气锅炉房

36. 它是电光源中光效最高的一种光源，也是太阳能路灯照明系统的最佳光源。它视见分辨率高，对比度好，特别适用于高速公路、市政道路、公园、庭院等照明场所。这种电光源是（　　）。

A. 低压钠灯　　　　　　　　　　　　B. 高压钠灯

C. 氙灯　　　　　　　　　　　　　　D. 金属卤化物灯

37. 适用于容量较大的电动机，通过控制电动机的电压，使其在启动过程中逐渐地升高，很自然地限制启动电流，同时具有可靠性高、维护量小、电动机保护良好以及参数设置简单等优点的启动方式为（　　）。

A. 星—三角起动法（Y-△）　　　　　B. 绕线转子异步电动机起动方法

C. 软启动器启动　　　　　　　　　　　　D. 直接起动

38. 主要用于频繁接通、分断交直流电路，控制容量大，其主要控制对象是电动机，广泛用于自动控制电路。该低压电气设备是（　　　）。

A. 熔断器　　　　　　　　　　　　　　　B. 低压断路器

C. 继电器　　　　　　　　　　　　　　　D. 接触器

39. 下列关于硬质聚氯乙烯管叙述不正确的是（　　　）。

A. 硬质聚氯乙烯管主要用于电线、电缆的保护套管

B. 连接一般为加热承插式连接和塑料热风焊

C. 弯曲可不必加热

4. 易变形老化，适用腐蚀性较大的场所的明、暗配

40. 普通灯具的计量单位是（　　　）。

A. 个　　　　　　　　　　　　　　　　　B. 组

C. 套　　　　　　　　　　　　　　　　　D. 部

二、多项选择题（共 20 题，每题 1.5 分。每题的备选项中，有 2 个或 2 个以上符合题意，至少有 1 个错项。错选，本题不得分；少选，所选的每个选项得 0.5 分）

41. 钛及钛合金具有很多优异的性能，其主要优点有（　　　）。

A. 高温性能良好，可在 540℃以上使用　　B. 低温性能良好，可作为低温材料

C. 常温下抗海水、抗大气腐蚀　　　　　　D. 常温下抗硝酸和碱溶液腐蚀

42. 在热塑性工程塑料中，聚丙烯性能叙述正确的有（　　　）。

A. 耐热性良好　　　　　　　　　　　　　B. 力学性能优良

C. 耐光性能优良　　　　　　　　　　　　D. 染色性能优良

43. 以辉绿岩、玄武岩等天然岩石为主要原料制成的铸石管，其主要特点有（　　　）。

A. 耐磨　　　　　　　　　　　　　　　　B. 耐腐蚀

C. 具有很高的抗压强度　　　　　　　　　D. 具有很高的抗冲击韧性

44. 按药皮熔化后的熔渣碱度分类，可将焊条分为酸性焊条和碱性焊条，其中酸性焊条所具有的特点有（　　　）。

A. 具有较强的还原性

B. 对铁锈、水分不敏感，焊缝中很少有由氢气引起的气孔

C. 不能完全清除焊缝中的硫、磷等杂质

D. 焊缝金属力学性能较低

45. 按阀门动作特点分类，属于驱动阀门的有（　　　）。

A. 节流阀　　　　　　　　　　　　　　　B. 闸阀

C. 止回阀　　　　　　　　　　　　　　　D. 旋塞阀

46. 填料式补偿器主要由带底脚的套筒、插管和填料函三部分组成，与方形补偿器相比其主要特点有（　　　）。

A. 占地面积小　　　　　　　　　　　　　B. 填料使用寿命长，无需经常更换

C. 流体阻力小，补偿能力较大　　　　　　D. 轴向推力大，易漏水漏气

47. 在焊接方法分类中，属于熔化焊的有（　　　）。

A. 电渣焊　　　　　　　　　　　　B. 电阻焊

C. 激光焊　　　　　　　　　　　　D. 电子束焊

48. 下列应选用低氢焊条的工况为（　　　　）。

A. 在高温、低温、耐磨或其他特殊条件下工作的焊件

B. 当母材中碳、硫、磷等元素的含量偏高时

C. 对结构形状复杂、刚性大的厚大焊件

D. 对承受动载荷和冲击载荷的焊件

49. 液体渗透检验的优点是（　　　　）。

A. 不受被检试件几何形状、尺寸大小、化学成分和内部组织结构的限制

B. 大批量的零件可实现 100% 的检验

C. 检验的速度快，操作比较简便

D. 可以显示缺陷的深度及缺陷内部的形状和大小

50. 衬铅的施工方法与搪铅的施工方法相比，特点有（　　　　）。

A. 施工简单，生产周期短　　　　　B. 适用于立面、静荷载和正压下工作

C. 传热性好　　　　　　　　　　　D. 适用于负压、回转运动和震动下工作

51. 在安装工程常用的机械化吊装设备中，履带起重机的工作特点有（　　　　）。

A. 操作灵活，使用方便　　　　　　B. 不能全回转作业

C. 适用于没有道路的工地　　　　　D. 可安装打桩、拉铲等装置

52. 下列关于管道气压试验的方法和要求叙述正确的是（　　　　）。

A. 试验时应装有压力泄放装置，其设定压力不得高于试验压力的 1.1 倍

B. 试验前，应用空气进行预试验，试验压力宜为 0.3MPa

C. 工艺管道除了强度试验和严密性试验以外，有些管道还要做一些特殊试验

D. 真空系统在压力试验合格后，还应按设计文件规定进行 24h 的真空度试验，以增压率不大于 10% 为合格

53. 依据《通用安装工程工程量计算规范》GB 50856 的规定，项目安装高度若超过基本高度时，应在项目特征中描述。各附录基本安装高度为 5m 的项目名称为（　　　　）。

A. 附录 D 电气设备安装工程　　　　B. 附录 J 消防工程

C. 附录 K 给水排水、供暖、燃气工程　D. 附录 E 建筑智能化工程

54. 下列属于通用措施项目的是（　　　　）。

A. 工程防扬尘洒水　　　　　　　　B. 防煤气中毒措施

C. 起重机的安全防护措施　　　　　D. 隧道内施工的通风

55. 垫铁安装在设备底座下起减震、支撑作用，下列说法中正确的是（　　　　）。

A. 最薄垫铁安放在垫铁组最上面　　B. 最薄垫铁安放在垫铁组中间

C. 斜垫铁安放在垫铁组最上面　　　D. 斜垫铁安放在垫铁组最下面

56. 往复泵与离心泵相比，其特点有（　　　　）。

A. 扬程有一定的范围　　　　　　　B. 流量与排出压力无关

C. 具有自吸能力　　　　　　　　　D. 流量均匀

57. 螺杆泵的特点和用途叙述正确的是（　　　　）。

A. 液体沿轴向移动   B. 流量连续均匀，随压力变化小

C. 运转时振动与噪声大   D. 输送黏度变化范围大的液体

58. 根据《通用安装工程工程量计算规范》热力设备安装工程按设计图示设备质量以"t"计算的有（　　　）。

A. 烟道、热风道   B. 渣仓

C. 脱硫吸收塔   D. 除尘器

59. 下列关于七氟丙烷灭火系统，叙述正确的是（　　　）。

A. 效能高、速度快、环境效应好、不污染被保护对象

B. 对人体基本无害

C. 可用于硝化纤维火灾

D. 不可用于过氧化氢火灾

60. 填充料式熔断器的主要特点是（　　　）。

A. 具有限流作用   B. 具有较高的极限分断能力

C. 具有分流作用   D. 具有较低的极限分断能力

选做部分

共40题，分为二个专业，考生可在二个专业组的40个试题中任选20题作答，按所答的前20题计分，每题1.5分。试题由单项和多选组成。错选，本题不得分；少选，所选的每个选项得0.5分。

一、（61~80题）管道和设备工程

61. 在大型的高层建筑中，常将球墨铸铁管设计为总立管，其接口连接方式有（　　　）。

A. 橡胶圈机械式接口   B. 承插接口

C. 螺纹法兰连接   D. 套管连接

62. 高层建筑、大型民用建筑的加压给水泵应设备用泵，备用泵的容量应等于泵站中（　　　）。

A. 各泵总容量的一半   B. 最大一台泵的容量

C. 各泵的平均容量   D. 最小一台泵的容量

63. 布置简单，基建投资少，运行管理方便，是热网最普遍采用的形式，此种管网布置形式为（　　　）。

A. 平行管网   B. 辐射管网

C. 枝状管网   D. 环状管网

64. 与铸铁散热器相比，钢制散热器的特点是（　　　）。

A. 结构简单，热稳定性好   B. 防腐蚀性好

C. 耐压强度高   D. 占地小，使用寿命长

65. 保证不间断地供应燃气，平衡、调度燃气供气量的燃气系统设备是（　　　）。

A. 燃气管道系统   B. 压送设备

C. 贮存装置   D. 燃气调压站

66. 广泛应用于有机溶剂蒸气和碳氢化合物的净化处理，也可用于除臭的有害气体净化方法是（   ）。

A. 燃烧法   B. 吸收法

C. 吸附法   D. 冷凝法

67. 在通风工程中，利用声波通道截面的突变，使沿管道传递的某些特定频段的声波反射回声源，从而达到消声的目的，且有扩张室和连接管串联组成的是（   ）。

A. 抗性消声器   B. 阻性消声器

C. 缓冲式消声器   D. 扩敷消声器

68. 将回风与新风在空气处理设备前混合，再一起进入空气处理设备，目前是空调中应用最广泛形式，这种空调系统形式是（   ）。

A. 直流式系统   B. 封闭式系统

C. 一次回风系统   D. 二次回风系统

69. 目前大中型商业建筑空调系统中使用最广泛的冷水机组是（   ）。

A. 离心式冷水机组   B. 活塞式冷水机组

C. 螺杆式冷水机组   D. 转子式冷水机组

70. 热力管道如在不通行地沟内敷设，其分支处装有阀门、仪表、除污器等附件时，应设置（   ）。

A. 检查井   B. 排污孔

C. 手孔   D. 人孔

71. 压缩空气管道中，弯头应尽量采用煨弯，其弯曲半径不应小于（   ）。

A. $2D$ B. $2.5D$

C. $3D$ D. $3.5D$

72. 下列关于钛及钛合金管道安装要求叙述正确的是（   ）。

A. 钛及钛合金管的切割可以使用火焰切割

B. 钛及钛合金管焊接应采用惰性气体保护焊或真空焊

C. 钛及钛合金管焊接应采用氧—乙炔焊、二氧化碳气体保护焊或手工电弧焊

D. 钛及钛合金管不宜与其他金属管道直接焊接连接，当需要进行连接时，可采用活套法兰连接。

73. 衬胶管与管件的基体一般为（   ）。

A. 合金钢   B. 碳钢

C. 铜合金   D. 铸铁

74. 下列工业管道管件计量规则叙述正确的是（   ）。

A. 管件压力试验、吹扫、清洗、脱脂均不包括在管道安装中

B. 三通、四通、异径管均按大管径计算

C. 管件用法兰连接时执行法兰安装项目，管件本身不再计算安装

D. 计量单位为"个"

75. 表征填料效能好的有（   ）。

A. 较高的空隙率　　　　　　　　　　　B. 操作弹性大

C. 较大的比表面积　　　　　　　　　　D. 重量轻、造价低，有足够机械强度

76. 传热系数较小，传热面受到容器限制，只适用于传热量不大的场合，该换热器为（　　）。

A. 夹套式换热器　　　　　　　　　　　B. 蛇管式换热器

C. 列管式换热器　　　　　　　　　　　D. 板片式换热器

77. 下列金属球罐的拼装方法中，一般仅适用于中、小球罐安装的是（　　）。

A. 分片组装法　　　　　　　　　　　　B. 分带分片混合组装法

C. 环带组装法　　　　　　　　　　　　D. 拼半球组装法

78. 在相同容积和相同压力下，与立式圆筒形储罐相比，球形罐的优点为（　　）。

A. 表面积最小，可减少钢材消耗

B. 罐壁内应力小，承载能力比圆筒形储罐大

C. 基础工程量小，占地面积较小，节省土地

D. 加工工艺简单，可大大缩短施工工期

79. 气柜施工过程中，根据焊接规范要求，应对焊接质量进行检验，以下操作正确的是（　　）。

A. 气柜壁板所有对焊焊缝均应作真空试漏试验

B. 下水封的焊缝应进行注水试验

C. 水槽壁对接焊缝应作氨气渗漏试验

D. 气柜底板焊缝应作煤油渗透试验

80. 在下列金属构件中，不属于工艺金属结构件的是（　　）。

A. 管廊　　　　　　　　　　　　　　　B. 设备框架

C. 漏斗、料仓　　　　　　　　　　　　D. 吊车轨道

二、(81~100 题) 电气与自动化控制工程

81. 关于建筑物及高层建筑物变电所，叙述正确的是（　　）。

A. 变压器一律采用干式变压器

B. 高压开关可以采用真空断路器

C. 高压开关可以采用六氟化硫断路器

D. 高压开关可以采用少油断路器

82. 互感器的主要功能有（　　）。

A. 使仪表和继电器标准化

B. 提高仪表及继电器的绝缘水平

C. 简化仪表构造

D. 避免短路电流直接流过测量仪表及继电器的线圈

83. 低压动力配电箱的主要功能是（　　）。

A. 只对动力设备配电

B. 只对照明设备配电

C. 不仅对动力设备配电，也可兼向照明设备配电

D. 给小容量的单相动力设备配电

84. 漏电保护器安装时，错误的做法有（　　）。

A. 安装在进户线小配电盘上

B. 照明线路导线，不包括中性线，通过漏电保护器

C. 安装后拆除单相闸刀开关、熔丝盒

D. 安装后选带负荷分、合开关三次

85. 室内变压器安装时，必须实现可靠接地的部件包括（　　）。

A. 变压器中性点　　　　　　　　　B. 变压器油箱

C. 变压器外壳　　　　　　　　　　D. 金属支架

86. 制造、使用或贮存炸药、火药、起爆药、火工品等大量爆炸物质的建筑物，因电火花而引起爆炸，会造成巨大破坏和人身伤亡者的建筑物等属于（　　）防雷建筑物。

A. 第一类防雷建筑物　　　　　　　B. 第二类防雷建筑物

C. 第三类防雷建筑物　　　　　　　D. 第四类防雷建筑物

87. 检验电气设备承受雷电压和操作电压的绝缘性能和保护性能的试验是（　　）。

A. 绝缘电阻的测试　　　　　　　　B. 直流耐压试验

C. 冲击波试验　　　　　　　　　　D. 局部放电试验

88. 依据《通用安装工程工程量计算规范》GB 50856 的规定，防雷及接地装置若利用基础钢筋作接地极，编码列项应在（　　）。

A. 钢筋项目　　　　　　　　　　　B. 均压环项目

C. 接地极项目　　　　　　　　　　D. 措施项目

89. 流量传感器中具有重现性和稳定性能好，不受环境、电磁、温度等因素的干扰的优点，显示迅速，测量范围大的优点，缺点是只能用来测量透明的气体和液体的是（　　）。

A. 压差式流量计　　　　　　　　　B. 靶式流量计

C. 光纤式涡轮传感器　　　　　　　D. 椭圆齿轮流量计

90. 常用于低温区的温度监测器，测量精度高、性能稳定，不仅广泛应用于工业测温，而且被制成标准的基准仪为（　　）。

A. 热电阻温度计　　　　　　　　　B. 热电偶温度计

C. 双金属温度计　　　　　　　　　D. 辐射式温度计

91. 关于均速管流量计叙述正确的是（　　）。

A. 适用于大口径大流量的各种气体、液体流量测量

B. 安装、拆卸、维修方便

C. 压损大、能耗大

D. 输出差压较高

92. 功能为对网络进行集中管理，是各分枝的汇集点的网络互联设备是（　　）。

A. 服务器　　　　　　　　　　　　B. 网卡

C. 集线器　　　　　　　　　　　　D. 交换机

93. 有线电视系统一般由信号源、前端设备、干线传输系统和用户分配网络组成，前

端设备不包括（　　　）。

A. 调制器 　　　　　　　　　　　　B. 放大器

C. 均衡器 　　　　　　　　　　　　D. 滤波器

94. 在电话通信系统安装工程中，目前用户交换机与市电信局连接的中继线一般均采用（　　　）。

A. 光缆 　　　　　　　　　　　　　B. 大对数铜芯电缆

C. 双绞线电缆 　　　　　　　　　　D. HYA 型铜芯市话电缆

95. 移动通信设备中全向天线的计量单位是（　　　）。

A. 副 　　　　　　　　　　　　　　B. 个

C. 套 　　　　　　　　　　　　　　D. 组

96. 按照我国行业标准，楼宇自动化系统包括（　　　）。

A. 设备运行管理与监控系统 　　　　B. 通信自动化系统

C. 消防系统 　　　　　　　　　　　D. 安全防范系统

97. 属于直线型报警探测器类型的是（　　　）。

A. 开关入侵探测器 　　　　　　　　B. 红外入侵探测器

C. 激光入侵探测器 　　　　　　　　D. 超声波入侵探测器

98. 主动红外探测器的特点是（　　　）。

A. 体积小、重量轻 　　　　　　　　B. 抗噪防误报能力强

C. 寿命长 　　　　　　　　　　　　D. 价格高

99. 以数据库为基础，可以把业务作成应用软件包，包内的不同应用程序之间可以互相调用或共享数据的办公自动化系统为（　　　）。

A. 事务型办公系统 　　　　　　　　B. 信息管理型办公系统

C. 决策支持型办公系统 　　　　　　D. 系统科学型办公系统

100. 信息插座在综合布线系统中起着重要作用，为所有综合布线推荐的标准信息插座是（　　　）。

A. 6 针模块化信息插座 　　　　　　B. 8 针模块化信息插座

C. 10 针模块化信息插座 　　　　　　D. 12 针模块化信息插座

定心卷

模拟题九

一、单项选择题（共 40 题，每题 1 分。每题的备选项中，只有 1 个最符合题意）

1. 具有较高的强度、硬度和耐磨性。通常用于弱腐蚀性介质环境中，如海水、淡水和水蒸气中；以及使用温度≤580℃的环境中，通常也可作为受力较大的零件和工具的制作材料。但由于此钢焊接性能不好，故一般不用作焊接件的不锈钢为（　　）。

A. 铁素体型不锈钢
B. 奥氏体型不锈钢
C. 马氏体型不锈钢
D. 铁素体—奥氏体型不锈钢

2. 铸铁中有害的元素为（　　）。

A. H
B. S
C. P
D. Si

3. 主要用于焦炉、玻璃熔窑、酸性炼钢炉等热工设备，软化温度很高，接近其耐火度，重复煅烧后体积不收缩，甚至略有膨胀，但是抗热震性差的耐火制品为（　　）。

A. 硅砖制品
B. 碳质制品
C. 黏土砖制品
D. 镁质制品

4. 安装工程中常用的聚丙烯材料，除具有质轻、不吸水，介电性和化学稳定性良好以外，其优点还有（　　）。

A. 耐光性能良好
B. 耐热性良好
C. 低温韧性良好
D. 染色性能良好

5. 特点是经久耐用，抗腐蚀性强、性质较脆，多用于耐腐蚀介质及给水排水工程的管材是（　　）。

A. 双面螺旋焊管
B. 单面螺旋缝焊管
C. 合金钢管
D. 铸铁管

6. 特别适用于对耐候性要求很高的桥梁或化工厂设施的新型涂料是（　　）。

A. 聚氨酯漆
B. 环氧煤沥青
C. 三聚乙烯防腐涂料
D. 氟-46 涂料

7. 法兰密封面形式为 O 形圈面型，其使用特点为（　　）。

A. O 形密封圈是非挤压型密封
B. O 形圈截面尺寸较小，消耗材料少
C. 结构简单，不需要相配合的凸面和槽面的密封面
D. 密封性能良好，但压力使用范围较窄

8. 具有结构简单、严密性较高，但阻力比较大等特点，主要用于热水供应及高压蒸汽管路上的阀门为（　　）。

A. 截止阀
B. 闸阀

C. 蝶阀　　　　　　　　　　　　　　D. 旋塞阀

9. 自然补偿的管段不能很大，是因为管道变形时会产生（　　　）。

A. 纵向断裂　　　　　　　　　　　　B. 横向断裂

C. 纵向位移　　　　　　　　　　　　D. 横向位移

10. 高层建筑中母线槽供电的替代产品，具有供电可靠、安装方便、占建筑面积小、故障率低、价格便宜、免维修维护等优点，广泛应用于高中层建筑、住宅楼、商厦、宾馆、医院的电气竖井内垂直供电，也适用于隧道、机场、桥梁、公路等额定电压 0.6/1kV 配电线路的电缆是（　　　）。

A. 橡皮绝缘电力电缆　　　　　　　　B. 矿物绝缘电缆

C. 预制分支电缆　　　　　　　　　　D. 穿刺分支电缆

11. 热效率高、熔深大、焊接速度快、机械化操作程度高，因而适用于中厚板结构平焊位置长焊缝的焊接，其焊接方法为（　　　）。

A. 埋弧焊　　　　　　　　　　　　　B. 钨极惰性气体保护焊

C. 熔化极气体保护焊　　　　　　　　D. CO_2 气体保护焊

12. 对搭接、T 形、对接、角接、端接五种接头形式均适用的焊接方法为（　　　）。

A. 熔化焊　　　　　　　　　　　　　B. 压力焊

C. 高频电阻焊　　　　　　　　　　　D. 钎焊

13. 将经淬火的碳素钢工件加热到 A_{c1}（珠光体开始转变为奥氏体）前的适当温度，保持一定时间，随后用符合要求的方式冷却，以获得所需的组织结构和性能。此种热处理方法为（　　　）。

A. 去应力退火　　　　　　　　　　　B. 完全退火

C. 正火　　　　　　　　　　　　　　D. 回火

14. 目的是为了提高钢件的硬度、强度和耐磨性，多用于各种工模具、轴承、零件等的焊后热处理方法是（　　　）。

A. 退火工艺　　　　　　　　　　　　B. 正火工艺

C. 淬火工艺　　　　　　　　　　　　D. 回火工艺

15. 与 X 射线探伤相比，γ 射线探伤的主要特点是（　　　）。

A. 投资少，成本低　　　　　　　　　B. 照射时间短，速度快

C. 灵敏度高　　　　　　　　　　　　D. 操作较麻烦

16. 彻底的喷射或抛射除锈，标准为钢材表面无可见的油脂和污垢，且氧化皮、铁锈和油漆涂层等附着物已基本清除，其残留物应是牢固附着的钢材表面除锈质量等级为（　　　）。

A. St_2　　　　　　　　　　　　　　B. St_3

C. Sa_1　　　　　　　　　　　　　　D. Sa_2

17. 属于非标准起重机，其结构简单，起重量大，对场地要求不高，使用成本低，但效率不高的起重设备是（　　　）。

A. 汽车起重机　　　　　　　　　　　B. 履带起重机

C. 塔式起重机　　　　　　　　　　　D. 桅杆起重机

18. 桥梁建造、电视塔顶设备常用的吊装方法是（　　　）。

A. 直升机吊装

B. 缆索系统吊装

C. 液压提升

D. 桥式起重机吊装

19. 某工艺管道系统，其管线长、口径大、系统容积也大，且工艺限定禁水。此管道的吹扫、清洗方法应选用（　　　）。

A. 无油压缩空气吹扫

B. 空气爆破法吹扫

C. 高压氮气吹扫

D. 先蒸汽吹净后再进行油清洗

20. 承受内压的埋地铸铁管道，设计压力为0.4MPa，其液压试验压力为（　　　）。

A. 0.6MPa

B. 0.8MPa

C. 0.9MPa

D. 1.0MPa

21. 编码前六位为030408的是（　　　）。

A. 母线安装

B. 控制设备及低压电器安装

C. 电缆安装

D. 配管、配线

22. 下列是单价措施项目的是（　　　）。

A. 脚手架工程

B. 冬雨期施工

C. 夜间施工

D. 二次搬运

23. 某提升机的特点是能在有限的场地内连续将物料有低处垂直运至高处，其显著优点是所占面积小，这种提升机是（　　　）。

A. 斗式提升机

B. 斗式输送机

C. 转斗式输送机

D. 吊斗提升机

24. 采用微机、PWM控制器等装置，以及速度、电流反馈系统，常用于超高层建筑物内的交流电动机电梯为（　　　）。

A. 双速电梯

B. 三速电梯

C. 高速电梯

D. 调频调压调速电梯

25. 既适用于输送腐蚀性、易燃、易爆、剧毒及贵重液体，也适用于输送高温、高压、高熔点液体，广泛用于石化及国防工业的泵为（　　　）。

A. 无填料泵

B. 离心式耐腐蚀泵

C. 筒式离心泵

D. 离心式杂质泵

26. 特点是启动快，耗功少，运转维护费用低，抽速大、效率高，对被抽气体中所含的少量水蒸气和灰尘不敏感，广泛用于真空冶金中的冶炼、脱气、轧制的泵是（　　　）。

A. 喷射泵

B. 水环泵

C. 罗茨泵

D. 扩散泵

27. 具有产气量大、气化完全、煤种适应性强，煤气热值高，操作简便，安全性能高的优点，但效率较低的煤气发生炉是（　　　）。

A. 单段煤气发生炉

B. 双段煤气发生炉

C. 干馏式煤气发生炉

D. 湿馏式煤气发生炉

28. 反映热水锅炉工作强度的指标是（　　　）。

A. 额定热功率

B. 额定工作压力

C. 受热面发热率　　　　　　　　　　　D. 锅炉热效率

29. 下列有关工业锅炉本体安装的说法，正确的是（　　　）。

A. 锅筒内部装置的安装应在水压试验合格后进行

B. 水冷壁和对流管束一端为焊接、另一端为胀接时，应先胀后焊

C. 铸铁省煤器整体安装完后进行水压试验

D. 对流过热器大多安装在锅炉的顶部

30. 对有过热器的锅炉，当炉内气体压力升高时，过热器上的安全阀应（　　　）。

A. 最先开启　　　　　　　　　　　　　B. 最后开启

C. 与省煤器安全阀同时开启　　　　　　D. 在省煤器安全阀之后开启

31. 下列有关消防水泵接合器的作用，说法正确的是（　　　）。

A. 灭火时通过消防水泵接合器接消防水带向室外供水灭火

B. 火灾发生时消防车通过水泵接合器向室内管网供水灭火

C. 灭火时通过水泵接合器给消防车供水

D. 火灾发生时通过水泵接合器控制泵房消防水泵

32. 自动喷水灭火系统中，同时具有湿式系统和干式系统特点的灭火系统为（　　　）。

A. 自动喷水雨淋系统　　　　　　　　　B. 自动喷水预作用系统

C. 自动喷水干式灭火系统　　　　　　　D. 水喷雾灭火系统

33. 在下列灭火系统中，可以用来扑灭高层建筑内的柴油机发电机房和燃油锅炉房火灾的灭火系统是（　　　）。

A. 自动喷水湿式灭火系统　　　　　　　B. 自动喷水干式灭火系统

C. 水喷雾灭火系统　　　　　　　　　　D. 自动喷水雨淋系统

34. 固定式泡沫灭火系统的泡沫喷射可分为液上喷射和液下喷射两种方式，液下喷射泡沫适用于（　　　）。

A. 内浮顶储罐　　　　　　　　　　　　B. 外浮顶储罐

C. 双盘外浮顶储罐　　　　　　　　　　D. 固定拱顶储罐

35. 按照《通用安装工程工程量计算规范》GB 50856 的规定，气体灭火系统中的贮存装置安装项目，包括存储器、驱动气瓶、支框架、减压装置、压力指示仪等安装，但不包括（　　　）。

A. 集流阀　　　　　　　　　　　　　　B. 选择阀

C. 容器阀　　　　　　　　　　　　　　D. 单向阀

36. 电动机铭牌标出的额定功率指（　　　）。

A. 电动机输入的总功率　　　　　　　　B. 电动机输入的电功率

C. 电动机轴输出的机械功率　　　　　　D. 电动机轴输出的总功率

37. 电动机装设过载保护装置，电动机额定电流为 10A，当采用热元件时，其保护整定值为（　　　）。

A. 12A　　　　　　　　　　　　　　　B. 15A

C. 20A　　　　　　　　　　　　　　　D. 25A

38. 仅能用于暗配的电线管是（　　　）。

A. 电线管 　　　　　　　　　　　　B. 焊接钢管

C. 硬质聚氯乙烯管 　　　　　　　　D. 半硬质阻燃管

39. 下列关于金属导管叙述不正确的是（　　　）。

A. 钢导管不得采用对口熔焊连接

B. 镀锌钢导管或壁厚小于 2mm，不得采用套管熔焊连接

C. 镀锌钢导管、可弯曲金属导管和金属柔性导管不得熔焊连接

D. 当非镀锌钢导管采用螺纹连接时，连接处的两端不得熔焊焊接保护联结导体

40. 下列关于槽盒内敷线叙述不正确的是（　　　）。

A. 同一槽盒内不宜同时敷设绝缘导线和电缆

B. 同一路径无防干扰要求的线路，可敷设于同一槽盒内，但槽盒内的绝缘导线总截面积（包括外护套）不应超过槽盒内截面积的 50%

C. 同一路径无防干扰要求的线路，可敷设于同一槽盒内，但载流导体不宜超过 30 根

D. 分支接头处绝缘导线的总截面面积（包括外护层）不应大于该点盒（箱）内截面面积的 75%

二、多项选择题（共 20 题，每题 1.5 分。每题的备选项中，有 2 个或 2 个以上符合题意，至少有 1 个错项。错选，本题不得分；少选，所选的每个选项得 0.5 分）

41. 镁及镁合金的主要特性有（　　　）。

A. 密度小、化学活性强、强度低 　　B. 能承受较大的冲击、振动荷载

C. 耐蚀性良好 　　　　　　　　　　D. 缺口敏感性小

42. 下列关于聚四氟乙烯，叙述正确的是（　　　）。

A. 具有非常优良的耐高、低温性能 　B. 摩擦系数极低

C. 电性能较差 　　　　　　　　　　D. 强度低、冷流性强

43. 下列关于塑料管的性能与用途叙述正确的有（　　　）。

A. 聚丁烯管主要用于输送生活用的冷热水，具有很高的耐温性、耐久性、化学稳定性

B. 工程塑料管用于输送饮用水、生活用水、污水、雨水，可高于 60℃

C. 耐酸酚醛塑料耐硝酸腐蚀

D. 耐酸酚醛塑料耐盐酸与硫酸腐蚀

44. 下列耐土壤腐蚀，是地下管道的良好涂料包括（　　　）。

A. 生漆 　　　　　　　　　　　　　B. 漆酚树脂漆

C. 沥青漆 　　　　　　　　　　　　D. 三聚乙烯防腐涂料

45. 按法兰密封面形式分类，环连接面型法兰的连接特点有（　　　）。

A. 不需与金属垫片配合使用 　　　　B. 适用于高温、高压的工况

C. 密封面加工精度要求较高 　　　　D. 安装要求不太严格

46. 绝缘导线选用叙述正确的是（　　　）。

A. 铝芯特别适合用于高压线和大跨度架空输电

B. 塑料绝缘线适宜在室外敷设

C. RV 型、RX 型铜芯软线主要用在需柔性连接的可动部位

D. 铜芯低烟无卤阻燃交联聚烯烃绝缘电线适宜于高层建筑内照明及动力分支线路使用

47. 下列关于等离子弧切割，叙述正确的是（　　　）。

A. 等离子弧切割是靠熔化来切割材料

B. 等离子切割对于有色金属切割效果更佳

C. 等离子切割速度快

D. 等离子切割热影响区大

48. 下列关于焊接参数的选择，叙述正确的是（　　　）。

A. 焊条直径的选择主要取决于焊件厚度、接头型式、焊缝位置及焊接层次等因素

B. 直流电源一般用在重要的焊接结构或厚板大刚度结构的焊接上

C. 使用酸性焊条焊接时，应进行短弧焊

D. 使用碱性焊条或薄板的焊接，采用直流反接；而酸性焊条，通常选用正接

49. 涂料的涂覆方法中，高压无气喷涂的特点有（　　　）。

A. 由于涂料回弹使得大量漆雾飞扬　　　B. 涂膜质量较好

C. 涂膜的附着力强　　　D. 适宜于大面积的物体涂装

50. 保温结构需要设置防潮层的状况有（　　　）。

A. 架空敷设　　　B. 地沟敷设

C. 埋地敷设　　　D. 潮湿环境

51. 起重量特性曲线考虑的因素有（　　　）。

A. 整体抗倾覆能力　　　B. 起重臂的稳定性

C. 起重臂长度　　　D. 各种机构的承载能力

52. 下列关于化学清洗叙述正确的是（　　　）。

A. 当进行管道化学清洗时，应将无关设备及管道进行隔离

B. 管道酸洗钝化应按脱脂、酸洗、水洗、钝化、水洗、无油压缩空气吹干的顺序进行

C. 当采用循环方式进行酸洗时，管道系统应预先进行空气试漏或液压试漏检验合格

D. 对不能及时投入运行的化学清洗合格的管道，应采取压缩空气保护

53. 下列属于安装专业工程措施项目的是（　　　）。

A. 吊装加固　　　B. 二次搬运

C. 脚手架搭拆　　　D. 工业系统检测、检查

54. 下列关于措施项目，叙述正确的是（　　　）。

A. 安全文明施工费、夜间施工、超高施工增加是总价措施项目

B. 脚手架工程、吊车加固是单价措施项目

C. 总价措施项目以"项"为计量单位进行编制

D. 单价措施项目应按照分部分项工程项目清单的方式进行计量和计价

55. 关于清洗设备及装配件表面的除锈油脂，下列叙述正确的是（　　　）。

A. 对中小型形状复杂的装配件，可采用相应的清洗液喷洗

B. 对形状复杂、污垢粘附严重的装配件，宜采用溶剂油、蒸汽、热空气、金属清洗

剂和三氯乙烯等清洗液进行浸泡

C. 当对装配件进行最后清洗时，宜采用超声波装置

D. 对形状复杂、污垢粘附严重、清洗要求高的装配件，宜采用溶剂油、清洗汽油、轻柴油、金属清洗剂和三氯乙烯和碱液等进行浸—喷联合清洗

56. 下列容积式泵叙述正确的是（　　　）。

A. 隔膜计量泵具有绝对不泄漏的优点

B. 回转泵的特点是无吸入阀和排出阀、结构简单紧凑、占地面积小

C. 齿轮泵一般适用于输送具有润滑性能的液体

D. 螺杆泵主要特点是液体沿轴向移动，流量连续均匀，脉动小，但运转时有振动和噪声

57. 活塞式压缩机与透平式压缩机相比，其特点有（　　　）。

A. 除超高压压缩机，机组零部件多用普通金属材料

B. 适用性强

C. 外型尺寸及重量较大

D. 压力范围小

58. 风机安装完毕后应进行试运转，风机运转时，正确的操作方法有（　　　）。

A. 以电动机带动的风机均应经一次启动立即停止运转的试验

B. 风机启动后应在临界转速附近停留一段时间，以检查风机的状况

C. 风机停止运转后，待轴承回油温度降到小于 45℃ 后，才能停止油泵工作

D. 风机润滑油冷却系统中的冷却水压力必须低于油压

59. 高倍数泡沫灭火系统不能用于扑救（　　　）。

A. 固体物质仓库　　　　　　　　　　B. 立式油罐

C. 未封闭的带电设备　　　　　　　　D. 硝化纤维、炸药

60. 发光二极管（LED）是电致发光的固体半导体高亮度电光源，其特点有（　　　）。

A. 使用寿命长　　　　　　　　　　　B. 显色指数高

C. 无紫外和红外辐射　　　　　　　　D. 能在低电压下工作

选做部分

共 40 题，分为二个专业，考生可在二个专业组的 40 个试题中任选 20 题作答，按所答的前 20 题计分，每题 1.5 分。试题由单项和多选组成。错选，本题不得分；少选，所选的每个选项得 0.5 分。

一、（61～80 题）管道和设备工程

61. 给水聚丙烯管（PP 管）是一种常用的室内给水管道，下列关于其适用条件及安装要求叙述正确的是（　　　）。

A. 适用于系统工作压力不大于 0.6MPa　　B. 适用于输送水水温不超过 40℃

C. 管道采用热熔承插连接　　　　　　　　D. 与金属管配件采用螺纹连接

62. 住宅建筑应在配水管上和分户管上设置水表，根据有关规定，（　　　）水表在表前与阀门间应有 8～10 倍水表直径的直线管段。

A. 旋翼式   B. 螺翼式

C. 孔板式   D. 容积活塞式

63. 下列关于热水供应管道的附件安装要求，叙述正确的是（　　　）。

A. 止回阀应装设在闭式水加热器、贮水器的给水供水管上

B. 用管道敷设形成的 L 形和 Z 字弯曲管段来补偿管道的温度变形

C. 对室内热水供应管道长度超过 50m 时，一般应设套管伸缩器或方形补偿器

D. 靠近凝结水管末端处或蒸汽管水平下凹敷设的下部设置疏水器

64. 装饰性强，小体积能达到最佳散热效果，无需加暖气罩，最大程度减小室内占用空间，提高房间的利用率的散热器结构形式为（　　　）。

A. 翼型散热器   B. 钢制板式散热器

C. 钢制翅片管对流散热器   D. 光排管散热器

65. 燃气系统中，埋地铺设的聚乙烯管道长管段上通常设置（　　　）。

A. 方形补偿器   B. 套筒补偿器

C. 波形补偿器   D. 球形补偿器

66. 目前主要用于高层建筑的垂直疏散通道和避难层（间）的建筑防火防排烟措施为（　　　）。

A. 局部防烟   B. 自然防烟

C. 加压防烟   D. 机械防烟

67. 按空气处理设备的设置情况分类，设置风机盘管机组的空调系统应属于（　　　）。

A. 集中式系统   B. 分散式系统

C. 局部系统   D. 半集中式系统

68. 典型空调系统中，采用诱导器做末端装置的半集中式系统称为诱导器系统，其特点有（　　　）。

A. 风管断面大   B. 空气处理室小

C. 空调机房占地少   D. 风机耗电量大

69. 通风管道按断面形状分，有圆形、矩形两种。在同样的断面积下，圆形风管与矩形风管相比具有的特点是（　　　）。

A. 占有效空间较小，易于布置   B. 强度小

C. 管道周长最短，耗钢量小   D. 压力损失大

70. 根据《通用安装工程工程量计算规范》GB 50856，下列项目以"米"为计量单位的是（　　　）。

A. 碳钢通风管   B. 塑料通风管

C. 柔性软风管   D. 净化通风管

71. 在输送介质为热水的水平管道上，偏心异径管的连接方式应为（　　　）。

A. 取管底平   B. 取管顶平

C. 取管左齐   D. 取管右齐

72. 压缩空气管道一般选用低压流体输送用焊接钢管、低压流体输送用镀锌钢管及无缝钢管，公称通径小于 50mm，也可采用螺纹连接，以（　　　）作填料。

A. 白漆麻丝　　　　　　　　　　　　B. 石棉水泥

C. 青铅　　　　　　　　　　　　　　D. 聚四氟乙烯生料带

73. 在小于 -150℃ 低温深冷工程的管道中，较多采用的管材为（　　　）。

A. 钛合金管　　　　　　　　　　　　B. 铝合金管

C. 铸铁管　　　　　　　　　　　　　D. 不锈钢管

74. 高压管道阀门安装前应逐个进行强度和严密性试验，对其进行严密性试验时的压力要求为（　　　）。

A. 等于该阀门公称压力　　　　　　　B. 等于该阀门公称压力 1.2 倍

C. 等于该阀门公称压力 1.5 倍　　　　D. 等于该阀门公称压力 2.0 倍

75. 根据项目特征，管材表面超声波探伤地计量方法有（　　　）。

A. 张　　　　　　　　　　　　　　　B. t

C. m^2　　　　　　　　　　　　　　D. m

76. 填料塔所具有的特征是（　　　）。

A. 结构复杂　　　　　　　　　　　　B. 阻力小便于用耐腐材料制造

C. 对减压蒸馏系统，有明显的优越性　D. 适用于液气比较大的蒸馏操作

77. 具有结构比较简单，重量轻，适用于高温和高压场合的优点；其主要缺点是管内清洗比较困难，因此管内流体必须洁净；且因管子需一定的弯曲半径，故管板的利用率差的换热器是（　　　）。

A. 固定管板式热换器　　　　　　　　B. U 型管换热器

C. 浮头式换热器　　　　　　　　　　D. 填料函式列管换热器

78. 球罐水压试验过程中要进行基础沉降观测，并做好实测记录。正确的观测时点为（　　　）。

A. 充水前　　　　　　　　　　　　　B. 充水到 1/2 球罐本体高度

C. 充满水 24h　　　　　　　　　　　D. 放水后

79. 在气柜总体实验中，进行气柜的气密性试验和快速升降试验的目的是检查（　　　）。

A. 各中节、钟罩在升降时的性能　　　B. 气柜壁板焊缝的焊接质量

C. 各导轮、导轨、配合及工作情况　　D. 整体气柜密封性能

80. 根据《通用安装工程工程量计算规范》GB 50856，下列静置设备安装工程量的计算单位为"座"的是（　　　）。

A. 球形罐组对安装　　　　　　　　　B. 火炬及排气筒制作安装

C. 整体塔器安装　　　　　　　　　　D. 热交换器类设备安装

二、（81～100 题）电气与自动化控制工程

81. 10kV 及以下变配电室经常设有高压负荷开关，其特点为（　　　）。

A. 能够断开短路电流　　　　　　　　B. 能够切断工作电流

C. 没有明显的断开间隙　　　　　　　D. 没有灭弧装置

82. 适用于需频繁操作及有易燃易爆危险的场所，要求加工精度高，对其密封性能要求更严的高压断路器是（　　　）。

A. 多油断路器　　　　　　　　　　B. 少油断路器

C. 高压真空断路器　　　　　　　　D. 六氟化硫断路器

83. 电压互感器由一次绕组、二次绕组、铁芯组成。其结构特征是（　　　）。

A. 一次绕组匝数较多，二次绕组匝数较少

B. 一次绕组匝数较少，二次绕组匝数较多

C. 一次绕组并联在线路上

D. 一次绕组串联在线路上

84. 用于低压电网、配电设备中，作短路保护和防止连续过载之用的低压熔断器是（　　　）。

A. 封闭式熔断器　　　　　　　　　B. 无填料封闭管式

C. 有填料封闭管式　　　　　　　　D. 自复式熔断器

85. 电缆穿导管敷设时，正确的施工方法有（　　　）。

A. 每一根管内只允许穿一根电缆　　B. 管道的内径是电缆外径的 1.2～1.4 倍

C. 单芯电缆不允许穿入钢管内　　　D. 应有 3% 的排水坡度

86. 同绝缘电阻的测试相比，泄漏电流的测试的特点有（　　　）。

A. 绝缘本身的缺陷容易暴露　　　　B. 能发现一些尚未贯通的集中性缺陷

C. 有助于分析绝缘的缺陷类型　　　D. 测量用的微安表要比兆欧表精度低

87. 单独安装的铁壳开关、自动开关、刀开关、启动器、箱式电阻器、变阻器外部进出盘、箱、柜的进出线预留长度是（　　　）。

A. 0.3m　　　　　　　　　　　　　B. 0.4m

C. 0.5m　　　　　　　　　　　　　D. 0.6m

88. 隔膜式压力表可应用的特殊介质环境有（　　　）。

A. 腐蚀性液体　　　　　　　　　　B. 易结晶液体

C. 高黏度液体　　　　　　　　　　D. 易燃气体

89. 基于测量系统中弹簧管在被测介质的压力作用下，迫使弹簧管的末端产生相应的弹性变形，借助拉杆经齿轮传动机构的传动并予以放大，由固定齿轮上的指示装置将被测值在度盘上指示出来的压力表是（　　　）。

A. 隔膜式压力表　　　　　　　　　B. 压力传感器

C. 远传压力表　　　　　　　　　　D. 电接点压力表

90. 属于差压式流量检测仪表的有（　　　）。

A. 玻璃管转子流量计　　　　　　　B. 涡轮流量计

C. 节流装置流量计　　　　　　　　D. 均速管流量计

91. 下列压力传感器安装叙述正确的是（　　　）。

A. 压力传感器应安装在便于调试、维修的位置

B. 风管型压力传感器应安装在风管的直管段，避开风管内通风死角和弯头

C. 水管压力传感器可以在焊缝及其边缘上开孔和焊接安装

D. 水管压力传感器应加接缓冲弯管和截止阀

92. 集线器是对网络进行集中管理的重要工具，是各分枝的汇集点。集线器选用时要

注意接口类型，与双绞线连接时需要具有的接口类型为（　　　）。

    A. BNC 接口   B. AUI 接口

    C. USB 接口   D. R-J45 接口

93. 防火墙是在内部网和外部网之间、专用网与公共网之间界面上构造的保护屏障。常用的防火墙有（　　　）。

    A. 网卡   B. 包过滤路由器

    C. 交换机   D. 代理服务器

94. 光缆穿管道敷设时，若施工环境较好，一次敷设光缆的长度不超过 1000m，一般采用的敷设方法为（　　　）。

    A. 人工牵引法敷设   B. 机械牵引法敷设

    C. 气吹法敷设   D. 顶管法敷设

95. 依据《通用安装工程工程量计算规范》GB 50856 的规定，通信线路安装工程中，光缆接续的计量单位为（　　　）。

    A. 段   B. 头

    C. 芯   D. 套

96. 智能建筑系统结构的下层由三个智能子系统构成，这三个智能子系统是（　　　）。

    A. BAS、CAS、SAS   B. BAS、CAS、OAS

    C. BAS、CAS、FAS   D. CAS、PDS、FAS

97. 出入口控制系统中的门禁控制系统是一种典型的（　　　）。

    A. 可编程控制系统   B. 集散型控制系统

    C. 数字直接控制系统   D. 设定点控制系统

98. 它是火灾探测器的核心部分，作用是将火灾燃烧的特征物理量转换成电信号。该部分名称为（　　　）。

    A. 传感元件   B. 敏感元件

    C. 转换器   D. 控制器

99. 随着网络通信技术、计算机技术和数据库技术的成熟，办公自动化系统已发展进入到新层次，其特点中不包括（　　　）。

    A. 集成化   B. 智能化

    C. 多媒体化   D. 数字化

100. 连接件是综合布线系统中各种连接设备的统称，下面选项不属于连接件的是（　　　）。

    A. 配线架   B. 配线盘

    C. 中间转接器   D. 光纤接线盒

专家权威详解

模拟题一答案与解析①

一、单项选择题（共 40 题，每题 1 分。每题的备选项中，只有 1 个最符合题意）

1.【答案】B

【解析】

答 1 表

金属材料	黑色金属		铁、碳素钢、合金钢
	有色金属		铝、铅、铜、镁和镍等及其合金
非金属材料	无机非金属材料	耐火材料	耐火砌体材料、耐火水泥及耐火混凝土
		耐火隔热材料	硅藻土、蛭石、玻璃纤维（矿渣棉）、石棉制品
		耐蚀（酸）非金属材料	铸石、石墨、耐酸水泥、天然耐酸石材和玻璃等
		陶瓷材料	电器绝缘陶瓷、化工陶瓷、结构陶瓷和耐酸陶瓷等
	高分子材料	橡胶	天然橡胶、丁苯橡胶、氯丁橡胶、硅橡胶等
		塑料	聚四氟乙烯、ABS、聚丙烯、聚砜和聚乙烯等
		合成纤维	聚酯纤维和聚酰胺纤维等
复合材料	无机-有机材料		玻璃纤维增强塑料、聚合物混凝土、沥青混凝土等
	非金属-金属材料		钢筋混凝土、钢丝网水泥、塑铝复合管、铝箔面油毡等
	其他复合材料		水泥石棉制品、不锈钢包覆钢板等

2.【答案】D

【解析】钢材的力学性能（如抗拉强度、屈服强度、伸长率、冲击韧度和硬度等）取决于钢材的成分和金相组织。钢材的成分一定时，其金相组织主要取决于钢材的热处理，如退火、正火、淬火加回火等，其中淬火加回火的影响最大。

3.【答案】B

【解析】普通碳素结构钢低温韧性和时效敏感性差；

优质碳素结构钢。含碳量小于 0.8%。与普通碳素结构钢相比，优质碳素结构钢塑性和韧性较高，并可通过热处理强化。多用于较重要的零件，是广泛应用的机械制造用钢；

普通低合金钢。比碳素结构钢具有较高的韧性，同时有良好的焊接性能、冷热压加工性能和耐蚀性，部分钢种还具有较低的脆性转变温度，用于制造各种容器、螺旋焊管、建筑结构；

优质低合金钢。广泛用于制造各种要求韧性高的重要机械零件和构件。当零件的形

---

① 各题目解析中使用的序号与本科目教材中相应部分的序号保持一致，方便考生与教材对应。

状复杂、截面尺寸较大、要求韧性高时，采用优质低合金钢可使复杂形状零件的淬火变形和开裂倾向降到最小。

4.【答案】B

【解析】优质碳素钢分为低碳钢、中碳钢和高碳钢。低碳钢强度和硬度低，但塑性和韧性高，加工性和焊接性能优良，用于制造承载较小和要求韧性高的零件以及小型渗碳零件；中碳钢强度和硬度较高，塑性和韧性较低，切削性能良好，但焊接性能较差，冷热变形能力良好，主要用于制造荷载较大的机械零件。常用的中碳钢为40、45和50钢。高碳钢具有高的强度和硬度、高的弹性极限和疲劳极限（尤其是缺口疲劳极限），切削性能尚可，但焊接性能和冷塑性变形能力差，水淬时容易产生裂纹。主要用于制造弹簧和耐磨零件。碳素工具钢是基本上不加入合金化元素的高碳钢，也是工具钢中成本较低、冷热加工性良好、使用范围较广的钢种。

5.【答案】D

【解析】碳素结构钢包括：Q195、Q215、Q235、Q275。

Q195主要用于轧制薄板和盘条等；Q215钢主要用于制作管坯、螺栓等；Q235钢强度适中，有良好的承载性，又具有较好的塑性和韧性，可焊性和可加工性也好，大量制作钢筋、型钢和钢板用于建造房屋和桥梁等；Q275主要用于制造轴类、农具、耐磨零件和垫板等。

低合金结构钢包括Q345及以上。Q345具有综合力学性能、耐低温冲击韧性、焊接性能和冷热压加工性能良好的特性，可用于建筑结构、化工容器和管道、起重机械和鼓风机等。

6.【答案】D

【解析】一般无缝钢管。主要适用于高压供热系统和高层建筑的冷、热水管和蒸汽管道以及各种机械零件的坯料，通常压力在0.6MPa以上的管路都应采用无缝钢管。

锅炉用高压无缝钢管耐高压和超高压，可用来输送高温、高压汽、水等介质或高温、高压含氢介质。

直缝电焊钢管主要用于输送水、暖气和煤气等低压流体和制作结构零件等。

单面螺旋缝焊管用于输送水等一般用途，双面螺旋焊管用于输送石油和天然气等特殊用途。

双层卷焊钢管具有高的爆破强度和内表面清洁度，有良好的耐疲劳抗震性能。适于汽车和冷冻设备、电热电器工业中的刹车管、燃料管、润滑油管、加热或冷却器。

7.【答案】C

【解析】钢管的理论重量（钢的密度为7.85g/cm^3）按下式计算：

$$W = 0.0246615 \times (D-t) \times t = 0.0246615 \times (32-2) \times 2 = 1.48(\text{kg/m})$$

$$1.48 \times 2 = 2.96(\text{kg})$$

式中：W——钢管的单位长度理论重量，（kg/m）；

　　　D——钢管的外径（mm）；

　　　t——钢管的壁厚（mm）。

8.【答案】B

【解析】平焊法兰。又称搭焊法兰。只适用于压力等级比较低，压力波动、振动及震荡均不严重的管道系统中。

对焊法兰又称高颈法兰。对焊法兰主要用于工况比较苛刻的场合，如管道热膨胀或其他载荷而使法兰处受的应力较大，或应力变化反复的场合；压力、温度大幅度波动的管道和高温、高压及零下低温的管道。

松套法兰俗称活套法兰，多用于铜、铝等有色金属及不锈钢管道上。大口径上易于安装。适用于管道需要频繁拆卸以供清洗和检查的地方。法兰附属元件与管子材料一致，法兰材料可与管子材料不同。比较适合于输送腐蚀性介质的管道。一般仅适用于低压管道的连接。

螺纹法兰。安装、维修方便，可在一些现场不允许焊接的场合使用。但在温度高于260℃和低于-45℃的条件下会发生泄漏。

9.【答案】B

【解析】3）凹凸面型：安装时便于对中，还能防止垫片被挤出。但垫片宽度较大，须较大压紧力。适用于压力稍高的场合。与齿形金属垫片配合使用。

4）榫槽面型：垫片比较窄，压紧垫片所需的螺栓力较小。安装时易对中，垫片受力均匀，故密封可靠。垫片很少受介质的冲刷和腐蚀。适用于易燃、易爆、有毒介质及压力较高的重要密封。但更换垫片困难，法兰造价较高。榫面部分容易损坏。

5）O形圈面型。较新的法兰连接形式，是一种通过"自封作用"实现挤压型密封。O形圈具有良好的密封能力，压力使用范围很宽，静密封工作压力可达100MPa以上。

6）环连接面型：在法兰的突面上开出一环状梯形槽作为法兰密封面，专门与金属环形垫片（八角形或椭圆形的实体金属垫片）配合。这种密封面的密封性能好，对安装要求也不太严格，适合于高温、高压工况，但密封面的加工精度较高。

10.【答案】D

【解析】解析见上题。

11.【答案】B

【解析】阻燃电缆具有火灾时低烟、低毒和低腐蚀性酸气释放的特性，不含（或含有低量）卤素并只有很小的火焰蔓延。

耐火电缆。与一般电缆相比，具有优异的耐火耐热性能，适用于高层及安全性能要求高的场所的消防设施。耐火电缆与阻燃电缆的主要区别是耐火电缆在火灾发生时能维持一段时间的正常供电，而阻燃电缆不具备这个特性。耐火电缆主要使用在应急电源至用户消防设备、火灾报警设备、通风排烟设备、疏散指示灯、紧急电源插座、紧急用电梯等供电回路。

12.【答案】C

【解析】钨极惰性气体保护焊（TIG焊接法）的优点：

① 钨极不熔化，焊接过程稳定，易实现机械化；保护效果好，焊缝质量高。

② 是焊接薄板金属和打底焊的一种极好方法，几乎可以适用于所有金属的连接，尤其适用于焊接化学活泼性强的铝、镁、钛和锆等有色金属和不锈钢、耐热钢等各种合金；对于厚壁重要构件（如压力容器及管道），为了保证高的焊接质量，也采用钨极惰性气体

保护焊。

钨极惰性气体保护焊的缺点：

① 熔深浅，熔敷速度小，生产率较低。

② 只适用于薄板（6mm 以下）及超薄板焊接。

③ 不适宜野外作业。

④ 惰性气体较贵，生产成本较高。

13.【答案】A

【解析】MIG（MAG）焊的特点：

① 和 TIG 焊一样，几乎可焊所有金属，尤其适合焊有色金属、不锈钢、耐热钢、碳钢、合金钢。

② 焊接速度较快，熔敷效率较高，劳动生产率高。

③ MIG 焊可直流反接，焊接铝、镁等金属时有良好的阴极雾化作用，可有效去除氧化膜，提高接头焊接质量。

④ 成本比 TIG 焊低。

14.【答案】A

【解析】CO_2 气体保护焊主要优点：①焊接生产效率高。②焊接变形小、焊接质量较高。③焊缝抗裂性能高，焊缝低氢且含氮量较少。④焊接成本低。⑤焊接时电弧为明弧焊，可见性好，操作简便，可进行全位置焊接。

不足之处：①焊接飞溅较大，焊缝表面成形较差。②不能焊接容易氧化的有色金属。③抗风能力差。④很难用交流电源进行焊接，焊接设备比较复杂。

15.【答案】D

【解析】1）点焊是一种高速、经济的连接方法。多用于薄板的非密封性连接。如汽车驾驶室、金属车厢复板的焊接。

2）缝焊多用于焊接有密封性要求的薄壁结构（$\delta \leqslant 3mm$）。如油桶、罐头罐、暖气片、飞机和汽车油箱的薄板焊接。

3）对焊接头性能较差，多用于对接头强度和质量要求不很高，直径小于 20mm 的棒料、管材、门窗等构件的焊接。

电渣压力焊适用于现浇钢筋混凝土结构中竖向或斜向钢筋的连接，与电弧焊相比，它工效高、成本低，我国在一些高层建筑的柱、墙钢筋施工中已取得了很好的效果。

16.【答案】A

【解析】喷射除锈是用压缩空气将磨料喷射到金属表面去除铁锈和其他污物，常以石英砂作为磨料，也称为喷砂除锈。喷射除锈法是目前最广泛采用的除锈方法，多用于施工现场设备及管道涂覆前的表面处理。喷射除锈的主要优点是除锈效率高、质量好、设备简单。但操作时灰尘弥漫，劳动条件差，且会影响到喷砂区附近机械设备的生产和保养。

抛射除锈法，又称抛丸法，主要用于涂覆车间工件的金属表面处理。特点是除锈质量好，但只适用于较厚的、不怕碰撞的工件。

化学方法（也称酸洗法）。主要适用于对表面处理要求不高、形状复杂的零部件以及在无喷砂设备条件的除锈场合。

火焰除锈法适用于除掉旧的防腐层（漆膜）或带有油浸过的金属表面工程，不适用于薄壁的金属设备、管道，也不能用于退火钢和可淬硬钢的除锈。

17.【答案】 C

【解析】 Sa_1——轻度的喷射或抛射除锈。钢材表面没有附着不牢的氧化皮、铁锈和油漆涂层等附着物。

Sa_2——彻底的喷射或抛射除锈。附着物已基本清除，其残留物应是牢固附着的。

$Sa_{2.5}$——非常彻底的喷射或抛射除锈。钢材表面无可见附着物，残留的痕迹仅是点状或条纹状的轻微色斑。

Sa_3——使钢材表观洁净的喷射或抛射除锈。表面无任何可见残留物及痕迹，呈现均匀的金属色泽，并有一定粗糙度。

18.【答案】 D

【解析】 常用的索吊具包括：绳索（麻绳、尼龙带、钢丝绳），吊具（吊钩、吊环、吊梁），滑轮等。

尼龙带特别适用于精密仪器及外表面要求比较严格的物件吊装。

钢丝绳是吊装中的主要绳索。

轻小型起重设备包括：千斤顶、滑车、起重葫芦、卷扬机。

19.【答案】 C

【解析】 对于轻型、中型工作类型的起重机，滑轮采用灰铸铁 HT15-33 或者球墨铸钢 QT-10 制造；对于重级以上工作类型的起重机，滑轮采用铸钢 ZG25 或者 ZG35 制造；对于大直径（$D>800mm$）的滑轮可以采用碳钢 Q235-A 焊接。

20.【答案】 D

【解析】 管道系统安装后，在压力试验合格后，应进行吹扫与清洗。

空气吹扫宜间断性吹扫。吹扫压力不得大于系统容器和管道的设计压力，吹扫流速不宜小于 20m/s。

吹扫忌油管道时，应使用无油压缩空气或其他不含油的气体进行吹扫。

吹扫检验以 5min 后靶板上无杂物为合格。

当吹扫的系统容积大、管线长、口径大，并不宜用水冲洗时，可采取"空气爆破法"进行吹扫。爆破吹扫时，向系统充注的气体压力不得超过 0.5MPa，并应采取相应的安全措施。

21.【答案】 C

【解析】 大管道可采用闭式循环冲洗技术。闭式循环冲洗技术应用过程省水、省电、省时、节能环保，适用范围广，经济效益显著。适用于城市供热管网、供水管网和各种以水为冲洗介质的工业、民用管网冲洗。

22.【答案】 B

【解析】 工程量清单是载明建设工程分部分项工程项目、措施项目、其他项目的编码、名称、项目特征、计量单位和相应数量以及规费、税金项目等内容的明细清单。

《安装工程计量规范》附录中分专业列出分部分项工程清单项目、措施项目的项目编码、项目名称、项目特征、计量单位、工程量计算规则及工作内容。

工程量清单是以单位（项）工程为单位编制。在编制工程量清单时，在同一份工程量清单中所列的分部分项工程清单项目的编码设置不得有重码。

同一个标段（或合同段）的一份工程量清单中含有多个单位工程且工程量清单是以单位工程为编制对象，在编制工程量清单时应特别注意项目编码十至十二位的设置不得有重码。

工程量清单的项目名称应依据工程量计量规范附录中的项目名称结合拟建工程实际确定。

23.【答案】A

【解析】第一级编码表示工程类别。采用两位数字（即第一、二位数字）表示。01表示房屋建筑与装饰工程，02表示仿古建筑工程，03表示通用安装工程，04表示市政工程，05表示园林绿化工程，06表示矿山工程，07表示构筑物工程，08表示城市轨道交通工程，09表示爆破工程。

24.【答案】B

【解析】地脚螺栓主要包括固定地脚螺栓、活地脚螺栓、锚固式地脚螺栓、粘结地脚螺栓四类。

1）固定地脚螺栓：又称短地脚螺栓。适用于没有强烈震动和冲击的设备。

2）活动地脚螺栓：又称长地脚螺栓。适用于有强烈震动和冲击的重型设备。

3）胀锚固地脚螺栓：胀锚地脚螺栓中心到基础边沿的距离不小于7倍的胀锚直径，安装胀锚的基础强度不得小于10MPa。常用于固定静置的简单设备或辅助设备。

4）粘结地脚螺栓：近年常用的地脚螺栓，其方法和要求同胀锚。用环氧树脂砂浆锚固地脚螺栓。

25.【答案】D

【解析】不承受主要负荷的垫铁组，只使用平垫铁和一块斜垫铁；

承受主要负荷的垫铁组，应使用成对斜垫铁；

承受主要负荷且在设备运行时产生较强连续振动时，垫铁组不能采用斜垫铁，只能采用平垫铁。

每个地脚螺栓旁边至少应放置一组垫铁，相邻两组垫铁距离一般应保持500～1000mm。每一组垫铁内，斜垫铁放在最上面，单块斜垫铁下面应有平垫铁。

每组垫铁总数一般不得超过5块。厚垫铁放在下面，薄垫铁放在上面，最薄的安放在中间，且不宜小于2mm。

同一组垫铁几何尺寸要相同。

垫铁组伸入设备底座底面的长度应超过设备地脚螺栓的中心。

26.【答案】D

【解析】解析见上题。

27.【答案】C

【解析】（1）通用机械设备：金属切削设备、锻压设备、铸造设备、泵、压缩机、风机、电动机、起重运输机械。

（2）专用机械设备：干燥、过滤、压滤机械设备，污水处理、橡胶、化肥、医药加工机械设备，炼油机械设备，胶片生产机械设备等。

28.【答案】D

【解析】（5）冷冻机械，如结晶器。

（7）成型和包装机械，如扒料机。

（10）动力机械，如汽轮机、电动机等。

（11）污水处理机械，如刮油机、刮泥机。

（12）其他专用机械，如抽油机、水力除焦机、干燥机等。

29.【答案】D

【解析】装配件表面除锈及污垢清除宜采用碱性清洗液和乳化除油液。

清洗设备及装配件表面油脂，宜采用下列方法：

1）对设备及大、中型部件的局部清洗，擦洗和涮洗。

2）对中小型形状复杂装配件，宜采用多步清洗法或浸、涮结合清洗。

3）对形状复杂、污垢粘附严重的装配件，进行喷洗；对精密零件、滚动轴承等不得用喷洗法。

4）最后清洗时宜采用超声波装置。

5）对形状复杂、污垢粘附严重、清洗要求高的装配件，宜进行浸—喷联合清洗。

30.【答案】A

【解析】（2）炉排安装前要进行炉外冷态试运转，链条炉排试运转时间不应少于8h；往复炉排试运转时间不应少于4h。试运转速度不少于两级。炉排转动应平稳，如发生卡住、抖动、跑偏等现象，应予以清除。

（3）炉排安装顺序按炉排型式而定，一般是由下而上的顺序安装。

31.【答案】B

【解析】工业锅炉上常用的压力表有液柱式、弹簧式和波纹管式压力表，以及压力变送器。

工业锅炉上常用的水位计有玻璃管式、平板式、双色、磁翻柱液位计以及远程水位显示装置等。

32.【答案】D

【解析】锅炉水位计安装时应注意以下几点：

（1）蒸发量大于0.2t/h的锅炉，每台锅炉应安装两个彼此独立的水位计。

（3）水位计和锅筒（锅壳）之间的汽-水连接管其内径不得小于18mm，连接管的长度要小于500mm，以保证水位计灵敏准确。

（5）水位计与汽包之间的汽-水连接管上不能安装阀门，更不得装设球阀。如装有阀门，在运行时应将阀门全开，并予以铅封。

33.【答案】C

【解析】临时高压消防给水系统：消防管网平时水压和流量不满足灭火需要，起火时需要启动消防水泵使管网内的压力和流量达到灭火要求。

分区给水的室内消火栓给水系统。当建筑物的高度超过 50m 或消火栓处静水压力超过 0.8MPa，应采用分区供水室内消火栓给水系统。

34.【答案】 C

【解析】 并联分区的消防水泵集中于底层。管理方便，系统独立设置，互相不干扰。但在高区的消防水泵扬程较大，其管网的承压也较高。

串联分区消防泵设置于各区、水泵的压力相近，无须高压泵及耐高压管，但管理分散，上区供水受下区限制，高区发生火灾时，供水安全性差。

35.【答案】 B

【解析】 墙壁消防水泵接合器的安装应符合设计要求；设计无要求时，其安装高度距地面宜为 0.7m，与墙面上的门、窗、孔、洞的净距离不应小于 2.0m，且不应安装在玻璃幕墙下方。

36.【答案】 B

【解析】 1）室内消火栓系统管网应布置成环状，当室外消火栓设计流量不大于 20L/s，且室内消火栓不超过 10 个时，可布置成枝状；

2）室内消火栓环状给水管道检修时应符合下列要求：

① 检修时关闭的竖管不超过 1 根，当竖管超过 4 根时，可关闭不相邻的 2 根。

② 每根竖管与供水横干管相接处应设置阀门。

③ 满足消防用水量时，宜直接从市政管道取水。

④ 室内消火栓给水管网与自动喷水灭火管网应分开设置，如有困难应在报警阀前分开设置。

⑤ 高层建筑的消防给水应采用高压或临时高压给水系统，与生活、生产给水系统分开独立设置。

37.【答案】 C

【解析】 1）湿式灭火系统。湿式系统是指在准工作状态时管道内充满有压水的闭式系统。该系统由闭式喷头、水流指示器、湿式自动报警阀组、控制阀及管路系统组成，必要时还包括与消防水泵的联动控制和自动报警装置。

该系统具有控制火势或灭火迅速的特点。主要缺点是不适应于寒冷地区。其使用环境温度为 4~70℃。

2）干式灭火系统。它的供水系统、喷头布置等与湿式系统完全相同。所不同的是平时在报警阀前充满水而在阀后管道内充以压缩空气。当火灾发生时，喷水头开启，先排出管路内的空气，供水才能进入管网，由喷头喷水灭火。

该系统适用于环境温度低于 4℃和高于 70℃并不宜采用湿式喷头灭火系统的地方。主要缺点是作用时间比湿式系统迟缓一些，灭火效率一般低于湿式灭火系统，另外还要设置压缩机及附属设备，投资较大。

4）预作用系统。预作用阀后的管道系统内平时无水，呈干式，充满有压或无压的气体。火灾发生初期，火灾探测器系统动作先于喷头控制自动开启或手动开启预作用阀，使消防水进入阀后管道，系统成为湿式。当火场温度达到喷头的动作温度时，闭式喷头开启，即可出水灭火。该系统由火灾探测系统、闭式喷头、预作用阀、充气设备和钢管等组成。该系统既克服了干式系统延迟的缺陷，又可避免湿式系统易渗水的弊病，故适用于不允许有水渍损失的建筑物、构筑物。

（2）开式喷水灭火系统。也叫自动喷水雨淋系统。发生火灾时，由火灾探测、控制系统自动开启雨淋报警阀和启动供水泵，向开式洒水喷头供水的自动喷射灭火系统。

系统包括开式喷头，管道系统，雨淋阀、火灾探测器和辅助设施等。雨淋系统一旦动作，系统保护区域内将全面喷水，可以有效控制火势发展迅猛、蔓延迅速的火灾。

（3）水幕系统。水幕系统的工作原理与雨淋系统基本相同，所不同的是水幕系统喷出的水为水幕状。水幕系统不具备直接灭火的能力，一般情况下与防火卷帘或防火幕配合使用，起到防止火灾蔓延的作用。

38.【答案】B

【解析】直管形荧光灯目前较多采用 T5 和 T8。T5 显色性好，对色彩丰富的物品及环境有比较理想的照明效果，光衰小，寿命长，平均寿命达 10000h。适用于服装、百货、超级市场、食品、水果、图片、展示窗等色彩绚丽的场合使用。

T8 色光、亮度、节能、寿命都较佳，适合宾馆、办公室、商店、医院、图书馆及家庭等色彩朴素但要求亮度高的场合使用。

39.【答案】D

【解析】高压钠灯使用时发出金白色光。发光效率高，属于节能型光源。它的结构简单、坚固耐用，平均寿命长。显色性差，但紫外线少，不招飞虫。透雾性能好，最适于交通照明；光通量维持性能好，可以在任意位置点燃；耐振性能好；受环境温度变化影响小，适用于室外；但功率因数低。

金属卤化物灯主要用在要求高照度的场所、繁华街道及要求显色性好的大面积照明的地方。

氙灯显色性很好，发光效率高，功率大，有"小太阳"的美称，它适于大面积照明。在建筑施工现场使用的是长弧氙灯，功率很高，用触发器起动。大功率长弧氙灯能瞬时点燃，工作稳定。耐低温也耐高温，耐震。氙灯的缺点是平均寿命短，约 500~1000h，价格较高。氙灯在工作中辐射的紫外。

低压钠灯在电光源中光效最高，寿命最长，具有不炫目的特点。低压钠灯是太阳能路灯照明系统的最佳光源，低压钠灯视见分辨率高，对比度好，特别适合于高速公路、交通道路、市政道路、公园、庭院照明。

40.【答案】D

【解析】（1）当交流、直流或不同电压等级的插座安装在同一场所时，应有明显的区别，且必须选择不同结构、不同规格和不能互换的插座。

（2）插座的接线应符合下列规定：

1）面对插座，左零右火上地线。

2）插座的保护接地端子不应与中性线端子连接。

3）保护接地线（PE）在插座间不得串联连接。

4）相线与中性线不得利用插座本体的接线端子转接供电。

二、多项选择题（共20题，每题1.5分，每题的备选项中，有2个或2个以上符合题意，至少有1个错项。错选，本题不得分；少选，所选的每个选项得0.5分）

41.【答案】ABD

【解析】解析见上题。

具有非常优良的耐高、低温性能，可在-180~260℃范围内长期使用。几乎耐所有的化学药品，在侵蚀性极强的王水中煮沸也不起变化，摩擦系数极低。聚四氟乙烯不吸水、电性能优异，是目前介电常数和介电损耗最小的固体绝缘材料。缺点是强度低、冷流性强。

42.【答案】ACD

【解析】通用型主要品种有聚氯乙烯、聚乙烯、聚丙烯和聚苯乙烯等。工程型则可作为结构材料使用，通常在特殊的环境中使用。一般具有优良的机械性能、耐磨性能、尺寸稳定性、耐热性能和耐腐蚀性能。主要品种有聚酰胺、聚甲醛和聚苯醚等。

43.【答案】BC

【解析】普通钢板具有良好的加工性能，结构强度较高，且价格便宜，应用广泛。空调、超净等防尘要求较高的通风系统，一般采用镀锌钢板和塑料复合钢板。

44.【答案】CD

【解析】截止阀主要用于热水供应及高压蒸汽管路中，严密性较高。安装时要注意流体"低进高出"，方向不能装反。选用特点：结构比闸阀简单，制造、维修方便，可以调节流量，但流动阻力大，不适用于带颗粒和黏性较大的介质。

闸阀广泛用于冷、热水管道系统中。闸阀和截止阀相比，启闭省力，水流阻力较小。闸板与阀座之间密封面易受磨损，严密性较差；不完全开启时，水流阻力较大。闸阀一般只作为截断装置，不宜用于需要调节大小和启闭频繁的管路上。闸阀无安装方向。闸阀选用特点：密封性能好，流体阻力小，开启、关闭力较小，有调节流量的作用，并且能从阀杆的升降高低看出阀的开度大小，主要用在一些大口径管道上。

45.【答案】BC

【解析】多模光纤：中心玻璃芯较粗，可传多种模式的光。多模光纤耦合光能量大，发散角度大，对光源的要求低，能用光谱较宽的发光二极管（LED）作光源，有较高的性能价格比。缺点是传输频带较单模光纤窄，多模光纤传输的距离比较近，一般只有几千米。

单模光纤：只能传一种模式的光。优点是其模间色散很小，传输频带宽，适用于远程通信。缺点是芯线细，耦合光能量较小，光纤与光源以及光纤与光纤之间的接口比多模光纤难；单模光纤只能与激光二极管（LD）光源配合使用，而不能与发光二极管（LED）配合使用。单模光纤的传输设备较贵。

46.【答案】AB

【解析】氧-燃气火焰切割可分为氧-乙炔火焰切割（俗称气割）、氧-丙烷火焰切割、氧-天然气火焰切割和氧-氢火焰切割。实际生产中应用最广的是氧-乙炔火焰切割和氧-丙烷火焰切割。

47.【答案】AD

【解析】设备及管道表面金属涂层主要采用热喷涂法施工。

（1）金属热喷涂热源。燃烧法和电加热法两大类。

（2）金属热喷涂工艺。包括基体表面预处理、热喷涂、后处理、精加工等过程。

（3）金属热喷涂用材。锌、锌铝合金、铝和铝镁合金。

（4）金属热喷涂设备。主要由喷枪、热源、涂层材料供给装置以及控制系统和冷却系统组成。

48.【答案】ABD

【解析】流动式起重机的选用步骤：

1）根据被吊装设备或构件的就位位置、现场具体情况等确定起重机的站车位置，站车位置一旦确定，其工作幅度就确定了。

2）根据被吊装设备或构件的就位高度、设备尺寸、吊索高度和站车位置，由起升高度特性曲线来确定起重机的臂长。

3）根据上述已确定的工作幅度、臂长，由起重量特性曲线确定起重机的额定起重量。

4）如果起重机的额定起重量大于计算载荷，则起重机选择合适，否则重新选择。

5）校核通过性能。计算吊臂与设备之间、吊钩与设备及吊臂之间的安全距离，若符合规范要求，选择合格，否则重选。

49.【答案】ABD

【解析】管道水压试验的方法和要求：

（1）试压前的准备工作。在试验管道系统的最高点和管道末端安装排气阀；在管道的最低处安装排水阀；压力表应安装在最高点，试验压力以此表为准。

（4）试验时，环境温度不宜低于5℃。当低于5℃应采取防冻措施。

50.【答案】AC

【解析】（9）特殊地区施工增加：高原、高寒施工防护；地震防护。

（10）安装与生产同时进行施工增加：火灾防护；噪声防护。

（11）在有害身体健康环境中施工增加：有害化合物防护；粉尘防护；有害气体防护；高浓度氧气防护。

（17）脚手架搭拆：场内、场外材料搬运；搭、拆脚手架；拆除脚手架后材料的堆放。

51.【答案】CD

【解析】（2）文明施工包含范围：针对施工场地内进行的美化，提升生活、工作舒适度的措施。治安综合治理；现场配备医药保健器材、物品费用和急救人员培训。

（3）安全施工包含范围：建筑工地起重机械的检验检测；消防设施与消防器材的配置。

52.【答案】AC

【解析】（10）高层施工增加：高层施工引起的人工工效降低以及由于人工工效降低引起的机械降效。通信联络设备的使用。

1）单层建筑物檐口高度超过20m，多层建筑物超过6层时，应分别列项。

2）突出主体建筑物顶的电梯机房、楼梯出口间、水箱间、瞭望塔、排烟机房等不计入檐口高度。计算层数时，地下室不计入层数。

53.【答案】 BCD

【解析】 一般砖混结构的电梯井道采用埋入式稳固导轨架。钢筋混凝土结构的电梯井道，则常用焊接式、预埋螺栓固定式、对穿螺栓固定式稳固导轨架更合适。

54.【答案】 AC

【解析】（5）机械安全保护系统主要由限速器和安全钳、缓冲器、制动器、门锁等部件组成。

1）限速装置和安全钳。防止轿厢或对重装置意外坠落。

2）缓冲器。设在井道底坑的地面上，用来吸收轿厢或对重装置蹾底时的动能的制动装置。

55.【答案】 AB

【解析】 锅炉本体主要是由"锅"与"炉"两大部分组成。"锅"包括锅筒（汽包）、对流管束、水冷壁、集箱（联箱）、蒸汽过热器、省煤器和管道组成的一个封闭的汽-水系统。"炉"是指锅炉中使燃料进行燃烧产生高温烟气的场所，是包括煤斗、炉排、炉膛、除渣板、送风装置等组成的燃烧设备。

锅炉辅助设备分别组成锅炉房的燃料供应与除灰渣系统、通风系统、水-汽系统和仪表控制系统。

56.【答案】 ABC

【解析】 解释见上题。

57.【答案】 BC

【解析】 2）容器阀和集流管之间应采用挠性连接。

3）储瓶间和设置预制灭火系统的防护区的环境温度应为-10~50℃。

4）储存装置操作面距墙面或两操作面之间的距离不宜小于1.0m，且不应小于储存容器外径的1.5倍。

5）在储存容器或容器阀上，应设安全泄压装置和压力表。

6）在灭火系统主管道上，应设压力信号器或流量信号器。

7）组合分配系统中的每个防护区应设置控制灭火剂流向的选择阀，选择阀的位置应靠近储存容器且便于操作。选择阀应设有标明其工作防护区的永久性铭牌。

58.【答案】 AB

【解析】 负压类的有环泵式比例混合器和管线式泡沫比例混合器；正压类的有压力式泡沫比例混合器和平衡压力式泡沫比例混合器。

59.【答案】 ACD

【解析】 电线管路水平敷设超过下列长度时，中间应加接线盒：

1）管子长度每超过30m，无弯曲时；

2）管子长度超过20m，有1个弯曲时；

3）管子长度超过15m，有2个弯曲时；

4）管子长度超过8m，有3个弯曲时。

60.【答案】 CD

【解析】导线连接有铰接、焊接、压接和螺栓连接等。导线与设备或器具的连接应符合下列规定：

（1）截面积在 10mm² 及以下的单股铜导线和单股铝/铝合金芯线可直接与设备或器具的端子连接。

（2）截面积在 2.5mm² 及以下的多芯铜芯线应接续端子或拧紧搪锡后再与设备或器具的端子连接。

（3）截面积大于 2.5mm² 的多芯铜芯线，应接续端子后与设备或器具的端子连接；多芯铜芯线与插接式端子连接前，端部应拧紧搪锡。

（4）多芯铝芯线应接续端子后与设备、器具的端子连接，多芯铝芯线接续端子前应去除氧化层并涂抗氧化剂。

（5）每个设备或器具的端子接线不多于 2 根导线或 2 个导线端子。

（6）截面积 6mm² 及以下铜芯导线间的连接应采用导线连接器或缠绕搪锡连接，并应符合下列规定：

② 单芯导线与多芯软导线连接时，多芯软导线宜搪锡处理；

③ 导线连接后不应明露线芯；

⑤ 多尘场所的导线连接应选用 IP5X 及以上的防护等级连接器；潮湿场所的导线连接应选用 IPX5 及以上的防护等级连接器。

（7）绝缘导线、电缆的线芯连接金具（连接管和端子），其规格应与线芯的规格适配，且不得采用开口端子。

（8）当接线端子规格与电气器具规格不配套时，不应采取降容的转接措施。

选做部分

共 40 题，分为两个专业组，考生可在两个专业组的 40 个试题中任选 20 题作答，按所答的前 20 题计分，每题 1.5 分。试题由单选和多选组成。错选，本题不得分；少选，所选的每个选项得 0.5 分。

一、（61~80 题）管道和设备工程

61.【答案】 B

【解析】室内给水系统给水方式总结：

涉及水泵的：投资大、需维护、有振动噪声；分散布置或者型号多管理维护就麻烦。

涉及水箱：高位水箱增加结构载荷，层间水箱占用建筑面积。但水箱具有一定延时供水功能。

涉及贮水池：外网水压不能充分利用，供水可靠，有一定延时供水功能。

并联供水：各区独立，互不干扰，但费管。

串联供水：供水独立性差，但省管。

涉及减压给水：要求电力充足、电价低。

气压水罐供水水质卫生条件好。

62.【答案】 ABC

【解析】给水铸铁管采用承插连接，在交通要道等振动较大的地段采用青铅接口。在

大型的高层建筑中，将球墨铸铁管设计为总立管，应用于室内给水系统。球墨铸铁管采用橡胶圈机械式接口或承插接口，也可以采用螺纹法兰连接的方式。

63.【答案】AD

【解析】① 硬聚氯乙烯给水管（UPVC）：适用于给水温度不大于45℃、给水系统工作压力不大于0.6MPa的生活给水系统。

高层建筑的加压泵房内不宜采用UPVC给水管；

水箱进出水管、排污管、自水箱至阀门间的管道不得采用塑料管；

公共建筑、车间内塑料管长度大于20m时应设伸缩节。

UPVC给水管宜采用承插式粘结、承插式弹性橡胶密封圈柔性连接和过渡性连接。

管外径D_e<63mm时，宜采用承插式粘结；

管外径D_e>63mm时，宜采用承插式弹性橡胶密封圈柔性连接；

与其他金属管材、阀门、器具配件等连接时，采用过渡性连接，包括螺纹或法兰连接。

64.【答案】CD

【解析】A型柔性法兰接口排水铸铁管采用法兰压盖连接，橡胶圈密封，螺栓紧固。广泛用于高层及超高层建筑及地震区的室内排水管道。W形无承口（管箍式）柔性接口采用橡胶圈不锈钢带连接，便于安装和检修，接头轻巧、外形美观。

一般排水横干管、首层出户管宜采用A形管；排水立管及排水支管宜采用W形管。

65.【答案】D

【解析】排出管穿地下室外墙或地下构筑物的墙壁时应设防水套管。

室内排水管道安装的排出管与室外排水管连接处设置检查井。一般检查井中心至建筑物外墙的距离不小于3m，不大于10m。排出管在隐蔽前必须做灌水试验，其灌水高度应不低于底层卫生器具的上边缘或底层地面的高度。

66.【答案】CD

【解析】室内热水供应管道敷设形成的L形和Z字弯曲管段来补偿管道的温度变形。对室内热水供应管道长度超过40m时，一般应设套管伸缩器或方形补偿器。

67.【答案】D

【解析】（2）单向流通风。通过有组织的气流流动，控制有害物的扩散和转移。这种方法具有通风量小、控制效果好等优点。

（3）均匀通风。速度和方向完全一致的宽大气流称为均匀流，利用送风气流构成的均匀流把室内污染空气全部压出和置换。这种通风方法能有效排除室内污染气体，目前主要应用于汽车喷涂室等对气流、温度控制要求高的场所。

（4）置换通风。置换通风的送风分布器通常都靠近地板，送风口面积大。低速、低温送风与室内分区流态是置换通风的重要特点。置换通风对送风的空气分布器要求较高，它要求分布器能将低温的新风以较小的风速均匀送出，并能散布开来。

68.【答案】C

【解析】（1）燃烧法。广泛应用于有机溶剂蒸汽和碳氢化合物的净化处理，也可用于除臭。

（2）吸附法。广泛应用于低浓度有害气体的净化，特别是各种有机溶剂蒸气。吸附法的净化效率能达到100%。常用的吸附剂有活性炭、硅胶、活性氧化铝等。

（3）吸收法。吸收法广泛应用于无机气体等有害气体的净化。同时进行除尘，适用于处理气体量大的场合。与其他净化方法相比，吸收法的费用较低。吸收法的缺点是还要对排水进行处理，净化效率难以达到100%。

（7）冷凝法。冷凝法的净化效率低，只适用于浓度高、冷凝温度高的有害蒸汽。低浓度气体的净化通常采用吸收法和吸附法，是通风排气中有害气体的主要净化方法。

69.【答案】BC

【解析】（1）全空气系统。如定风量或变风量的单风管系统、双风管系统、全空气诱导系统等。

（2）空气-水系统。如带盘管的诱导系统、风机盘管机组加新风系统等。

（3）全水系统。如风机盘管系统、辐射板系统等。

70.【答案】C

【解析】（1）封闭式系统。最节省能量，没有新风，仅适用于人员活动很少的场所，如仓库等。

（2）直流式系统。所处理的空气全部来自室外新风，系统消耗较多的冷量和热量。主要用于空调房间内产生有毒有害物质而不允许利用回风的场所。

（3）混合式系统

一次回风将回风与新风在空气处理设备前混合，再一起进入空气处理设备，这是空调中应用最广泛的一种形式，混合的目的在于利用回风的冷量或热量，来降低或提高新风温度。

二次回风。一部分回风在空气处理设备前面与新风混合，另一部分不经过空气处理设备，直接与处理后的空气混合，二次混合的目的在于代替加热器提高送风温度。

71.【答案】C

【解析】风机盘管系统是设置风机盘管机组的半集中式系统，风机盘管系统本身就是末端装置。适用于空间不大负荷密度高的场合，如高层宾馆、办公楼和医院病房等。

双风管集中式系统具有如下优点：每个房间（或每个区）可以分别控制；室温调节速度较快；冬季和过渡季的冷源以及夏季的热源可以利用室外新风；空调房间内无末端装置，对使用者无干扰。

诱导器系统是采用诱导器做末端装置的半集中式系统，空调房间有诱导器静压箱。诱导器系统能在房间就地回风，具有风管断面小、空气处理室小、空调机房占地少、风机耗电量少的优点。

变风量系统的风量变化是通过专用的变风量末端装置实现的。可分为节流型、旁通型、诱导型。

变制冷剂流量（VRV）空调系统（有末端装置）节能，节省建筑空间，施工安装方便，施工周期短，尤其适用于改造工程。

72.【答案】A

【解析】（1）GA 类（长输管道）。划分为 GA1 级和 GA2 级。符合下列条件之一的长输管道为 GA1 级：

1）输送有毒、可燃、易爆气体介质，最高工作压力 P>4.0MPa 的长输管道；

2）输送有毒、可燃、易爆液体介质，最高工作压力 P≥6.4MPa，并且输送距离>200km 的长输管道。

GA1 级以外的长输（油气）管道为 GA2 级。

（2）GB 类（公用管道）。

1）GB1 级：城镇燃气管道；

2）GB2 级：城镇热力管道。

（3）GC 类（工业管道）。工业管道按设计压力、设计温度、介质的毒性危害程度和火灾危险性划分为 GC1（级别最高）、GC2、GC3 三个级别。

（4）GD 类（动力管道）。火力发电厂用于输送蒸汽、汽水两相介质的管道，划分为 GD1 级、GD2 级。

1）GD1 级为设计压力≥6.3MPa，或者设计温度≥400℃的管道；

2）GD2 级为设计压力 P<6.3MPa，或者设计温度<400℃的管道。

73.【答案】C

【解析】在工程中，按照工业管道设计压力 P 划分为低压、中压和高压管道：

（1）低压管道：0<P≤1.6MPa；

（2）中压管道：1.6<P≤10MPa；

（3）高压管道：10<P≤42MPa；或蒸汽管道：P≥9MPa，工作温度≥500℃。

工业管道界限划分，以设备、罐类外部法兰为界，或以建筑物、构筑物墙皮为界。

74.【答案】ABC

【解析】（3）水平安装的方形补偿器应与管道保持同一坡度，垂直臂应呈水平。垂直安装时，应有排水、疏水装置。

（4）方形补偿器两侧的第一个支架宜设置在距补偿器弯头起弯点 0.5~1.0m 处，支架为滑动支架。导向支架只宜设在离弯头 DN40 以外处。

（5）填料式补偿器活动侧管道的支架应为导向支架。单向填料式补偿器应装在固定支架附近。双向填料式补偿器安装在固定支架中间。

75.【答案】BC

【解析】夹套管安装：

（4）直管段对接焊缝的间距，内管不应小于 200mm，外管不应小于 100mm。

（5）环向焊缝距管架的净距不应小于 100mm，且不得留在过墙或楼板处。

（9）夹套管穿墙、平台或楼板，应装设套管和挡水环。

（10）内管有焊缝时，该焊缝应进行 100%射线检测。

（11）内管加工完毕后，焊接部位应裸露进行压力试验。

夹套管加工完毕后，套管部分应按设计压力的 1.5 倍进行压力试验。

（12）真空系统在严密性试验合格后，进行真空度试验，时间为 24h，系统增压率不大于5%为合格。

（14）内管应用干燥无油压缩空气进行系统吹扫，气体流速不小于20m/s。

76.【答案】C

【解析】（13）联苯热载体夹套的外管，应用联苯、氮气或压缩空气进行试验，不得用水进行压力试验。

77.【答案】B

【解析】目前应用最多的是低碳钢和普通低合金钢材料；

在腐蚀严重或产品纯度要求高的场合使用不锈钢，不锈复合钢板或铝制造设备；

在深冷操作中可用铜和铜合金；

不承压的塔节或容器可采用铸铁。

78.【答案】B

【解析】按结构形式可分为釜式、管式、塔式和流化床式反应器。

（3）固定床反应器。主要用于实现气固相催化反应，如氨合成塔、二氧化硫接触氧化器、烃类蒸汽转化炉等。

（4）流化床反应器。是一种利用气体或液体通过颗粒状固体层而使固体颗粒处于悬浮运动状态，并进行气固相反应过程或液固相反应过程的反应器。在用于气固系统时，又称沸腾床反应器。目前，流化床反应器已在化工、石油、冶金、核工业等部门得到广泛应用。

79.【答案】AB

【解析】内浮顶储罐。一是与浮顶罐比较，有固定顶，绝对保证储液的质量。内浮盘漂浮在液面上，可减少蒸发损失85%~96%；减少空气污染，降低着火爆炸危险，特别适合于储存高级汽油和喷气燃料及有毒的石油化工产品；可减少罐壁罐顶的腐蚀，延长储罐的使用寿命。二是在密封相同情况下，与浮顶相比可以进一步降低蒸发损耗。

缺点：与拱顶罐相比，钢板耗量比较多，施工要求高；与浮顶罐相比，维修不便（密封结构），储罐不易大型化，目前一般不超过10000m³。

80.【答案】C

【解析】

表4.3.1　　　　　　　　　各类油罐的施工方法选定

油罐类型	施工方法			
	水浮正装法	抱杆倒装法	充气顶升法	整体卷装法
拱顶油罐（m³）	—	100~700	1000~20000	—
无力矩顶油罐（m³）	—	100~700	1000~5000	—
浮顶油罐（m³）	3000~50000	—	—	—
内浮顶油罐（m³）	—	100~700	1000~5000	—
卧式油罐（m³）	—	—	—	各种容量

二、(81~100题) 电气和自动化控制工程

81.【答案】 B

【解析】 高压配电室的作用是接受电力；变压器室的作用是把高压电转换成低压电；低压配电室的作用是分配电力；电容器室的作用是提高功率因数；控制室的作用是预告信号。这五个部分作用不同，需要安装在不同的房间。其中低压配电室则要求尽量靠近变压器室。

82.【答案】 C

【解析】 变配电设备一般可分为一次设备和二次设备。

一次设备指直接输送、分配、使用电能的设备，主要包括变压器、高压断路器、高压隔离开关、高压负荷开关、高压熔断器、高压避雷器、并联电容器、并联电抗器、电压互感器和电流互感器等；二次设备是指对一次设备的工作状况进行监视、控制、测量、保护和调节所必需的电气设备，主要包括监控装置、操作电器、测量表计、继电保护及自动装置、直流控制系统设备等。

83.【答案】 BCD

【解析】 高压断路器的作用是通断正常负荷电流，并在电路出现短路故障时自动切断电流，保护高压电线和高压电器设备的安全。按其采用的灭弧介质分有油断路器、六氟化硫断路器、真空断路器等。少油断路器和真空断路器和六氟化硫断路器目前应用较广。

SF_6 断路器适用于需频繁操作及有易燃易爆危险场所，要求加工精度高，对其密封性能要求更严。

多油断路器很少使用。

84.【答案】 AD

【解析】 高压真空断路器。有落地式、悬挂式、手车式三种形式。

SF6 断路器灭弧室的结构形式有压气式、自能灭式（旋弧式、热膨胀式）和混合灭弧式。

85.【答案】 C

【解析】 SF_6 具有优良的电绝缘性能，在电流过零时，电弧暂时熄灭后，SF_6 能迅速恢复绝缘强度，使电弧很快熄灭。

SF_6 断路器的主要特点是体积小、重量轻、寿命长、能进行频繁操作、可连续多次重合闸、开断能力强、燃弧时间短、运行中无爆炸和燃烧的可能、噪声小，且运行维护简单，检修周期一般可达 10 年，但是价格比较高。

SF_6 断路器适用于需频繁操作及有易燃易爆危险的场所，要求加工精度高，对其密封性能要求更严。

SF_6 断路器灭弧室的结构形式有压气式、自能灭式（旋弧式、热膨胀式）和混合灭弧式。

86.【答案】 C

【解析】 高压断路器可以切断工作电流和事故电流。

高压隔离开关的主要功能是隔离高压电源，以保证其他设备和线路的安全检修。其结构特点是断开后有明显可见的断开间隙。没有专门的灭弧装置，不允许带负荷操作。

它可用来通断一定的小电流。隔离开关只能在没电流时分合闸。

高压负荷开关能切断工作电流，但不能切断事故电流，适用于无油化、不检修、要求频繁操作的场所。

高压熔断器主要功能是对电路及其设备进行短路和过负荷保护。

互感器避免短路电流直接流过测量仪表及继电器的线圈。

87.【答案】 B

【解析】（2）控制器。接收变换和放大后的偏差信号，转换为被控对象进行操作的控制信号。

（3）放大变换环节。将偏差信号变换为适合控制器执行的信号。

（4）校正装置。为改善系统动态和静态特性而附加的装置。

（5）反馈环节。用来测量被控量的实际值，并经过信号处理，转换为与被控量有一定函数关系，且与输入信号同一物理量的信号。反馈环节一般也称为测量变送环节。

（6）给定环节。产生输入控制信号的装置。

88.【答案】 B

【解析】（3）反馈信号。若此信号是从系统输出端取出送入系统输入端，这种反馈信号称主反馈信号，而其他称为局部反馈信号。

（4）偏差信号。控制输入信号与主反馈信号之差。

（5）误差信号。是指系统输出量的实际值与希望值之差。在单位反馈情况下，希望值就是系统的输入信号，误差信号等于偏差信号。

（6）扰动信号。除控制信号之外，对系统的输出有影响的信号。

89.【答案】 C

【解析】单回路系统。只有一个控制变量组成的单环反馈系统。

多回路系统。如果被控制的变量变化较为复杂，在单回路基础上，还需通过辅助变量，共同完成对变量的调整与控制。

比值系统。用可以测量的中间变量，测量计算后转换计算出控制量。或在控制系统中，需有一个能自动跟随的控制系统辅助调节，以达到对控制变量的进一步调节。

复合系统。复合系统直接对干扰信号进行测控，一部分干扰信号送到被控回路，另一通道将干扰信号进行补偿、调整，然后再作用到被控回路。

90.【答案】 D

【解析】解析见上题。

91.【答案】 D

【解析】1）以热电偶为材料的热电势传感器。铂及其合金组成的热电偶价格最贵，优点是热电势非常稳定。铜-康铜价格最便宜。居中为镍铬-考铜，且它的灵敏度又最高。

2）以半导体 PN 结为材料的热电势传感器。集成温度传感器使用方便、工作可靠、价格便宜，且具有高精度的放大电路。适用于远距离传输。

92.【答案】 A

【解析】目前可供使用的双绞线（双绞电缆）多为8芯（4对），在采用10Base-T的情况下，只用2对（1、2芯为接收对，3、6芯为发送对），另外2对（4、5、7、8芯）不用。

93.【答案】ABD

【解析】双绞线一般用于星型网的布线连接，两端安装有 RJ-45 头（水晶头），连接网卡与集线器，最大网线长度为 100m，如果要加大网络的范围，在两段双绞线之间可安装中继器，最多可安装 4 个中继器，如安装 4 个中继器连 5 个网段，最大传输范围可达 500m。

94.【答案】C

【解析】同轴电缆的细缆：与 BNC 网卡相连，两端装 50 欧的终端电阻。用 T 形头，T 形头之间最小 0.5m。细缆网络每段干线长度最大为 185m，每段干线最多接入 30 个用户。如采用 4 个中继器连接 5 个网段，网络最大距离可达 925m。细缆安装较容易，造价较低，但日常维护不方便，一旦一个用户出故障，便会影响其他用户的正常工作。

95.【答案】D

【解析】非屏蔽双绞线适用于网络流量不大的场合中。

屏蔽式双绞线适用于网络流量较大的高速网络协议应用。

同轴电缆的粗缆传输距离长，性能好，但成本高，网络安装、维护困难，一般用于大型局域网的干线，连接时两端需终接器。

同轴电缆的细缆安装较容易，造价较低，但日常维护不方便，一旦一个用户出故障，便会影响其他用户的正常工作。

光纤的电磁绝缘性能好、信号衰减小、频带宽、传输速度快、传输距离大。主要用于要求传输距离较长、布线条件特殊的主干网连接。

96.【答案】ABC

【解析】智能建筑系统由上层的智能建筑系统集成中心（SIC）和下层的 3 个智能化子系统构成。智能化子系统包括楼宇自动化系统（BAS）、通信自动化系统（CAS）和办公自动化系统（OAS）。PDS 是建筑物或建筑群内部之间的传输网络。三个子系统通过综合布线（PDS）系统连接成一个完整的智能化系统，由 SIC 统一监管。

97.【答案】AC

【解析】

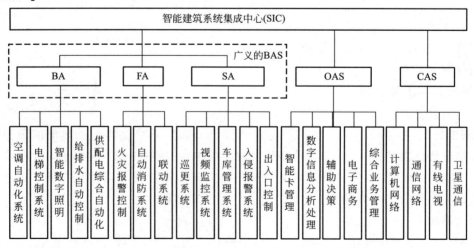

图 6.4.1　智能楼宇系统组成和功能示意图

98.【答案】B

【解析】（1）点型入侵探测器。警戒范围仅是一个点的报警器。如门、窗、柜台、保险柜等警戒范围。如：开关入侵探测器、振动入侵探测器（又包括压电式振动入侵探测器和电动式振动入侵探测器）。

（2）直线型入侵探测器。如：红外入侵探测器、激光入侵探测器。

被动红外探测器的抗噪能力较强，噪声信号不会引起误报，红外探测器一般用在背景不动或防范区域内无活动物体的场合。

主动红外探测器体积小、重量轻、便于隐蔽，采用双光路的主动红外探测器可大大提高其抗噪防误报的能力。而且主动红外探测器寿命长、价格低、易调整，广泛使用在安全技术防范工程中。

激光探测器十分适合于远距离的线控报警装置。

（3）面型入侵探测器：常用的有平行线电场畸变探测器，带孔同轴电缆电场畸变探测器。

（4）空间入侵探测器。声入侵探测器、次声探测器（用来作为室内的空间防范）。

99.【答案】D

【解析】在小型防范区域内，探测器的电信号用双绞线传输。传输声音和图像复核信号时常用音频屏蔽线和同轴电缆。一根同轴电缆传送一路信号用于短距离传输。一根同轴电缆传送多路信号适用于远距离传输。光缆传输视频图像时传输距离远、传输图像质量好、抗干扰、保密、体积小、重量轻、抗腐蚀、容易敷设，但造价较高。

100.【答案】D

【解析】闭路监控电视系统一般由摄像、传输、控制、图像处理和显示四个部分组成。基带传输不需要调制，解调，设备花费少，传输距离一般不超过 2km。频带传输经过调制、解调，克服了许多长途电话线路不能直接传输基带信号的缺点，能实现多路复用的目的，提高了通信线路的利用率。

模拟题二答案与解析①

一、单项选择题（共 40 题，每题 1 分。每题的备选项中，只有 1 个最符合题意）

1.【答案】B

【解析】铸铁的韧性和塑性主要决定于石墨的数量、形状、大小和分布，其中石墨形状的影响最大。铸铁的其他性能也与石墨密切相关。基体组织是影响铸铁硬度、抗压强度和耐磨性的主要因素。按照石墨的形状特征，灰口铸铁可分为普通灰铸铁（石墨呈片状）、蠕墨铸铁（石墨呈蠕虫状）、可锻铸铁（石墨呈团絮状）和球墨铸铁（石墨呈球状）。

2.【答案】B

【解析】1）灰铸铁价格便宜，占各类铸铁的总产量 80% 以上。

2）球墨铸铁综合机械性能接近于钢。球墨铸铁的抗拉强度与钢相当，扭转疲劳强度甚至超过 45 钢。在实际工程中，常用球墨铸铁来代替钢制造某些重要零件，如曲轴、连杆和凸轮轴等，也可用于高层建筑室外进入室内给水的总管或室内总干管。

3）蠕墨铸铁。强度接近于球墨铸铁，并具有一定的韧性和较高的耐磨性；同时又有灰铸铁良好的铸造性能和导热性。蠕墨铸铁在生产中主要用于生产汽缸盖、汽缸套、钢锭模和液压阀等铸件。作为一种新的铸铁材料，发展前景相当乐观。

4）可锻铸铁常用来制造形状复杂、承受冲击和振动荷载的零件，如管接头和低压阀门等。

3.【答案】C

【解析】铸造铝合金（ZL）分为 Al-Si 铸造铝合金、Al-Cu 铸造铝合金、Al-Mg 铸造铝合金和 Al-Zn 铸造铝合金。Al-Mg 铸造铝合金强度高，密度小，有良好的耐蚀性，但铸造性能不佳，耐热性不良。该合金多用于制造承受冲击荷载，以及在腐蚀性介质中工作的外形不太复杂的零件，如氨用泵体等。

4.【答案】C

【解析】铝黄铜可制作耐蚀零件，还可用于制造大型蜗杆等重要零件。

锡青铜在化工、机械、仪表等工业中广泛应用，主要用于制造轴承、轴套等耐磨零件和弹簧等弹性元件，以及抗蚀、抗磁零件等；铝青铜可制造齿轮、轴套和蜗轮等在复杂条件下工作的高强度抗磨零件，以及弹簧和其他高耐蚀性弹性元件；硅青铜可制作弹簧、齿轮、蜗轮、蜗杆等耐蚀和耐磨零件。

5.【答案】D

【解析】铅及铅合金管耐蚀性能强，用于输送 15%~65% 的硫酸、二氧化硫、60% 氢氟酸、浓度小于 80% 的醋酸，但不能输送硝酸、次氯酸、高锰酸钾和盐酸。

---

① 各题目解析中使用的序号与本科目教材中相应部分的序号保持一致，方便考生与教材对应。

铜管的导热性能良好，适用工作温度在250℃以下，多用于制造换热器、压缩机输油管、低温管道、自控仪表以及保温伴热管和氧气管道等。

铝管的特点是重量轻，不生锈，但机械强度较差，不能承受较高的压力，铝管常用于输送浓硝酸、醋酸、脂肪酸、过氧化氢等液体及硫化氢、二氧化碳气体。它不耐碱及含氯离子的化合物，如盐水和盐酸等介质。

钛管具有重量轻、强度高、耐腐蚀性强和耐低温等特点，常被用于其他管材无法胜任的工艺部位，如输送强酸、强碱及其他材质管道不能输送的介质。钛管虽然具有许多优点，但因价格昂贵，焊接难度大，所以没有被广泛采用。

6.【答案】C

【解析】硬聚氯乙烯管材（UPVC）具有耐腐蚀性强、重量轻、绝热、绝缘性能好和易加工安装等特点。使用温度范围-10~40℃，最高使用温度不能超过60℃。

氯化聚氯乙烯（CPVC）管道是现今新型的输水管道。该管与其他塑料管材相比具有刚性高、耐腐蚀、阻燃性能好、导热性能低、热膨胀系数低及安装方便等特点。

聚乙烯管（PE管）。PE管材无毒、质量轻、韧性好、可盘绕，耐腐蚀，在常温下不溶于任何溶剂，低温性能、抗冲击性和耐久性均比聚氯乙烯好。一般适宜于压力较低的工作环境，不能作为热水管使用。

超高分子量聚乙烯（UHMWPE）耐磨性为塑料之冠，断裂伸长率可达410%~470%，管材柔性、抗冲击性能优良，低温下能保持优异的冲击强度，抗冻性及抗振性好，摩擦系数小，具有自润滑性，耐化学腐蚀，热性能优异，可在-169~110℃下长期使用，适合于寒冷地区。

交联聚乙烯管（PEX管）。耐温范围广（-70~110℃）、耐压、化学性能稳定、抗蠕变强度高、重量轻、流体阻力小、能够任意弯曲安装简便、使用寿命达50年之久。无味、无毒。连结方式有：夹紧式、卡环式、插入式三种。PEX管适用于建筑冷热水管道、供暖管道、雨水管道、燃气管道以及工业用的管道等。

无规共聚聚丙烯管（PP-R管）。PP-R管是最轻的热塑性塑料管，具有较高的强度，较好的耐热性，最高工作温度可达95℃，在1.0MPa下长期（50年）使用温度可达70℃，其低温脆化温度仅为-15~0℃，在北方地区不能用于室外。每段长度有限，且不能弯曲施工。

聚丁烯管具有很高的耐久性、化学稳定性和可塑性，重量轻，柔韧性好，用于压力管道时耐高温特性尤为突出（-30~100℃），抗腐蚀性能好、可冷弯、使用安装维修方便、寿命长（可达50~100年），适于输送热水。但紫外线照射会导致老化，易受有机溶剂侵蚀。

工程塑料（ABS）管。目前广泛用于中央空调、纯水制备和水处理系统中的各用水管道，但该管道对于流体介质温度一般要求<60℃。

耐酸酚醛塑料管用于输送除氧化性酸（如硝酸）及碱以外的大部分酸类和有机溶剂等介质，特别能耐盐酸、低浓度和中等浓度硫酸的腐蚀。

7.【答案】A

【解析】聚四氟乙烯垫片的耐腐蚀性、耐热性、耐寒性和耐油性优于现有其他塑料垫片。不易老化、不燃烧、吸水性近乎为零。用于接触面可以做到平整光滑，对金属法兰不粘结。除受熔融碱金属以及含氟元素气体侵蚀外，它能耐多种酸、碱、盐、油脂类溶液介质的腐蚀。其使用温度一般小于200℃，但不能用于压力较高的场合。

8.【答案】B

【解析】垫片按材质可分为非金属垫片、半金属垫片和金属垫片三大类。金属缠绕式垫片属于半金属垫片。

柔性石墨垫片。柔性石墨是一种新颖的密封材料，良好的回弹性、柔软性、耐温性，在化工企业中得到迅速的推广和应用。

金属缠绕式垫片。压缩、回弹性能好；具有多道密封和一定的自紧功能；对于法兰压紧面的表面缺陷不太敏感，不粘结法兰密封面，容易对中，拆卸便捷；能在高温、低压、高真空、冲击振动等循环交变的各种苛刻条件下，保持其优良的密封性能。在石油化工工艺管道上被广泛采用。

齿形金属垫片利用同心圆的齿形密纹与法兰密封面相接触，构成多道密封环，因此密封性能较好，使用周期长。常用于凹凸式密封面法兰的连接。缺点是在每次更换垫片时，都要对两法兰密封面进行加工，因而费时费力。垫片使用后容易在法兰密封面上留下压痕，故一般用于较少拆卸的部位。

金属环形垫片是用金属材料加工成截面为八角形或椭圆形的实体金属垫片，具有径向自紧密封作用。金属环形垫片主要应用于环连接面型法兰连接，金属环形垫片是靠与法兰梯槽的内外侧面（主要是外侧面）接触，并通过压紧而形成密封的。

9.【答案】D

【解析】驱动阀门是用手操纵或其他动力操纵的阀门，如截止阀、节流阀（针型阀）、闸阀、旋塞阀。

自动阀门是借助于介质本身的流量、压力或温度参数发生变化而自行动作的阀门。如止回阀、安全阀、浮球阀、减压阀、跑风阀和疏水器。

10.【答案】C

【解析】同轴电缆的芯线越粗，其损耗越小。长距离传输多采用内导体粗的电缆。同轴电缆的损耗与工作频率的平方根成正比。电缆的衰减与温度有关，随着温度增高，其衰减值也增大。

11.【答案】C

【解析】埋弧焊的主要优点是：①热效率较高，熔深大，工件的坡口可较小，减少了填充金属量；②焊接速度高；③焊接质量好；④在有风的环境中焊接时，埋弧焊的保护效果胜过其他焊接方法。

埋弧焊的缺点有：①一般只适用于水平位置焊缝焊接；②难以用来焊接铝、钛等氧化性强的金属及其合金；③不能直接观察电弧与坡口的相对位置，容易焊偏；④只适于长焊缝的焊接；⑤不适合焊接厚度小于1mm的薄板。

埋弧焊熔深大、生产效率高，机械化操作程度高，适于焊中厚板结构的长焊缝和大直径圆筒环焊缝，尤其适用于大批量生产。是当今焊接生产中最普遍使用的焊接方法之一。

12.【答案】B

【解析】耐热钢、低温钢、耐蚀钢的焊接可选用中硅或低硅型焊剂配合相应的合金钢焊丝。

普通结构钢、低合金钢的焊接可选用高锰、高硅型焊剂。

对焊接韧性要求较高的低合金钢厚板，选用低锰、低硅型或无锰中硅型焊剂。

焊接不锈钢以及其他高合金钢时，应选用以氟化物为主要组分的焊剂或无锰中硅型焊剂，亦可采用烧结焊剂。

铁素体、奥氏体等高合金钢，一般选用碱度较高的熔炼焊剂或烧结陶质焊剂。

13.【答案】B

【解析】焊条直径的选择。焊条直径的选择主要取决于焊件厚度、接头形式、焊缝位置及焊接层次等因素。在不影响焊接质量的前提下，为了提高劳动生产率，一般倾向于选择大直径的焊条。

焊接电流选择的最主要的因素是焊条直径和焊缝空间位置。含合金元素较多的合金钢焊条，焊接电流相应减小。

电弧电压的选择。在使用酸性焊条焊接时，一般采用长弧焊。

在中、厚板焊条电弧焊时，往往采用多层焊。

直流电源，电弧稳定，飞溅小，焊接质量好，一般用在重要的焊接结构或厚板大刚度结构的焊接上。其他情况下，应首先考虑用交流焊机，交流焊机构造简单，造价低，使用维护也较直流焊机方便。

一般情况下，使用碱性焊条或薄板的焊接，采用直流反接；而酸性焊条，通常选用正接。

14.【答案】D

【解析】去应力退火目的是为了去除残余应力。

正火目的是消除应力、细化组织、改善切削加工性能及淬火前的预热处理，也是某些结构件的最终热处理。经正火处理的工件其强度、硬度、韧性较退火为高，而且生产周期短，能量耗费少，故在可能情况下，应优先考虑正火处理。

淬火是为了提高钢件的硬度、强度和耐磨性，多用于各种工具、轴承、零件等。

低温回火。主要用于各种高碳钢的切削工具、模具、滚动轴承等的回火处理。

中温回火。使工件得到好的弹性、韧性及相应的硬度，一般适用于中等硬度的零件、弹簧等。

高温回火。即调质处理，可获得较高的力学性能，如高强度、弹性极限和较高的韧性。主要用于重要结构零件。钢经调质处理后不仅强度较高，而且塑性、韧性更显著超过正火处理的情况。

15.【答案】C

【解析】空气喷涂法是应用最广泛的一种涂装方法，几乎可适用于一切涂料品种，该法的最大特点是可获得厚薄均匀、光滑平整的涂层。但涂料利用率低，对空气的污染严重，施工中必须采取良好的通风和安全预防措施。

高压无气喷涂法主要特点是没有一般空气喷涂时发生的涂料回弹和大量漆雾飞扬的

现象，节省漆料，减少了污染，改善了劳动条件，工效高，涂膜的附着力也较强，涂膜质量较好，适宜于大面积的物体涂装。

16.【答案】B

【解析】（1）涂抹绝热层。涂抹法可在被绝热对象处于运行状态下进行施工。涂抹绝热层整体性好，与保温面结合较牢固，不受保温面形状限制，价格也较低；施工作业简单，但劳动强度大，工期较长，不能在0℃以下施工。

（2）充填绝热层。常用于表面不规则的管道、阀门、设备的保温。

（4）粘贴绝热层。常用的黏结剂有沥青玛谛脂、聚氨酯黏结剂、醋酸乙烯乳胶、环氧树脂等。

（5）钉贴绝热层。主要用于矩形风管、大直径管道和设备容器的绝热层施工中。

（6）浇注式绝热层。较适合异型管件、阀门、法兰的绝热以及室外地面或地下管道绝热。

（7）喷涂绝热层。适用于以聚苯乙烯泡沫塑料、聚氯乙烯泡沫塑料、聚氨酯泡沫塑料作为绝热层的喷涂施工。这种结构施工方便，施工工艺简单、施工效率高、且不受绝热面几何形状限制，无接缝，整体性好。但要注意施工安全和劳动保护。

（8）闭孔橡胶挤出发泡材料。新型保温材料，保温性能优异、质地柔软、手感舒适、施工方便，阻燃性好，耐严寒、潮湿、日照以及在120℃下长期使用不易老化变质。

17.【答案】A

【解析】

表 2.3.1　　　　　　　　　　　　　起重机分类

名称	类别		品种
起重机	桥架型	桥式起重机	带回转臂、带回转小车、带导向架的桥式起重机,同轨、异轨双小车桥式起重机,单主梁、双梁、挂梁桥式起重机,电动葫芦桥式起重机,柔性吊挂桥式起重机,悬挂起重机
		门式起重机	双梁、单梁、可移动主梁门式起重机
		半门式起重机	—
	臂架型	塔式起重机	固定塔式、移动塔式、自升塔式起重机
		流动式起重机	轮胎起重机、履带起重机、汽车起重机
		铁路起重机	蒸汽、内燃机、电力铁路起重机
		门座起重机	港口、船厂、电站门座起重机
		半门座起重机	—
		桅杆起重机	固定式、移动式桅杆起重机
		悬臂起重机	柱式、壁式、旋臂式起重机,自行车式起重机
		浮式起重机	—
		甲板起重机	—
	缆索型	缆索起重机	固定式、平移式、辐射式缆索起重机
		门式缆索起重机	—

18.【答案】C

【解析】起重机吊装荷载的组成：被吊物（设备或构件）在吊装状态下的重量和吊、索具重量（流动式起重机一般还应包括吊钩重量和从臂架头部垂下至吊钩的起升钢丝绳重量）。

19.【答案】C

【解析】1. 管道气压试验选用空气、氮气或其他不易燃和无毒的气体。承受内压钢管及有色金属管道的强度试验压力应为设计压力的 1.15 倍，真空管道的试验压力应为 0.2MPa。

2. 管道气压试验的方法和要求

（1）试验时应装有压力泄放装置，其设定压力不得高于试验压力的 1.1 倍。

（2）试验前，应用压缩空气进行预试验，试验压力宜为 0.2MPa。

3. 管道泄漏性试验：

（1）输送极度和高度危害介质以及可燃介质的管道，必须进行泄漏性试验。

（2）泄漏性试验应在压力试验合格后进行。

（3）泄漏性试验压力为设计压力。

20.【答案】C

【解析】对在基础上作液压试验且容积大于 100m³ 的设备，液压试验的同时，在充液前、充液 1/3 时、充液 2/3 时、充满液后 24h 时、放液后，应作基础沉降观测。

21.【答案】C

【解析】如 030101001001 编码含义如图 3.1.1 所示。

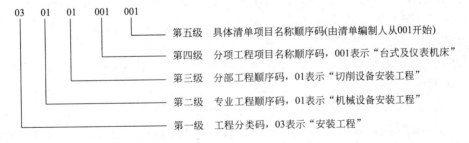

图 3.1.1　安装工程清单编码示例

22.【答案】D

【解析】清单项目可能发生的工作内容、在编制综合单价时需要根据清单项目特征中的要求、具体的施工方案等确定。工作内容不同于项目特征，项目特征体现的是清单项目质量或特性的要求或标准，工作内容体现的是完成一个合格的清单项目需要具体做的施工作业和操作程序。不同的施工工艺和方法，工作内容也不一样，在编制工程量清单时一般不需要描述工作内容。

23.【答案】A

【解析】对精密零件、滚动轴承等不得用喷洗法。最后清洗时宜采用超声波装置。

24.【答案】A

【解析】与润滑油相比，润滑脂有以下优点：

1）具有更高承载能力和更好的阻尼减震能力。

2）缺油润滑状态下，特别是在高温和长周期运行中，润滑脂有更好的特性。

3）润滑脂的基础油爬行倾向小。

4）润滑脂有利于在潮湿和多尘环境中使用。

5）润滑脂能牢固地粘附在倾斜甚至垂直表面上。在外力作用下，它能发生形变。

6）润滑脂可简化设备的设计与维护。

7）润滑脂粘附性好，不易流失，停机后再启动仍可保持满意的润滑状态。

8）润滑脂需要量少，可大大节约油品的需求量。

润滑脂的缺点有：冷却散热性能差，内摩擦阻力大，供脂换脂不如油方便。

润滑脂常用于：散热要求和密封设计不是很高的场合，重负荷和震动负荷、中速或低速、经常间歇或往复运动的轴承，特别是处于垂直位置的机械设备，如轧机轴承润滑。

润滑油常用于在散热要求高、密封好、设备润滑剂需要起到冲刷作用的场合。如球磨机滑动轴承润滑。

25.【答案】D

【解析】3）滑动轴承装配。其特点是工作可靠、平稳、无噪声、油膜吸振能力强，可承受较大的冲击荷载。

4）滚动轴承装配。包括清洗、检查、安装和间隙调整等步骤。

5）齿轮传动装配。齿轮最常用的材料是钢，其次是铸铁，还有非金属材料。非金属材料适用于高速、轻载、且要求降低噪声的场合。

6）蜗轮蜗杆传动机构。特点是传动比大、传动比准确、传动平稳、噪声小、结构紧凑、能自锁。不足之处是传动效率低、工作时产生摩擦热大、需良好的润滑。

26.【答案】B

【解析】3）滑动轴承装配。其特点是工作可靠、平稳、无噪声、油膜吸振能力强，可承受较大的冲击荷载。

4）滚动轴承装配。包括清洗、检查、安装和间隙调整等步骤。

5）齿轮传动装配。齿轮最常用的材料是钢，其次是铸铁，还有非金属材料。非金属材料适用于高速、轻载、且要求降低噪声的场合。

6）蜗轮蜗杆传动机构。特点是传动比大、传动比准确、传动平稳、噪声小、结构紧凑、能自锁。不足之处是传动效率低、工作时产生摩擦热大、需良好的润滑。

27.【答案】D

【解析】带式输送机。经济性好。

链式输送机分鳞板输送机、刮板输送机、埋刮板输送机。鳞板输送机输送能力大，运转费用低，常用来完成大量繁重散装固体及具有磨琢性物料的输送任务。埋刮板输送机。可以输送粉状的、小块状的、片状和粒状的物料，还能输送需要吹洗的有毒或有爆炸性的物料及除尘器收集的滤灰。

螺旋输送机的设计简单、造价低廉。螺旋输送机输送块状，纤维状或黏性物料时被输送的固体物料有压结倾向。螺旋输送机输送长度受传动轴及联接轴允许转矩大小的限制。

振动输送机可以输送具有磨琢性、化学腐蚀性或有毒的散状固体物料，甚至输送高温物料。振动输送机结构简单，操作方便，安全可靠。振动输送机与其他连续输送机相比，初始价格较高，维护费用较低，运行费用较低。但输送能力有限，且不能输送黏性强的物料、易破损的物料、含气的物料，同时不能大角度向上倾斜输送物料。

28.【答案】A

【解析】带式输送机可以做水平方向的运输，也可以按一定倾斜角向上或向下运输。带式输送机结构简单、运行、安装、维修方便，节省能量，操作安全可靠，使用寿命长。带式输送机经济性好，在规定的距离内，每吨物料运输费用较其他类型的运输设备低。

对于提升倾角大于20°的散装固体物料，通常采用提升输送机。

鳞板输送机输送能力大，运转费用低，常用来完成大量繁重散装固体及具有磨琢性物料的输送任务。

螺旋输送机的设计简单、造价低廉。螺旋输送机输送块状，纤维状或黏性物料时被输送的固体物料有压结倾向。螺旋输送机输送长度受传动轴及联接轴允许转矩大小的限制。

29.【答案】B

【解析】解析见上题。

30.【答案】A

【解析】蒸汽锅炉用额定蒸发量表明其容量的大小，即每小时生产的额定蒸汽量称为蒸发量，单位是 t/h。也称锅炉的额定出力或铭牌蒸发量。

热水锅炉则用额定热功率来表明其容量的大小，单位是 MW。

蒸汽锅炉每平方米受热面每小时所产生的蒸汽量，称为锅炉受热面蒸发率，单位是 $kg/(m^2 \cdot h)$。

热水锅炉每平方米受热面每小时所产生的热量称为受热面的发热率，单位是 $kJ/(m^2 \cdot h)$。

锅炉受热面发热率是反映锅炉工作强度的指标，其数值越大，表示传热效果越好。

锅炉热效率是指锅炉有效利用热量与单位时间内锅炉的输入热量的百分比，也称为锅炉效率，用符号 η 表示，它是表明锅炉热经济性的指标。

为了概略地衡量蒸汽锅炉的热经济性，还常用煤汽比来表示，即锅炉在单位时间内的耗煤量和该段时间内产汽量之比。

31.【答案】C

【解析】解析见上题。

32.【答案】BCD

【解析】（2）锅筒支承物的安装。双横锅筒的支承有三种方法；第一种是下锅筒设支座，上锅筒靠对流管束支撑；第二种是下锅筒设支座，而上锅筒用吊环吊挂。第三种是上、下锅筒均设支座。

（4）锅筒内部装置的安装，应在水压试验合格后进行。

33.【答案】C

【解析】二氧化碳灭火系统应用的场所有：

（1）油浸变压器室、装有可燃油的高压电容器室、多油开关及发电机房等；

（2）电信、广播电视大楼的精密仪器室及贵重设备室、大中型电子计算机房等；

（3）加油站、档案库、文物资料室、图书馆的珍藏室等；

（4）大、中型船舶货舱及油轮油舱等。

二氧化碳不适用于扑救活泼金属及其氢化物的火灾（如锂、钠、镁、铝、氢化钠等）、自己能供氧的化学物品火灾（如硝化纤维和火药等）、能自行分解和供氧的化学物品火灾（如过氧化氢等）。

34.【答案】D

【解析】七氟丙烷灭火系统具有有效能高、速度快、环境效应好、不污染被保护对象、安全性强等特点，适用于有人工作的场所；但不可用于下列物质的火灾：

（1）氧化剂的化学制品及混合物，如硝化纤维、硝酸钠等；

（2）活泼金属，如：钾、钠、镁、铝、铀等；

（3）金属氧化物，如：氧化钾、氧化钠等；

（4）能自行分解的化学物质，如过氧化氢、联胺等。

IG541 混合气体灭火剂由氮气、氩气和二氧化碳按一定比例混合而成。IG541 混合气体灭火系统由火灾自动探测器、自动报警控制器、自动控制装置、固定灭火装置及管网、喷嘴等组成。IG541 混合气体灭火系统主要适用于电子计算机房、通信机房、配电房、油浸变压器、自备发电机房、图书馆、档案室、博物馆及票据、文物资料库等经常有人工作的场所，可用于扑救电气火灾、液体火灾或可溶化的固体火灾，固体表面火灾及灭火前能切断气源的气体火灾，但不可用于扑救 D 类活泼金属火灾。

热气溶胶预制灭火系统。符合绿色环保要求，灭火剂是以固态常温常压储存，不存在泄漏问题，维护方便；属于无管网灭火系统，安装相对灵活，工程造价相对较低。S 型气溶胶灭火装置主要适用于扑救电气火灾、可燃液体火灾和固体表面火灾。如计算机房、通信机房、变配电室、发电机房、图书室、档案室、丙类可燃液体等场所。

35.【答案】A

【解析】（1）输送气体灭火剂的管道应采用无缝钢管。

（2）输送气体灭火剂的管道安装在腐蚀性较大的环境里，宜采用不锈钢管。

（3）输送启动气体的管道，宜采用铜管。

（4）管道的连接，当公称直径小于或等于 80mm 时，宜采用螺纹连接；大于 80mm，宜采用法兰连接。使用在腐蚀性较大的环境里，应采用不锈钢的管道附件。

36.【答案】C

【解析】水溶性可燃液体对一般灭火泡沫有破坏作用，应采用抗溶性泡沫灭火剂。

低倍数泡沫灭火系统适用于炼油厂、油库、为铁路油槽车装卸油的鹤管栈桥、机场等。

不宜用低倍数泡沫灭火系统扑灭流动着的可燃液体或气体火灾。此外，也不宜与水枪和喷雾系统同时使用。

低倍数泡沫液有普通蛋白、氟蛋白、水成膜、成膜氟蛋白及抗溶性泡沫液等类型。

37.【答案】D

【解析】（2）消防管道如需进行探伤，按"工业管道工程"相关项目编码列项。

（3）消防管道上的阀门、管道及设备支架、套管制作安装，按"给水排水、供暖、燃气工程"相关项目编码列项。

（4）管道及设备除锈、刷油、保温除注明者外，按"刷油、防腐蚀、绝热工程"相关项目编码列项。

38.【答案】A

【解析】（1）自动报警系统调试按"系统"计算。

（2）水灭火控制装置调试按控制装置的"点"数计算。

（3）防火控制装置调试按设计图示数量以"个"或"部"计算。

（4）气体灭火系统装置调试按调试、检验和验收所消耗的试验容器总数，以"点"计算。

39.【答案】B

【解析】（8）电机控制和保护设备安装应符合下列要求：

1）电机控制及保护设备一般设置在电动机附近。

2）每台电动机均应安装控制和保护设备。

3）装设过流和短路保护装置（或需装设断相和保护装置），保护整定值一般为：

采用热元件时，按电动机额定电流的 1.1~1.25 倍；

采用熔丝时，按电机额定电流的 1.5~2.5 倍。

40.【答案】C

【解析】低压电器指电压在 1000V 以下的各种控制设备、继电器及保护设备等。

低压配电电器有熔断器、转换开关和自动开关等。

低压控制电器有接触器、控制继电器、启动器、控制器、主令电器、电阻器、变阻器和电磁跌等，主要用于电力拖动和自动控制系统中。

二、多项选择题（共 20 题，每题 1.5 分，每题的备选项中，有 2 个或 2 个以上符合题意，至少有 1 个错项。错选，本题不得分；少选，所选的每个选项得 0.5 分）

41.【答案】BD

【解析】保温用的多为无机绝热材料，保冷用的多为有机绝热材料。使用温度 700℃以上的高温用绝热材料，纤维质的有硅酸铝纤维和硅纤维；多孔质的有硅藻土、蛭石加石棉和耐热胶粘剂等制品。

中温用绝热材料，使用温度在 100~700℃之间。中温用纤维质材料有石棉、矿渣棉和玻璃纤维等；多孔质材料有硅酸钙、膨胀珍珠岩、蛭石和泡沫混凝土等。

42.【答案】AD

【解析】（1）铸石具有极优良的耐磨性、耐化学腐蚀性、绝缘性及较高的抗压性能。但脆性大、承受冲击荷载的能力低。在要求耐蚀、耐磨或高温条件下，当不受冲击震动时，铸石是钢铁的理想代用材料。

（2）石墨具有高度的化学稳定性，极高的导热性能。石墨在高温下有高的机械强度。当温度增加时，石墨的强度随之提高。石墨在中性介质中有很好的热稳定性，在急剧改变温度的条件下，不会炸裂破坏，常用来制造传热设备。石墨具有良好的化学稳定性。

除了强氧化性的酸（如硝酸、铬酸、发烟硫酸和卤素）之外，在所有的化学介质中都很稳定，甚至在熔融的碱中也很稳定。

43.【答案】 ABD

【解析】 呋喃树脂漆具有优良的耐酸性、耐碱性及耐温性，原料来源广泛，价格较低。不宜直接涂覆在金属或混凝土表面上，必须用其他涂料作为底漆，如环氧树脂底漆、生漆和酚醛树脂清漆。呋喃树脂漆耐有机溶剂性、耐水性、耐油性，但不耐强氧化性介质（硝酸、铬酸、浓硫酸等）的腐蚀。性脆，与金属附着力差，干后会收缩等缺点。

过氯乙烯漆与金属表面附着力不强，特别是光滑表面和有色金属表面更为突出。在漆膜没有充分干燥下往往会有漆膜揭皮现象。作为面漆使用。

44.【答案】 BD

【解析】 解析见上题。

平焊法兰。又称搭焊法兰。只适用于压力等级比较低，压力波动、振动及震荡均不严重的管道系统中。

对焊法兰又称高颈法兰。对焊法兰主要用于工况比较苛刻的场合，如管道热膨胀或其他载荷而使法兰处受的应力较大，或应力变化反复的场合；压力、温度大幅度波动的管道和高温、高压及零下低温的管道。

松套法兰俗称活套法兰，多用于铜、铝等有色金属及不锈钢管道上。大口径上易于安装。适用于管道需要频繁拆卸以供清洗和检查的地方。法兰附属元件与管子材料一致，法兰材料可与管子材料不同。比较适合于输送腐蚀性介质的管道。一般仅适用于低压管道的连接。

螺纹法兰。安装、维修方便，可在一些现场不允许焊接的场合使用。但在温度高于260℃和低于-45℃的条件下会发生泄漏。

45.【答案】 CD

【解析】 铜（铝）芯聚氯乙烯绝缘聚氯乙烯护套电力电缆。价格便宜，物理机械性能较好，挤出工艺简单，但绝缘性能一般。大量用来制造1kV及以下的低压电力电缆，供低压配电系统使用。该电缆长期工作温度不超过70℃，电缆导体的最高温度不超过160℃，短路最长持续时间不超过5s，施工敷设最低温度不得低于0℃，最小弯曲半径不小于电缆直径的10倍。

46.【答案】 ABD

【解析】（2）钎焊的优点

1）对母材没有明显的不利影响；

2）引起的应力和变形小，容易保证焊件的尺寸精度；

3）有对焊件整体加热的可能性，可用于结构复杂、开敞性差的焊件，并可一次完成多缝多零件的连接；

4）容易实现异种金属、金属与非金属的连接；

5）对热源要求较低，工艺过程简单。

（3）钎焊的缺点：

1）钎焊接头的强度一般比较低、耐热能力差；

2）多采用搭接接头形式，增加了母材消耗和结构重量。

47.【答案】BD

【解析】涂刷法。油性调和漆、酚醛漆、油性红丹漆可采用涂刷法。硝基漆、过氯乙烯不宜使用涂刷法。

48.【答案】ACD

【解析】汽车起重机具有汽车的行驶通过性能，机动性强，行驶速度高，可以快速转移，特别适应于流动性大、不固定的作业场所。吊装时，靠支腿将起重机支撑在地面上。不可在360°范围内进行吊装作业，对基础要求也较高。

轮胎起重机行驶速度低于汽车式，高于履带式；可吊重慢速行驶；稳定性能较好，车身短，转弯半径小，可以全回转作业，适宜于作业地点相对固定而作业量较大的场合。

履带起重机是自行式、全回转的一种起重机械。一般大吨位起重机较多采用履带起重机。其对基础的要求也相对较低，在一般平整坚实的场地上可以荷载行驶作业。但其行走速度较慢。适用于没有道路的工地、野外等场所。除作起重作业外，在臂架上还可装打桩、抓斗、拉铲等工作装置，一机多用。

49.【答案】ACD

【解析】（1）蒸汽吹扫前，管道系统的绝热工程应已完成。

（2）蒸汽吹扫流速不应小于30m/s。

（3）蒸汽吹扫前，应先进行暖管，并及时疏水。

（4）蒸汽吹扫应按加热、冷却、再加热的顺序循环进行。吹扫时宜采取每次吹扫一根，轮流吹扫的方法。

50.【答案】ACD

【解析】工程量计算除依据《通用安装工程工程量计算规范》GB 50856各项规定外，编制依据还包括：

1）国家或省级、行业建设主管部门颁发的现行计价依据和办法；

2）经审定通过的施工设计图纸及其说明、施工组织设计或施工方案、其他有关技术经济文件；

3）与建设工程有关的标准和规范；

4）经审定通过的其他有关技术经济文件，包括招标文件、施工现场情况、地勘水文资料、工程特点及常规施工方案等。

51.【答案】BCD

【解析】《通用安装工程工程量计算规范》GB 50856各附录基本安装高度为：附录A机械设备安装工程10m，附录D电气设备安装工程5m，附录E智能化工程5m，附录G通风空调工程6m，附录J消防工程5m，附录K给水排水、供暖、燃气工程3.6m，附录M刷油、防腐、绝热工程6m。

52.【答案】AC

【解析】安装工业管道与市政工程管网工程的界定：给水管道以厂区入口水表井为界；排水管道以厂区围墙外第一个污水井为界；热力和燃气以厂区入口第一个计量表（阀门）为界。

安装给水排水、供暖、燃气工程与市政工程管网工程的界定：室外给水排水、供暖、燃气管道以市政管道碰头井为界；厂区、住宅小区的庭院喷灌及喷泉水设备安装按安装中的相应项目执行；公共庭院喷灌及喷泉水设备安装按市政管网中的相应项目执行。

53.【答案】BCD

【解析】导向轮属于曳引系统。

电梯的引导系统，包括轿厢引导系统和对重引导系统。这两种系统均由导轨、导轨架和导靴三种机件组成。

54.【答案】ACD

【解析】离心泵、轴流泵、混流泵、旋涡泵属于动力式泵（又称叶片式泵)。

轴流泵。输送的液体沿泵轴方向流动。适用于低扬程大流量送水。

混流泵是介于离心泵和轴流泵之间的一种泵。混流泵的比转数高于离心泵、低于轴流泵；流量比轴流泵小、比离心泵大；扬程比轴流泵高、比离心泵低。

旋涡泵是一种小流量、高扬程的泵，单级扬程可高达 $250mH_2O$。

55.【答案】ABC

【解析】（1）燃烧前燃料脱硫。可以通过洗选法、化学浸出法、微波法、细菌脱硫，还可以将煤进行气化或者液化。

（2）烟气脱硫。

1）干法脱硫。主要是利用固体吸收剂（一般是石灰石）去除烟气中的 SO_2。干法脱硫的最大优点是治理中无废水、废酸的排放，减少了二次污染。缺点是脱硫效率低，设备庞大。

2）湿法烟气脱硫。是采用液体吸收剂去除烟气中的 SO_2，系统所用设备简单，操作容易，脱硫效率高；但脱硫后烟气温度较低，且设备的腐蚀较干法严重。

56.【答案】AB

【解析】当发生火灾时，消防车的水泵可通过该接合器接口与建筑物内的消防设备相连接，并加压送水。

水泵接合器处应设置永久性标志铭牌，并应标明供水系统、供水范围和额定压力。

消防水泵结合器设置原则为：

消防给水为竖向分区供水时，在消防车供水压力范围内的分区，应分别设置水泵接合器；

水泵接合器应设在室外便于消防车使用的地点，且距室外消火栓或消防水池的距离不宜小于 15m，并不宜大于 40m。

57.【答案】BD

【解析】下列场所的室内消火栓给水系统应设置消防水泵接合器：

1）高层民用建筑；

2）设有消防给水的住宅、超过五层的其他多层民用建筑；

3）超过 2 层或建筑面积大于 $10000m^2$ 的地下或半地下建筑、室内消火栓设计流量大于 10L/s 平战结合的人防工程；

4）高层工业建筑和超过四层的多层工业建筑；

5）城市交通隧道。

58.【答案】AC

【解析】适用范围：该系统能够扑灭 A 类固体火灾，闪点大于 60℃ 的 B 类火灾和 C 类电气火灾。

水喷雾灭火系统主要用于保护火灾危险性大，火灾扑救难度大的专用设备或设施。

用途：由于水喷雾具有的冷却、窒息、乳化、稀释作用，可用于灭火，还可用于控制火势及防护冷却等方面。

水喷雾灭火系统要求的水压较自动喷水系统高，水量也较大，因此在使用中受到一定的限制。这种系统一般适用于工业领域中的石化、交通和电力部门。我国用于高层建筑内的柴油机发电机房、燃油锅炉房等地方。

59.【答案】AD

【解析】热致发光电光源（如白炽灯、卤钨灯等）；气体放电发光电光源（如荧光灯、汞灯、钠灯、金属卤化物灯等）；固体发光电光源（如 LED 和场致发光器件等）。

60.【答案】ABD

【解析】（1）外镇流式高压水银灯，优点是省电、耐震、寿命长、发光强；缺点是起动慢，需 4～8min；当电压突然跌落 5% 时会熄灯，再次点燃时间约 5～10min；显色性差，功率因数低。

（2）自镇流高压汞灯，优点是发光效率高、省电、附件少，功率因数接近于 1。缺点是寿命短，只有大约 1000h。由于自镇流高压汞灯的光色好、显色性好、经济实用，故可以用于施工现场照明或工业厂房整体照明。

选做部分

共 40 题，分为两个专业组，考生可在两个专业组的 40 个试题中任选 20 题作答，按所答的前 20 题计分，每题 1.5 分。试题由单选和多选组成。错选，本题不得分；少选，所选的每个选项得 0.5 分。

一、（61～80 题）管道和设备工程

61.【答案】B

【解析】硬聚氯乙烯给水管（UPVC）：适用于温度不大于 45℃、系统工作压力不大于 0.6MPa 的生活给水系统。高层建筑的加压泵房内不宜采用 UPVC 给水管；水箱进出水管、排污管、自水箱至阀门间的管道不得采用塑料管。

聚丙烯给水管（PP）：适用于工作温度不大于 70℃、系统工作压力不大于 0.6MPa 的给水系统。特点是不锈蚀，可承受高浓度的酸和碱的腐蚀；耐磨损、不结垢，流动阻力小；可显著减少振动和噪声；防冻裂；可减少结露现象并减少热损失；重量轻、安装简单；使用寿命长，在规定使用条件下可使用 50 年。

聚乙烯管适应于压力较低的场所，不能做热水管。

聚丁烯管用于压力管道时耐高温性能突出（-30～100℃），适用于输送热水，寿命 50～100 年。

62.【答案】AC

【解析】环状管网和枝状管网应有 2 条或 2 条以上引入管，或采用贮水池或增设第二水源。

每条引入管上应装设阀门和水表、止回阀。

当生活和消防共用给水系统，且只有一条引入管时，应绕水表旁设旁通管，旁通管上设阀门。

63.【答案】D

【解析】给水管道防腐→安装→水压试验→防冻、防结露→冲洗、消毒→交付使用。

64.【答案】D

【解析】① 土壤源热泵。

a. 水平式地源热泵。适合于制冷供暖面积较小的建筑物，如别墅和小型单体楼。

b. 垂直式地源热泵。适合于制冷供暖面积较大的建筑物，周围有一定空地，如别墅和写字楼等。

② 地表水式地源热泵。适合于中小制冷供暖面积，临近水边的建筑物。

③ 地下水式地源热泵。适合建筑面积大，周围空地面积有限的大型单体建筑和小型建筑群落。

65.【答案】C

【解析】1）枝状管网。热水管网最普遍采用的形式。布置简单，基建投资少，运行管理方便。

2）环状管网。环状管网投资大，运行管理复杂，管网要有较高的自动控制措施。

3）辐射管网。管网控制方便，可实现分片供热，但投资和材料耗量大，比较适用于面积较小、厂房密集的小型工厂。

66.【答案】A

【解析】1）双管上供下回式。特点是最常用的双管系统做法，适用于多层建筑供暖；排气方便；室温可调节；易产生垂直失调。

2）双管下供下回式。特点是缓和了上供下回式系统的垂直失调现象；安装供回水干管需设置地沟；室内无供水干管，顶层房间美观；排气不便。

3）双管中供式。特点是可解决一般供水干管挡窗问题；解决垂直失调比上供下回有利；对楼层、扩建有利；排气不利。

4）单—双管式。能缓解单管式系统的垂直失调现象；各组散热器可单独调节；适用于高层建筑采暖系统。

5）水平串联单管式。构造简单，经济性最好；环路少，压力易平衡，水力稳定性好；常因水平串管伸缩补偿不佳而产生漏水现象。

67.【答案】D

【解析】加压防烟造价高，是一种有效的防烟措施，目前主要用于高层建筑的垂直疏散通道和避难层（间）。垂直通道主要指防烟楼梯间和消防电梯，以及与之相连的前室和合用前室。所谓前室是指与楼梯间或电梯入口相连的小室，合用前室指既是楼梯间又是电梯间的前室。上述这些通道只要不具备自然排烟，或即使具备自然排烟条件但它们在建筑高度过高或重要的建筑中，都必须采用加压送风防烟。

68.【答案】A

【解析】气力输送系统可分为吸送式、压送式、混合式和循环式四类，常用的为前两类。

负压吸送式输送的优点在于能有效的收集物料，多用于集中式输送，即多点向一点输送，输送距离受到一定限制。

压送式输送系统的输送距离较长，适于分散输送，即一点向多点输送。

混合式气力输送系统吸料方便，输送距离长；可多点吸料，并压送至若干卸料点；缺点是结构复杂，风机的工作条件较差。

循环式系统一般用于较贵重气体输送特殊物料。

69.【答案】A

【解析】喷水室能够实现对空气加湿、减湿、加热、冷却多种处理过程，并具有一定的空气净化能力。

表面式换热器可以实现对空气减湿、加热、冷却多种处理过程。与喷水室相比，表面式换热器具有构造简单，占地少，对水的清洁度要求不高，水侧阻力小等优点。

70.【答案】C

【解析】（2）中效过滤器。去除 $1.0\mu m$ 以上的灰尘粒子，在净化空调系统和局部净化设备中做为中间过滤器。滤料一般是无纺布。

（3）高中效过滤器。去除 $1.0\mu m$ 以上的灰尘粒子，可做净化空调系统的中间过滤器和一般送风系统的末端过滤器。其滤料为无纺布或丙纶滤布。

（4）亚高效过滤器。去除 $0.5\mu m$ 以上的灰尘粒子，可做净化空调系统的中间过滤器和低级别净化空调系统的末端过滤器。其滤料为超细玻璃纤维滤纸和丙纶纤维滤纸。

（5）高效过滤器（HEPA）和超低透过率过滤器（ULPA）。高效过滤器（HEPA）是净化空调系统的终端过滤设备和净化设备的核心。而超低透过率过滤器（ULPA）是 $0.1\mu m$ 10 级或更高级别净化空调系统的末端过滤器。HEPA 和 ULPA 的滤材都是超细玻璃纤维滤纸。

71.【答案】ACD

【解析】圆形风管无法兰连接：其连接形式有承插连接、芯管连接及抱箍连接。

矩形风管无法兰连接：其连接形式有插条连接、立咬口连接及薄钢材法兰弹簧夹连接。

72.【答案】C

【解析】直接埋地敷设要求在补偿器和自然转弯处应设不通行地沟，沟的两端宜设置导向支架，保证其自由位移。在阀门等易损部件处，应设置检查井。

73.【答案】D

【解析】（1）热力管道应设有坡度，汽、水同向流动的蒸汽管道坡度一般为 3‰，汽、水逆向流动时坡度不得小于 5‰。热水管道应有不小于 2‰的坡度，坡向放水装置。

（2）蒸汽支管应从主管上方或侧面接出，热水管应从主管下部或侧面接出。

（3）水平管道变径时应采用偏心异径管连接，当输送介质为蒸汽时，取管底平以利排水；输送介质为热水时，取管顶平，以利排气。

（4）蒸汽管道一般敷设在其前进方向的右侧，凝结水管道敷设在左侧。热水管道敷设在右侧，而回水管道敷设在左侧。

（6）直接埋地热力管道穿越铁路、公路时交角不小于45°，管顶距铁路轨面不小于1.2m，距道路路面不小于0.7m，并应加设套管，套管伸出铁路路基和道路边缘不应小于1m。

（7）减压阀应垂直安装在水平管道上。减压阀组一般设在离地面1.2m处，如设在离地面3m左右处时，应设置永久性操作平台。

74.【答案】AD

【解析】（1）压缩空气管道一般选用低压流体输送用焊接钢管、镀锌钢管及无缝钢管。公称通径小于50mm，采用螺纹连接，以白漆麻丝或聚四氟乙烯生料带作填料；公称通径大于50mm，宜采用焊接方式连接。

（2）管路弯头应尽量采用煨弯，其弯曲半径一般为4D，不应小于3D。

（3）从总管或干管上引出支管时，必须从总管或干管的顶部引出，接至离地面1.2~1.5m处，并装一个分气筒，分气筒上装有软管接头。

（5）压缩空气管道安装完毕后，应进行强度和严密性试验，试验介质一般为水。

（6）强度及严密性试验合格后进行气密性试验，试验介质为压缩空气或无油压缩空气。气密性试验压力为1.05P。

75.【答案】AD

【解析】 解析见上题。

76.【答案】ABD

【解析】 铝及铝合金管切割可用手工锯条、机械（锯床、车床等）及砂轮机，不得使用火焰切割；坡口宜采用机械加工，不得使用氧-乙炔等火焰。

77.【答案】C

【解析】1）泡罩塔的优点是不易发生漏液现象，有较好的操作弹性；塔板不易堵塞，对于各种物料的适应性强。缺点是塔板结构复杂，金属耗量大，造价高；故生产能力不大。

2）筛板塔的突出优点是结构简单，金属耗量小，造价低廉；生产能力及板效率较泡罩塔高。主要缺点是操作弹性范围较窄，小孔筛板易堵塞。

3）浮阀塔。浮阀塔是国内许多工厂进行蒸馏操作时最乐于采用的一种塔型。浮阀塔具有下列优点：生产能力大，操作弹性大，塔板效率高，气体压降及液面落差较小，塔造价较低。

4）喷射型塔

①舌形塔板开孔率较大，生产能力比泡罩、筛板等塔型都大，且操作灵敏、压降小。舌型塔板对负荷波动的适应能力较差。在液体流量很大时，气相夹带的现象更严重，将使板效率明显下降。

②浮动喷射塔的优点是生产能力大，操作弹性大，压降小，持液量小。缺点是操作波动较大时液体入口处泄漏较多；液量小时，板上易"干吹"；液量大时，板上液体出现水浪式的脉动，使板效率降低。此外塔板结构复杂，浮板也易磨损及脱落。

78.【答案】D

【解析】填料塔结构简单，具有阻力小和便于用耐腐材料制造等优点，尤其对于直径较小的塔、处理有腐蚀性的物料或减压蒸馏系统，都表现出明显的优越性。另外，对于某些液气比较大的蒸馏或吸收操作，若采用板式塔，则降液管将占用过多的塔截面积，此时也宜采用填料塔。

其余解析见上题。

79.【答案】A

【解析】分片组装法适用于任意大小球罐的安装。

环带组装法一般适用于中、小球罐的安装。

拼半球组装法仅适用于中、小型球罐的安装。

分带分片混合组装法适用于中、小型球罐的安装。

施工中较常用的是分片组装法和环带组装方法。

80.【答案】ACD

【解析】球罐焊后热处理的主要目的：一方面是释放残余应力，改善焊缝塑性和韧性；更重要的是为了消除焊缝中的氢根，改善焊接部位的力学性能。遇有下列情况的焊缝，均应在焊后立即进行焊后热消氢处理：1）厚度大于 32mm 的高强度钢；2）厚度大于 38mm 的其他低合金钢；3）锻制凸缘与球壳板的对接焊缝。

目前我国对壁厚大于 34mm 的各种材质的球罐都采用整体热处理。

二、(81~100 题) 电气和自动化控制工程

81.【答案】BCD

【解析】高压隔离开关。主要功能是隔离高压电源，以保证其他设备和线路的安全检修。其结构特点是断开后有明显可见的断开间隙，而且断开间隙的绝缘及相间绝缘是足够可靠的。高压隔离开关没有专门的灭弧装置，不允许带负荷操作。它可用来通断一定的小电流，如励磁电流不超过 2A 的空载变压器、电容电流不超过 5A 的空载线路以及电压互感器和避雷器等。

高压负荷开关与隔离开关一样，具有明显可见的断开间隙。不同的是，高压负荷开关具有简单的灭弧装置，能通断一定的负荷电流和过负荷电流，但不能断开短路电流。高压负荷开关适用于无油化、不检修、要求频繁操作的场所。

82.【答案】AB

【解析】（1）RN 系列高压熔断器。主要用于 3~35kV 电力系统短路保护和过载保护，其中 RN1 型用于电力变压器和电力线路短路保护，RN2 型用于电压互感器的短路保护。

（2）RW 系列高压跌落式熔断器。作为配电变压器或电力线路的短路保护和过负荷保护。

83.【答案】C

【解析】变压器室外安装安装时，变压器、电压互感器、电流互感器、避雷器、隔离开关、断路器一般都装在室外。只有测量系统及保护系统开关柜、盘、屏等安装在室内。

84.【答案】C

【解析】（2）柱上安装。变压器容量一般都在 320kV·A 以下。变压器安装高度为离

地面 2.5m 以上，台架采用槽钢制作，变压器外壳、中性点和避雷器三者合用一组接地引下线接地装置。接地极根数每组一般 2~3 根。要求变压器台及所有金属构件均做防腐处理。

85.【答案】 CD

【解析】 第一类防雷建筑物。制造、使用或贮存炸药、火药、起爆药、军工用品等大量爆炸物质的建筑物。

第二类防雷建筑物。国家级重点文物保护的建筑物、国家级办公建筑物、大型展览和博览建筑物、大型火车站、国宾馆、国家级档案馆、大型城市的重要给水水泵房等特别重要的建筑物及对国民经济有重要意义且装有大量电子设备的建筑物等。

第三类防雷建筑物。省级重点文物保护的建筑物及省级档案馆、预计雷击次数较大的工业建筑物、住宅、办公楼等一般性民用建筑物。

86.【答案】 ABC

【解析】（1）在烟囱上安装。根据烟囱的不同高度，一般安装 1~3 根避雷针，要求在引下线离地面 1.8m 处加断接卡子，并用角钢加以保护，避雷针应热镀锌。

（4）避雷针（带）与引下线之间的连接应采用焊接或热剂焊（放热焊接）。

（5）避雷针（带）的引下线及接地装置使用的紧固件均应使用镀锌制品。当采用没有镀锌的地脚螺栓时应采取防腐措施。

（6）装有避雷针的金属筒体，当其厚度不小于 4mm 时，可作避雷针的引下线。筒体底部应至少有 2 处与接地体对称连接。

（8）避雷针（网、带）及其接地装置应采取自下而上的施工程序。首先安装集中接地装置，后安装引下线，最后安装接闪器。

87.【答案】 D

【解析】 电势的大小取决于测量端与自由端的温差。当自由端距热源较近时受热源温度影响较大，会给测量带来误差，因此通常需采用补偿导线和热电偶连接。

88.【答案】 D

【解析】 AD590 双端温度传感器。AD590 的后缀以 I、J、K、L、M 表示。AD590L、AD590M 一般用于精密测温，其匹配性能好。

89.【答案】 ABC

【解析】 积分调节（I）。积分调节是当被调参数与给定值发生偏差时，调节器输出使调节机构动作，一直到被调参数与给定值之间偏差消失为止。积分调节多用于压力、流量和液位的调节上，而不能用在温度上。

90.【答案】 B

【解析】（1）涡轮式流量计应水平安装，流体的流动方向必须与流量计所示的流向标志一致。

（2）涡轮式流量计应安装在直管段，流量计的前端应有长度为 10D（D 为管径）的直管，流量计的后端应有长度为 5D 的直管段。

（3）如传感器前后的管道中安装有阀门和弯头等影响流量平稳的设备，则直管段的长度还需相应增加。

（4）涡轮式流量变送器应安装在便于维修并避免管道振动的场所。

91.【答案】D

【解析】电动调节阀和工艺管道同时安装，管道防腐和试压前进行。

（1）应垂直安装于水平管道上，尤其对大口径电动阀不能有倾斜。

（2）阀体上的水流方向应与实际水流方向一致。一般安装在回水管上。

（3）阀旁应装有旁通阀和旁通管路。

92.【答案】B

【解析】网卡是主机和网络的接口，用于提供与网络之间的物理连接。

有线网卡的选择：工作站的网卡基本上统一采用 10/100Mbps 的 RJ-45 接口快速以太网网卡。一般的中小型企业局域网采用相对廉价的 RJ-45 双绞线接口千兆位网卡；如果网络规模较大，或者网络应用较复杂，则可采用光纤接口的千兆位网卡。服务器集成的网卡通常都是兼容性的 10/100/1000Mbps 双绞线以太网网卡。

93.【答案】B

【解析】根据交换机工作时所对应的 OSI 模型的层次可以分为二层交换机、三层交换机、四层交换机和七层交换机。目前主要应用的还是二层和三层两种。在大中型网络中，核心和骨干层交换机都要采用三层交换机，

94.【答案】AB

【解析】卫星电视接收系统由接收天线、高频头和卫星接收机三大部分组成。接收天线与高频头，通常放置在室外，称为室外单元设备。卫星接收机与电视机相接，称为室内单元设备。

95.【答案】B

【解析】卫星电视接收系统由接收天线、高频头和卫星接收机三大部分组成。

（1）高频头。作用是将卫星天线收到的微弱信号进行放大，并且变频到后放大输出。

（2）功分器。作用是把经过线性放大器放大后的第一中频信号均等地分成若干路，以供多台卫星接收机接收多套电视节目，实现一个卫星天线能够同时接收几个电视节目或供多个用户使用。

（3）调制器。功能是把信号源所提供的视频信号和音频信号调制成稳定的高频射频振荡信号。

（4）混合器。是将两套以上的不同频率的射频信号混合在一起形成一路宽带的射频信号多频道节目输出的器件。

96.【答案】B

【解析】闭路监控系统中，当传输距离较近时采用信号直接传输，当传输距离较远采用射频、微波或光纤传输，现越来越多采用计算机局域网实现闭路监控信号的远程传输。

（1）基带传输。控制信号直接传输常用多芯控制电缆对云台、摄像机进行多线制控制，也有通过双绞线采用编码方式进行控制的。

（2）射频传输常用在同时传输多路图像信号而布线相对容易的场所。

（3）微波传输常用在布线困难的场所。

（4）光纤传输的高质量、大容量、强抗干扰性、安全性是其他传输方式不可比拟的。

（5）互联网传输。将图像信号与控制信号作为一个数据包传输。

97.【答案】B

【解析】门禁系统一般由管理中心设备（控制软件、主控模块、协议转换器等）和前端设备（含门禁读卡模块、进/出门读卡器、电控锁、门磁开关及出门按钮）两大部分组成。

门禁控制系统是一种典型的集散型控制系统。系统网络由两部分组成：监视、控制的现场网络和信息管理、交换的上层网络。监视、控制的现场网络是一种低速、实时数据输网络，实现分散的控制设备、数据采集设备之间的通信连接。信息管理、交换的上层网络由各相关的智能卡门禁工作站和服务器组成，完成各系统数据的高速交换和存储。

98.【答案】BC

【解析】根据通信线路和接续设备的分离，建筑群配线架（CD）、建筑物配线架（BD）和建筑物的网络设备属于设备间子系统，楼层配线架（FD）和建筑物楼层网络设备属于管理子系统。信息插座与终端设备之间的连线或信息插座通过适配器与终端设备之间的连线属于工作区子系统。

99.【答案】A

【解析】水平电缆最大长度为90m，这是楼层配线架到信息插座之间的电缆长度。另有10m分配给工作区电缆、设备电缆、光缆和楼层配线架上的接插软线或跳线。其中，接插软线或跳线的长度不应超过5m。

在楼层配线架与信息插座之间设置转接点，最多转接一次。

水平系统布线并非一定是水平的布线。配线架到最远的信息插座距离要小于100m。

100.【答案】CD

【解析】垂直干线子系统由设备间到楼层配线间配线架间的连接线缆（光缆）组成。垂直干线子系统并非一定是垂直的布线。垂直干线子系统中信息的交接最多2次。垂直干线子系统布线走向应选择干线线缆最短、最安全和最经济的路由。

综合布线干线子系统布线的最大距离为：建筑群配线架到楼层配线架间的距离不应超过2000m，建筑物配线架到楼层配线架的距离不应超过500m。

模拟题三答案与解析①

一、单项选择题（共 40 题，每题 1 分。每题的备选项中，只有 1 个最符合题意）

1.【答案】 A

【解析】（1）耐热保温材料

1）硅藻土耐火隔热保温材料。目前应用最多、最广。硅藻土砖、板、管具有气孔率高、耐高温及保温性能好、密度小等特点，广泛用于各种热体表面及各种高温窑炉、锅炉、炉墙中层的保温绝热部位。硅藻土管广泛用于各种高温管道及其他高温设备的保温绝热部位。

2）硅酸铝耐火纤维。形似棉花，密度小、耐高温、热稳定性好、热导率低、比热容小、抗机械振动好、体胀系数小和优良的隔热性能。用于锅炉、加热炉和导管等的耐火隔热材料。

3）微孔硅酸钙保温材料。是用硅藻土、石灰、石棉和水玻璃等混合材料压制而成。其表观密度小、强度高、传热系数低，且不燃烧、不腐蚀、无毒和无味，可用于高温设备、热力管道的保温隔热工程。

2.【答案】 B

【解析】 合成树脂分子结构分为直线型、支链型和体型（或称为网状型）三种。聚苯乙烯属于直线型，低密度聚乙烯属于支链型，常用的热塑性树脂如聚乙烯、聚氯乙烯和聚酰胺。热固性树脂有酚醛树脂、不饱和聚酯树脂、环氧树脂、有机硅树脂，其分子结构是网状结构。

3.【答案】 C

【解析】 1）酚醛树脂俗称电木粉。耐弱酸和弱碱，酚醛树脂最重要的特征是耐高温性，即使在非常高的温度下，也能保持其结构的整体性和尺寸的稳定性；燃烧的情况下所产生的烟量相对较少，毒性也相对较低。适用于公共运输和安全要求非常严格的领域。如矿山工程、防护栏和建筑业。

2）环氧树脂强度较高、韧性较好、尺寸稳定性高和耐久性好并具有优良的绝缘性能；耐热、耐寒。可在 $-80 \sim 155\,℃$ 温度范围内长期工作；化学稳定性很高，成型工艺性能好。环氧树脂是很好的胶粘剂。

3）呋喃树脂。能耐强酸、强碱和有机溶剂腐蚀，并能适用于其中两种介质的结合或交替使用的场合。是现有耐热树脂中耐热性能最好的树脂之一。呋喃树脂具有良好的阻燃性，燃烧时发烟少。其缺点是固化工艺不如环氧树脂和不饱和树脂那样方便。呋喃树脂不耐强氧化性介质。特别适用于农药、人造纤维、染料、纸浆和有机溶剂的回收以及

---

① 各题目解析中使用的序号与本科目教材中相应部分的序号保持一致，方便考生与教材对应。

废水处理系统等工程。

4）不饱和聚酯树脂（UP）。主要特点是工艺性能优良，可在室温下固化成型，因而施工方便，特别适合于大型和现场制造玻璃钢制品。该树脂的力学性能略低于环氧树脂，但优于酚醛树脂和呋喃树脂；耐腐蚀性能优于环氧树脂；但固化时体积收缩率较大。

4.【答案】 D

【解析】 酚醛泡沫产品与聚苯乙烯泡沫、聚氯乙烯泡沫、聚氨酯泡沫等材料相比，在阻燃方面它具有特殊的优良性能。其重量轻，刚性大，尺寸稳定性好，耐化学腐蚀，耐热性好，难燃，自熄，低烟雾，耐火焰穿透，遇火无洒落物，价格低廉，是电器、仪表、建筑、石油化工等行业较为理想的绝缘隔热保温材料，广泛应用于中央空调系统、轻质保温彩钢板、房屋隔热降能保温、化工管道的深低温的保温、车船等场所的保温领域。缺点是脆性大，开孔率高。

5.【答案】 A

【解析】 解析见上题。

6.【答案】 D

【解析】 1）铝塑复合管采用卡套式铜配件连结，主要用于建筑内配水支管和热水器管。

2）钢塑复合管以铜配件丝扣连结，多用作建筑给水冷水管。

3）钢骨架聚乙烯（PE）管。新型双面防腐压力管道。采用法兰或电熔连结方式，主要用于是市政和化工管网。

4）涂塑钢管。不但具有钢管的高强度、易连接、耐水流冲击等优点，还克服了钢管遇水易腐蚀、污染、结垢及塑料管强度不高、消防性能差等缺点，设计寿命可达 50 年。主要缺点是安装时不得进行弯曲、热加工和电焊切割等作业。

5）玻璃钢管（FRP 管）。适用于输送潮湿和酸碱等腐蚀性气体的通风系统，可输送氢氟酸和热浓碱以外的腐蚀性介质和有机溶剂。

7.【答案】 C

【解析】 蝶阀适合安装在大口径管道上。结构简单、体积小、重量轻，由少数几个零件组成，旋转 90° 即可快速启闭，操作简单。流体阻力小，具有良好的流量控制特性。常用的蝶阀有对夹式蝶阀和法兰式蝶阀。

8.【答案】 D

【解析】 止回阀又名单流阀或逆止阀。它有严格的方向性，如用于水泵出口的管路上作为水泵停泵时的保护装置。升降式止回阀只能用在水平管道上；旋启式止回阀在水平或垂直管路上均可应用。

节流阀多用于小口径管路上，如安装压力表所用的阀门常用节流阀。选用特点：阀的外形尺寸小巧，重量轻，该阀主要用于节流。制作精度要求高，密封较好。不适用于黏度大和含有固体悬浮物颗粒的介质。该阀可用于取样，其公称直径小。

安全阀是当管路系统或设备中介质的压力超过规定数值时，便自动开启阀门排汽降压，当介质的压力恢复正常后，安全阀又自动关闭。安全阀一般分为弹簧式和杠杆式两种。选用安全阀的主要参数是排泄量，排泄量决定安全阀的阀座口径和阀瓣开启高度。

减压阀又称调压阀。常用的减压阀有活塞式、波纹管式及薄膜式等几种。减压阀的原理是介质通过阀瓣通道小孔时阻力增大，经节流造成压力损耗从而达到减压目的。减压阀的进、出口一般要伴装有截止阀。选用特点：减压阀只适用于蒸汽、空气和清洁水等清洁介质。

9.【答案】C

【解析】铜（铝）芯交联聚乙烯绝缘电力电缆。电场分布均匀，没有切向应力，耐高温（90℃），与聚氯乙烯绝缘电力电缆截面相等时载流量大，重量轻，接头制作简便，无敷设高差限制，适宜于高层建筑。

橡皮绝缘电力电缆。主要用于经常需要变动敷设位置的场合。

矿物绝缘电缆。适用于工业、民用、国防及其他如高温、腐蚀、核辐射、防爆等恶劣环境中；也适用于工业、民用建筑的消防系统、救生系统等必须确保人身和财产安全的场合。矿物绝缘电缆可在高温下正常运行。

预制分支电缆。分支线预先制造在主干电缆上，具有供电可靠、安装方便、占建筑面积小、故障率低、价格便宜、免维修维护等优点，广泛应用于高中层建筑、住宅楼、商厦、宾馆、医院的电气竖井内垂直供电，也适用于隧道、机场、桥梁、公路等额定电压 0.6/1kV 配电线路中。

穿刺分支电缆。采用 IPC 绝缘穿刺线夹由主干电缆分接，接头完全绝缘，且接头耐用，耐扭曲、防震、防水、防腐蚀老化，安装简便可靠，可以在现场带电安装，不需使用终端箱、分线箱。

10.【答案】B

【解析】1）当母材中碳、硫、磷等元素的含量偏高时，应选用抗裂性能好的低氢型焊条。

2）对承受动载荷和冲击载荷的焊件，可选低氢型焊条。

3）对结构形状复杂、刚性大的厚大焊件，应选用低氢型焊条、超低氢型焊条和高韧性焊条。

4）对受力不大、焊接部位难以清理的焊件，应选用对铁锈、氧化皮、油污不敏感的酸性焊条。

5）考虑生产效率和经济性。在满足要求时，应尽量选用酸性焊条。

6）为了保障焊工的身体健康，尽量采用酸性焊条。

11.【答案】C

【解析】焊后热处理一般选用单一高温回火或正火加高温回火处理。

对于气焊焊口采用正火加高温回火处理。

单一的中温回火只适用于工地拼装的大型普通低碳钢容器的组装焊缝。

绝大多数场合是选用单一的高温回火。

12.【答案】A

【解析】涡流探伤的主要优点是检测速度快，探头与试件可不直接接触，无需耦合剂。主要缺点是只适用于导体，对形状复杂试件难做检查，只能检查薄试件或厚试件的表面、近表面缺陷。

13.【答案】A

【解析】感应加热是因涡流和磁滞作用使钢材发热。具有效率高、省电、升温速度快、调节方便、无剩磁等优点，但设备结构复杂、成本高、维护困难。

辐射加热常用火焰加热法、电阻炉加热法、红外线加热法。红外线加热可适用于各种尺寸、各种形状的焊接接头的热处理，加热效果仅次于感应加热。

14.【答案】B

【解析】（1）阻燃性沥青玛蹄脂贴玻璃布作防潮隔气层时，是在绝热层外面涂抹一层 2~3mm 厚的阻燃性沥青玛蹄脂，接着缠绕一层玻璃布或涂塑窗纱布，然后再涂抹一层 2~3mm 厚阻燃性沥青玛蹄脂形成。此法适用于在硬质预制块做的绝热层或涂抹的绝热层上面使用。

（2）塑料薄膜作防潮隔气层，是在保冷层外表面缠绕聚乙烯或聚氯乙烯薄膜 1~2 层，注意搭接缝宽度应在 100mm 左右，一边缠一边用热沥青玛蹄脂或专用胶粘剂粘结。这种防潮层适用于纤维质绝热层面上。

15.【答案】C

【解析】（1）塑料薄膜或玻璃丝布保护层。适用于纤维制的绝热层上面使用。

（2）石棉石膏或石棉水泥保护层。适用于硬质材料的绝热层上面或要求防火的管道上。

（3）金属薄板保护层。是用镀锌薄钢板、铝合金薄板、铝箔玻璃钢薄板等按防潮层的外径加工成型。

16.【答案】D

【解析】$Q_j = K_1 \cdot K_2 \cdot Q = 1.1 \times 1.2 \times (60+2) = 81.84t$

式中：Q_j 为计算载荷；动载系数 K_1 为 1.1；不均衡载荷系数 K_2 为 1.1~1.2；Q 为设备及索吊具重量。

17.【答案】C

【解析】（1）塔式起重机吊装。起重吊装能力为 3~100t，臂长在 40~80m，常用在使用地点固定、使用周期较长的场合，较经济。

（3）履带起重机吊装。起重能力为 30~2000t，机动灵活，使用方便，使用周期长，较经济。

（7）缆索系统吊装。用在其他吊装方法不便或不经济的场合，重量不大、跨度、高度较大的场合。如桥梁建造、电视塔顶设备吊装。

（8）液压提升。目前多采用"钢绞线悬挂承重、液压提升千斤顶集群、计算机控制同步"方法整体提升（滑移）大型设备与构件。

18.【答案】C

【解析】承受内压的地上钢管道及有色金属管道的液压试验压力应为设计压力的 1.5 倍，埋地钢管道的试验压力应为设计压力的 1.5 倍，并不得低于 0.4MPa；

$$P_T = 1.5P [\sigma]_T / [\sigma]_t$$

当试验温度下，$[\sigma]_T / [\sigma]_t$ 大于 6.5 时，应取 6.5。

承受内压钢管及有色金属管的气压试验压力应为设计压力的 1.15 倍，真空管道的试验压力应为 0.2MPa。

19.【答案】A

【解析】气压试验介质应采用干燥洁净的空气、氮气或惰性气体。

碳素钢和低合金钢制设备，气压试验时气体温度不得低于 15℃。

（1）气压试验时，应缓慢升压至规定试验压力的 10%，且不超过 0.05MPa，保压 5min，对所有焊缝和连接部位进行初次泄漏检查。

（3）达到试验压力，保压时间不少于 30min，然后将压力降至规定试验压力的 87%，对所有焊接接头和连接部位进行全面检查。

表 2.4.1　　　　　　　　设备耐压试验和气密性试验压力（MPa）

设计压力	耐压试验压力		气密性试验压力
	液压试验	气压试验	
$p \leqslant -0.02$	$1.25p$	$1.15p(1.25p)$	p
$-0.02 < p < 0.1$	$1.25p \cdot [\sigma]/[\sigma]_t$ 且不小于 0.1	$1.15p \cdot [\sigma]/[\sigma]_t$ 且不小于 0.07	$p \cdot [\sigma]/[\sigma]_t$
$0.1 < p < 100$	$1.25p \cdot [\sigma]/[\sigma]_t$	$1.15p \cdot [\sigma]/[\sigma]_t$	p

设备的气密性试验主要用于密封性要求高的容器。

对采用气压试验的设备，气密性试验可在气压耐压试验压力降到气密性试验压力后一并进行。设备气密性试验方法及要求：

（1）设备经液压试验合格后方可进行气密性试验。

（2）气密性试验压力为设计压力。

（3）气密性试验达到试验压力后，保压时间不少于 30min，同时对焊缝和连接部位等用检漏液检查，无泄漏为合格。

20.【答案】C

【解析】D.4　控制设备及低压电器安装（030404）

D.8　电缆安装（030408）

D.9　防雷及接地装置（030409）

D.11　配管、配线（030411）

D.12　照明灯具安装（030412）

21.【答案】B

【解析】

表 3.3.1　　　　　　　　专业措施项目一览表

序号	项目名称
1	吊装加固
2	金属抱杆安装、拆除、移位
3	平台铺设、拆除

续表

序号	项目名称
4	顶升、提升装置
5	大型设备专用机具
6	焊接工艺评定
7	胎(模)具制作、安装、拆除
8	防护棚制作、安装、拆除
9	特殊地区施工增加
10	安装与生产同时进行施工增加
11	在有害身体健康环境中施工增加
12	工程系统检测、检验
13	设备、管道施工的安全、防冻和焊接保护
14	焦炉烘炉、热态工程
15	管道安拆后的充气保护
16	隧道内施工的通风、供水、供气、供电、照明及通信设施
17	脚手架搭拆
18	其他措施

表 3.3.2　　　　　　　　　　　　通用措施项目一览表

序号	项目名称
1	安全文明施工(含环境保护、文明施工、安全施工、临时设施)
2	夜间施工增加
3	非夜间施工增加
4	二次搬运
5	冬雨期施工增加
6	已完工程及设备保护
7	高层施工增加

22.【答案】A

【解析】2）水环泵。也叫水环式真空泵，该泵在煤矿（抽瓦斯）、化工、造纸、食品、建材、冶金等行业中得到广泛应用。水环泵也可用作低压的压缩机。

3）罗茨泵。泵内装有两个相反方向同步旋转的叶形转子，转子间、转子与泵壳内壁间有细小间隙。特点是启动快，耗功少，运转维护费用低，抽速大、效率高，对被抽气体中所含的少量水蒸气和灰尘不敏感，有较大抽气速率，能迅速排除突然放出的气体。广泛用于真空冶炼中的冶炼、脱气、轧制，以及化工、食品、医药工业中的真空蒸馏、真空浓缩和真空干燥等方面。

4）扩散泵。是目前获得高真空的最广泛、最主要的工具之一，通常指油扩散泵。扩散泵是一种次级泵，它需要机械泵作为前级泵。扩散泵中的油在加热到沸腾温度后产生大量的油蒸气，油蒸汽经导流管从各级喷嘴定向高速喷出。气体分子经过几次碰撞后，被压缩到低真空端，再由下几级喷嘴喷出的蒸汽进行多级压缩，最后由前级泵抽走，如此循环工作达到抽气目的。

5）电磁泵。在化工、印刷行业中用于输送一些有毒的重金属，如汞、铅等，用于核动力装置中输送作为载热体的液态金属（钠或钾、钠钾合金），也用于铸造生产中输送熔融的有色金属。

23.【答案】B

【解析】1）喷射泵。又称射流真空泵。

2）水环泵。也叫水环式真空泵，该泵在煤矿（抽瓦斯）、化工、造纸、食品、建材、冶金等行业中得到广泛应用。水环泵也可用作低压的压缩机。

4）扩散泵。是目前获得高真空的最广泛、最主要的工具之一，通常指油扩散泵。扩散泵是一种次级泵，它需要机械泵作为前级泵。扩散泵中的油在加热到沸腾温度后产生大量的油蒸气，油蒸汽经导流管从各级喷嘴定向高速喷出。气体分子经过几次碰撞后，被压缩到低真空端，再由下几级喷嘴喷出的蒸汽进行多级压缩，最后由前级泵抽走，如此循环工作达到抽气目的。

6）水锤泵。利用流动中的水被突然制动时所产生的能量，将低水头能转换为高水头能。适合于具有微小水力资源条件的贫困用水地区，以解决山丘地区农村饮水和治旱问题。

24.【答案】C

【解析】

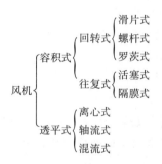

图 4.1.7　通风机的分类

25.【答案】C

【解析】风机运转时，应符合以下要求：

① 风机运转时，均应经一次起动立即停止运转的试验；

② 风机起动后，不得在临界转速附近停留；

③ 风机起动时，润滑油的温度一般不应低于 25℃，运转中轴承的进油温度一般不应高于 40℃；

④ 风机停止转动后，应待轴承回油温度降到小于 45℃后，再停止油泵工作；

⑤ 应在风机起动前开动起动油泵，待主油泵供油正常后才能停止起动油泵；风机停止运转前，应先开动起动油泵，风机停止转动后应待轴承回油温度降到 45℃后再停止起动油泵；

⑥ 风机运转达额定转速后，应将风机调理到最小负荷转至规定的时间；

⑦ 高位油箱的安装高度距轴承中分面即基准面不低于5m；

⑧ 风机的润滑油冷却系统中的冷却水压力必须低于油压。

26.【答案】D

【解析】（1）间断式炉，又称周期式炉。如：室式炉、台车式炉、井式炉等。

（2）连续式炉。如：连续式加热炉和热处理炉、环形炉、步进式炉、振底式炉等。

27.【答案】A

【解析】单段煤气发生炉具有产气量大、气化完全、煤种适应性强、煤气热值高、操作简便、安全性能高的优点。缺点是效率较低，容易堵塞管道。主要应用于输送距离较短，对燃料要求不高的窑炉及工业炉，如热处理炉、锅炉煤气化改造、耐火材料行业。

双段式煤气发生炉气化效率和综合热效率均比单段炉高，不易堵塞管道，两段炉煤气热值高而且稳定，操作弹性大，自动化程度高，劳动强度低。两段炉煤气站煤种适用性广，不污染环境，节水显著，占地面积小，输送距离长，长期运行成本低。

干馏式煤气发生炉更适合于烟煤用户。具有投资小、煤气热值高、施工周期短的特点。

28.【答案】C

【解析】对流管束连接方式有胀接和焊接两种。

胀接完成后，进行水压试验，并检查胀口严密性和确定需补胀的胀口。补胀在放水后进行，补胀不宜多于两次。

水冷壁和对流管束管子，一端为焊接，另一端为胀接时，应先焊后胀。并且管子上全部附件应在水压试验之前焊接完毕。

先焊集箱对接焊口，后焊锅筒焊缝。

焊接→胀接→水压试验→补胀（次数不宜多于两次）。

29.【答案】C

【解析】锅炉水压试验的范围包括有锅筒、联箱、对流管束、水冷壁管、过热器、锅炉本体范围内管道及阀门等；安全阀应单独作水压试验。

30.【答案】B

【解析】工业锅炉最常用干法除尘的是旋风除尘器。旋风除尘器结构简单、处理烟气量大，没有运动部件、造价低、维护管理方便，除尘效率一般可达85%左右，是工业锅炉烟气净化中应用最广泛的除尘设备。

麻石水膜除尘器。耐酸、防腐、耐磨，使用寿命长。除尘效率可以达到98%以上。旋风水膜除尘器。适合处理烟气量大和含尘浓度高的场合。它可以单独采用，也可以安装在文丘里洗涤器之后作为脱水器。

31.【答案】D

【解析】喷水灭火系统可分为：闭式、开式和水幕灭火系统。

闭式喷水灭火系统。分为湿式系统、干式系统、预作用系统、重复启闭预作用喷水灭火系统等。

32.【答案】D

【解析】1）喷头应在系统管道试压、冲洗合格后安装，安装时应使用专用扳手，严禁利用喷头的框架施拧。喷头安装时不得对喷头进行拆装、改动，喷头上不得附加任何装饰性涂层。安装在易受机械损伤处的喷头，应加设防护罩。

2）当喷头的公称通径小于10mm时，应在配水干管或配水管上安装过滤器。

3）当通风管道宽度大于1.2m时，喷头应安装在其腹面以下部位。

33.【答案】A

【解析】高倍泡沫灭火系统一般可设置在固体物资仓库、易燃液体仓库、有贵重仪器设备和物品的建筑、地下建筑工程、有火灾危险的工业厂房等。但不能用于扑救立式油罐内的火灾、未封闭的带电设备及在无空气的环境中仍能迅速氧化的强氧化剂和化学物质的火灾（如硝化纤维、炸药等）。

34.【答案】C

【解析】泡沫喷头按照喷头是否能吸入空气分为吸气型和非吸气型。吸气型可采用蛋白、氟蛋白或水成膜泡沫液。非吸气型只能采用水成膜泡沫液，不能用蛋白和氟蛋白泡沫液。

35.【答案】C

【解析】干粉灭火系统由干粉灭火设备和自动控制两大部分组成。前者由干粉储存容器、驱动气体瓶组、启动气体瓶组、减压阀、管道及喷嘴组成；后者由火灾探测器、信号反馈装置、报警控制器等组成。

36.【答案】B

【解析】② 自耦减压起动控制柜（箱）减压起动。可以对三相笼型异步电动机作不频繁自耦减压起动。对电动机具有过载、断相、短路等保护。

③ 绕线转子异步电动机起动方法。采用在转子电路中串入电阻的方法起动。

④ 软启动器。软启动器可实现电动机平稳启动，平稳停机。改善电动机的保护，简化故障查找。可靠性高、维护量小、电动机保护良好以及参数设置简单等。

37.【答案】B

【解析】时间继电器种类繁多，有电磁式、电动式、空气阻尼式、晶体管式等等。其中电动式时间继电器的延时精确度较高，且延时时间调整范围较大，但价格较高；电磁式时间继电器的结构简单，价格较低，但延时较短，体积和重量较大。

38.【答案】B

【解析】用电流继电器作为电动机保护和控制时，电流继电器线圈的额定电流应大于或等于电动机的额定电流；电流继电器的动作电流，一般为电动机额定电流的2.5倍。安装电流继电器时，需将线圈串联在主电路中，常闭触头串接于控制电路中与解除器联接，起到保护作用。

39.【答案】B

【解析】（1）钢导管不得采用对口熔焊连接；镀锌钢导管或壁厚小于或等于2mm的钢导管，不得采用套管熔焊连接。

（2）金属导管应与保护导体可靠连接，并应符合下列规定：

1）镀锌钢导管、可弯曲金属导管和金属柔性导管不得熔焊连接；

2）当非镀锌钢导管采用螺纹连接时，连接处的两端应熔焊焊接保护联结导体；

3）镀锌钢导管、可弯曲金属导管和金属柔性导管连接处的两端宜采用专用接地卡固定保护联结导体；

5）金属导管与金属梯架、托盘连接时，镀锌材质的连接端宜用专用接地卡固定保护联结导体，非镀锌材质的连接处应熔焊焊接保护联结导体；

6）以专用接地卡固定的保护联结导体应为铜芯软导线，截面积不应小于4mm²；以熔焊焊接的保护联结导体宜为圆钢，直径不应小于6mm，其搭接长度应为圆钢直径的6倍。

40.【答案】C

【解析】（1）刚性导管经柔性导管与电气设备、器具连接时，柔性导管的长度在动力工程中不宜大于0.8m，在照明工程中不宜大于1.2m。

（4）明配的金属、非金属柔性导管固定点间距应均匀，不应大于1m，管卡与设备、器具、弯头中点、管端等边缘的距离应小于0.3m。

（5）可弯曲金属导管和金属柔性导管不应做保护导体的接续导体。

二、多项选择题（共20题，每题1.5分，每题的备选项中，有2个或2个以上符合题意，至少有1个错项。错选，本题不得分；少选，所选的每个选项得0.5分）

41.【答案】AD

【解析】钢中碳的含量对钢的性质有决定性影响，含碳量低，强度较低，但塑性大，延伸率和冲击韧性高，质地较软，易于冷加工、切削和焊接；含碳量高的钢材强度高（当含碳量超过1.00%时，钢材强度开始下降）、塑性小、硬度大、脆性大和不易加工。硫、磷为钢材中有害元素，含量较多就会严重影响钢材的塑性和韧性，磷使钢材显著产生冷脆性，硫则使钢材产生热脆性。硅、锰等为有益元素，能使钢材强度、硬度提高，而塑性、韧性不显著降低。

42.【答案】CD

【解析】① 铁素体型不锈钢。高铬钢有良好的抗高温氧化能力，在硝酸和氮肥工业中广泛使用。高铬铁素体不锈钢缺点是钢的缺口敏感性和脆性转变温度较高，钢在加热后对晶间腐蚀也较为敏感。

② 马氏体型不锈钢。具有较高的强度、硬度和耐磨性。此钢焊接性能不好，一般不用作焊接件。使用温度≤580℃的环境中，通常也可作为受力较大的零件和工具的制作材料。

③ 奥氏体型不锈钢。具有较高的韧性、良好的耐蚀性、高温强度和较好的抗氧化性，以及良好的压力加工和焊接性能。但这类钢屈服强度低，且不能采用热处理方法强化，只能进行冷变形强化。

④ 铁素体-奥氏体型不锈钢。其屈服强度约为奥氏体型不锈钢的两倍，可焊性良好，韧性较高，应力腐蚀、晶间腐蚀及焊接时的热裂倾向均小于奥氏体型不锈钢。

⑤ 沉淀硬化型不锈钢。突出优点是具有高强度，耐蚀性优于铁素体型不锈钢。主要用于制造高强度和耐蚀的容器、结构和零件，也可用作高温零件。

43.【答案】BD

【解析】

答 43 表

涂料类型	耐酸	耐碱	耐强氧化剂	附着力	备注
生漆	√	×	×	强	耐溶剂。漆膜干燥时间较长、毒性较大,地下管道、纯碱系统应用
漆酚树脂漆	○	○	○	○	适用于大型快速施工,广泛用于化肥、氯碱生产、地下防潮防腐
酚醛树脂漆	√	×	×	差	漆膜脆,与金属附着力较差
环氧–酚醛漆	√	√	○	强	热固性涂料
环氧树脂涂料	√	√	○	极好	漆膜好
过氯乙烯漆	√	○	○	差	不耐有机溶剂、不耐光、不耐磨、不耐强烈机械冲击。与金属表面附着力不强,特别是光滑表面和有色金属表面更为突出,有漆膜揭皮现象
沥青漆	○	√	×	○	不耐有机溶剂。埋地使用
呋喃树脂漆	√	√	×	差	耐有机溶剂。不宜直接涂覆在金属或混凝土表面。须底漆(如环氧树脂底漆、生漆和酚醛树脂清漆),漆膜性脆,与金属附着力差
聚氨基甲酸酯漆	○	○	○	好	新型漆。良好的耐蚀、耐油、耐磨。漆膜韧性和电绝缘性均好
无机富锌漆	○	○	○	○	船漆。需涂面漆(如环氧–酚醛漆、环氧树脂漆、过氯乙烯漆等)。面漆不少于 2 层)
氟–46 涂料	√	√	√	好	特别适用于桥梁
说明:√表示可以耐此类腐蚀,×表示不耐,○表示不做出判断					

44.【答案】CD

【解析】 球形补偿器主要依靠球体的角位移来吸收或补偿管道一个或多个方向上横向位移,该补偿器应成对使用,单台使用没有补偿能力,但它可作管道万向接头使用。

球形补偿器具有补偿能力大,流体阻力和变形应力小,且对固定支座的作用力小等特点。球形补偿器用于热力管道中,补偿热膨胀,其补偿能力为一般补偿器的 5~10 倍;用于冶金设备的汽化冷却系统中,可作万向接头用;用于建筑物的各种管道中,可防止因地基产生不均匀下沉或振动等意外原因对管道产生的破坏。

45.【答案】BD

【解析】屏蔽双绞线电缆的外层可减小辐射,但并不能完全消除辐射。屏蔽双绞线价格相对较高,安装时要比非屏蔽双绞线电缆困难。必须配有支持屏蔽功能的特殊连接器和相应的安装技术。传输速率在 100m 内可达到 155Mbps。

计算机网络中常使用的是第三类和第五类以及超五类以及目前的六类非屏蔽双绞线电缆。第三类双绞线适用于大部分计算机局域网络。

46.【答案】BC

【解析】氧-丙烷火焰切割属于气割。能气割的金属：纯铁、低碳钢、中碳钢、低合金钢以及钛。

铸铁、不锈钢、铝和铜等不满足气割条件，目前常用的是等离子弧切割。

氧熔剂切割尽管属于气割，但可用来切割不锈钢。

等离子弧能够切割不锈钢、高合金钢、铸铁、铝、铜、钨、钼、和陶瓷、水泥、耐火材料等。

碳弧气割可加工铸铁、高合金钢、铜和铝及其合金等，但不得切割不锈钢。

47.【答案】BCD

【解析】电泳涂装法。主要特点有：

1）采用水溶性涂料，安全卫生；

2）涂装效率高，涂料损失小；

3）涂膜厚度均匀，附着力强，涂装质量好，可对复杂形状工件涂装；

4）生产效率高；

5）设备复杂，投资费用高，耗电量大，施工条件严格，并需进行废水处理。

48.【答案】AC

【解析】桥架类型起重机通过起升机构的升降运动、小车运行机构和大车运行机构的水平运动，在矩形三维空间内完成对物料的搬运作业。

臂架型起重机的工作机构除了起升机构外，通常还有旋转机构和变幅机构，通过起升机构、变幅机构、旋转机构和运行机构的组合运动，可以实现在圆形或长圆形空间的装卸作业。

49.【答案】ACD

【解析】（1）管道冲洗应使用洁净水，水中氯离子含量不得超过 25ppm。

（2）管道水冲洗的流速不应小于 1.5m/s，冲洗压力不得超过管道的设计压力。

（3）冲洗排放管的截面积不应小于被冲洗管截面积的 60%。排水时，不得形成负压。

（4）水冲洗应连续进行。

（5）对有严重锈蚀和污染管道，可分段进行高压水冲洗。

（6）管道冲洗合格后，用压缩空气或氮气及时吹干。

50.【答案】BC

【解析】项目特征是用来表述项目名称的实质内容，关系到综合单价的合理确定，项目特征应描述构成清单项目自身价值的本质特征。项目特征的描述要根据《安装工程计量规范》中项目特征的内容，结合技术规范、标准图集、施工图纸，按照工程结构、使用材质及规格或安装位置等拟建工程项目的实际，予以详细表述和说明。体现项目特征的区别和对报价有实质的内容必须描述。

项目特征是区分清单项目的依据，是编制综合单价的前提，是履行合同义务的基础。

当某项目超过基本安装高度时应在项目特征中予以描述。

51.【答案】CD

【解析】《通用安装工程工程量计算规范》GB 508456 规定的项目编码、项目名称、项目特征、计量单位和工程量计算规则。分部分项工程量清单必须包括五部分：项目编码、项目名称、项目特征、计量单位和工程量。

表3.1.3　　　　　　　　　G.3 通风管道部件制作安装（编码：030703）

项目编码	项目名称	项目特征	计量单位	工程量计算规则	工程内容

表3.2.1　　　　　　　　　　　　　　分部分项工程量清单

工程名称：　　　　　　　　　　　标段：　　　　　　　　　　　第　页　共　页

序号	项目编码	项目名称	项目特征	计量单位	工程量

52.【答案】BC

【解析】（1）吊装加固：行车梁加固、桥式起重机加固及负荷试验、整体吊装临时加固件，加固设施拆除、清理。

（2）金属抱杆安装拆除、移位：安装、拆除；位移；吊耳制作安装；拖拉坑挖埋。

（3）平台铺设、拆除：场地平整，基础及支墩砌筑，支架型钢搭设，铺设，拆除、清理。

53.【答案】BC

【解析】与润滑油相比，润滑脂有以下优点：

1）具有更高承载能力和更好的阻尼减震能力。

2）缺油润滑状态下，特别是在高温和长周期运行中，润滑脂有更好的特性。

3）润滑脂的基础油爬行倾向小。

4）润滑脂有利于在潮湿和多尘环境中使用。

5）润滑脂能牢固地粘附在倾斜甚至垂直表面上。在外力作用下，它能发生形变。

6）润滑脂可简化设备的设计与维护。

7）润滑脂粘附性好，不易流失，停机后再启动仍可保持满意的润滑状态。

8）润滑脂需要量少，可大大节约油品的需求量。

润滑脂的缺点有：冷却散热性能差，内摩擦阻力大，供脂换脂不如油方便。

润滑脂常用于：散热要求和密封设计不是很高的场合，重负荷和震动负荷、中速或低速、经常间歇或往复运动的轴承，特别是处于垂直位置的机械设备，如轧机轴承润滑。

润滑油常用于在散热要求高、密封好、设备润滑剂需要起到冲刷作用的场合。如球磨机滑动轴承润滑。

54.【答案】CD

【解析】吊斗式提升机是以吊斗在垂直或倾斜轨道上运行的间断输送设备。吊斗的提升或倾翻卸料是借助卷扬来完成的。

吊斗式提升机结构简单，维修量很小，输送能力可大可小，输送混合物料的离析很小。吊斗式提升机适用于大多间歇的提升作业，铸铁块、焦炭、大块物料等均能得到很好的输送。

55.【答案】AC

【解析】（1）蒸汽锅炉安全阀的安装和试验，应符合下列要求：

1）安装前安全阀应逐个进行严密性试验；

2）蒸发量大于 0.5t/h 的锅炉，至少应装设两个安全阀（不包括省煤器上的安全阀）。

锅炉上必须有一个安全阀按规定中的较低的整定压力进行调整；对装有过热器的锅炉，按较低压力进行整定的安全阀必须是过热器上的安全阀，过热器上的安全阀应先开启；

3）蒸汽锅炉安全阀应铅垂安装，排汽管底部应装有疏水管。省煤器的安全阀应装排水管。在排水管、排汽管和疏水管上，不得装设阀门；

4）省煤器安全阀整定压力调整应在蒸汽严密性试验前用水压方法进行；

5）蒸汽锅炉安全阀经调整检验合格后，应加锁或铅封。

56.【答案】AB

【解析】5）管道穿过建筑物的变形缝时设置柔性短管；穿过墙体或楼板时加设套管，套管长度不得小于墙体厚度或应高出楼面或地面 50mm，套管与管道的间隙用不燃材料填塞密实。

57.【答案】AB

【解析】报警阀组安装应在供水管网试压、冲洗合格后进行。报警阀组应安装在便于操作的明显位置：

报警阀组安装距室内地面高度宜为 1.2m；两侧与墙的距离不应小于 0.5m；正面与墙的距离不应小于 1.2m；报警阀组凸出部位之间的距离不应小于 0.5m；安装报警阀组的室内地面应有排水设施。

58.【答案】BD

【解析】高层建筑采用高压给水系统时，可不设高位消防水箱；采用临时高压给水系统时，应设高位消防水箱，水箱的设置高度应保证最不利点消火栓静水压力。当建筑高度不超过 100m 时，最不利点消火栓静水压力不应低于 0.07MPa；当建筑高度超过 100m 时，不应低于 0.15MPa。不能满足要求时，应设增压设施。

59.【答案】ABD

【解析】金属卤化物灯的特点：

（1）发光效率高，光色接近自然光。

（2）显色性好。

（3）紫外线向外辐射少。

（4）平均寿命比高压汞灯短。

（5）电压突降会自灭，电压变化不宜超过额定值的±5%。

（6）应用中除要配专用变压器外，1kW 的钠-铊-铟灯还应配专用的触发器才能点燃。

60.【答案】AC

【解析】（7）电机干燥。

1）1kV 以下电机使用 1000V 摇表，绝缘电阻值不应低于 1MΩ/kV；

2）1kV 及以上电机使用 2500V 摇表，定子绕组绝缘电阻不应低于 1MΩ/kV，转子绕组绝缘电阻不应低于 0.5MΩ/kV，吸收比不小于 1.3。

干燥方法为：外部干燥法（热风干燥法、电阻器加盐干燥法、灯泡照射干燥法），

通电干燥法（磁铁感应干燥法、直流电干燥法、外壳铁损干燥法、交流电干燥法）。

选做部分

共 40 题，分为两个专业组，考生可在两个专业组的 40 个试题中任选 20 题作答，按所答的前 20 题计分，每题 1.5 分。试题由单选和多选组成。错选，本题不得分；少选，所选的每个选项得 0.5 分。

一、（61~80 题）管道和设备工程

61.【答案】BC

【解析】管径小于等于 50mm 时，宜采用闸阀或球阀；管径大于 50mm 时，宜采用闸阀或蝶阀；在双向流动和经常启闭管段上，宜采用闸阀或蝶阀，不经常启闭而又需快速启闭的阀门，应采用快开阀。

62.【答案】A

【解析】用于消防系统的减压阀应采用同时减静压和动压的品种，如比例式减压阀。比例式减压阀的设置应符合以下要求：减压阀宜设置两组，其中一组备用；减压阀前后装设阀门和压力表；阀前应装设过滤器；消防给水减压阀后应装设泄水龙头，定期排水；不得绕过减压阀设旁通管；阀前、后宜装设可曲挠橡胶接头。

63.【答案】ABD

【解析】检查口为双向清通，清扫口仅可单向清通。

立管上检查口之间的距离不大于 10m，但在最低层和设有卫生器具的二层以上坡屋顶建筑物的最高层设置检查口，平顶建筑可用通气管顶口代替检查口。立管上如有乙字管，则在该层乙字管的上部应设检查口。

在连接 2 个及以上的大便器或 3 个及以上的卫生器具的污水横管上，应设清扫口。在转弯角度小于 135° 的污水横管的直线管段，应按一定距离设置检查口或清扫口。污水横管上如设清扫口，应将清扫口设置在楼板或地坪上与地面相平。

64.【答案】C

【解析】热风供暖适用于耗热量大的建筑物，间歇使用的房间和有防火防爆要求的车间。具有热惰性小、升温快、设备简单、投资省等优点。

低温热水地板辐射供暖系统具有节能、舒适型强、能实现"按户计量、分室调温"、不占用室内空间等特点。供暖管敷设形式有平行排管、蛇形排管、蛇形盘管。

65.【答案】D

【解析】1）分户水平单管系统。能够分户计量和调节供热量，可分室改变供热量，

满足不同的温度要求。

2）分户水平双管系统。该系统一个住户内的各组散热器并联，可实现分房间温度控制。

3）分户水平单双管系统。可用于面积较大的户型以及跃层式建筑。

4）分户水平放射式系统。又称"章鱼式"。在每户的供热管道入口设小型分水器和集水器，各组散热器并联。适用于多层住宅多个用户的分户热计量系统。

66.【答案】 D

【解析】（1）循环水泵。循环水泵提供的扬程应等于水从热源经管路送到末端设备再回到热源一个闭合环路的阻力损失。一般将循环水泵设在回水干管上。

（2）补水泵。补水泵常设置在热源处，当热网有多个补水点时，还应在补水点处设置补水泵（一般在换热站或中继站）。

（3）混水泵。设置在建筑物用户口或换热站处。

（4）凝结水泵。凝结水泵台数不应少于 2 台，其中 1 台备用。凝结水泵可设置在热源、凝水回收站和用户内。

（5）中继泵。当供热区域地形复杂或供热距离很长，或热水网路扩建等原因，使换热站入口处热网资用压头不满足用户需要时，可设中继泵。

67.【答案】 A

【解析】②钢制散热器的特点（与铸铁相比）：

金属耗量少，传热系数高；耐压强度高，外形美观整洁，占地小，便于布置。适用于高层建筑供暖和高温水供暖系统，也适合大型别墅或大户型住宅使用。

钢制散热器热稳定性较差，在供水温度偏低而又采用间歇供暖时，散热效果明显降低；耐腐蚀性差，使用寿命比铸铁散热器短。在蒸汽供暖系统中及具有腐蚀性气体的生产厂房或相对湿度较大的房间，不宜采用钢制散热器。

68.【答案】 D

【解析】（2）排尘通风机。适用于输送含尘气体。为了防止磨损，可在叶片表面渗碳、喷镀三氧化二铝、硬质合金钢等，或焊上一层耐磨焊层如碳化钨等。

（4）防爆通风机。对于防爆等级低的通风机，叶轮用铝板制作，机壳用钢板制作，对于防爆等级高的通风机，叶轮、机壳则均用铝板制作，并在机壳和轴之间增设密封装置。

（6）防、排烟通风机。可采用普通钢制离心通风机，也可采用消防排烟专用轴流风机。具有耐高温的显著特点。一般在温度高于 300℃ 的情况下可连续运行 40min 以上。排烟风机一般装于室外，如装在室内应将冷却风管接到室外。

（8）射流通风机。与普通轴流通风机相比，能提供较大的通风量和较高的风压。风机具有可逆转特性。可用于铁路、公路隧道的通风换气。

69.【答案】 C

【解析】同时具有控制、调节两种功能的风阀：蝶式调节阀、菱形单叶调节阀和插板阀主要用于小断面风管；平行式多叶调节阀、对开式多叶调节阀和菱形多叶调节阀主要用于大断面风管；复式多叶调节阀和三通调节阀用于管网分流或合流或旁通处的各支路风量调节。

只具有控制功能的风阀有：止回阀，防火阀，排烟阀等。

70.【答案】A

【解析】 常见的水冷压缩式冷水机组有活塞离心式冷水机组、螺杆式冷水机组和离心式冷水机组三类。

① 活塞式冷水机组是民用建筑空调制冷中采用时间最长，使用数量最多的一种机组。

② 离心式冷水机组是目前大中型商业建筑空调系统中使用最广泛的一种机组，具有质量轻、制冷系数较高、运行平稳、容量调节方便、噪声较低、维修及运行管理方便等优点，主要缺点是小制冷量时机组能效比明显下降，负荷太低时可能发生喘振现象，使机组运行工况恶化。

③ 螺杆式冷水机组兼有活塞式制冷压缩机和离心式制冷压缩机二者的优点。它的主要优点是结构简单、体积小、重量轻，可以在15%～100%的范围内对制冷量进行无极调节，且在低负荷时的能效比较高。此外，螺杆式冷水机组运行比较平稳，易损件少，单级压缩比大，管理方便。

冷风机组的容量较小，常见的有房间空调器和单元式空调机组。冷风机组中的压缩机通常为活塞式、螺杆式和转子式。

71.【答案】C

【解析】（1）通风管道的分类。

钢板、玻璃钢板适合高、中、低压系统；

不锈钢板、铝板、硬聚氯乙烯等风管适用于中、低压系统；

聚氨酯、酚醛复合风管适用于工作压力≤2000Pa的空调系统，玻璃纤维复合风管适用于工作压力≤1000Pa的空调系统。

72.【答案】B

【解析】 在一般情况下通风风管（特别是除尘风管）都采用圆形管道，空调风管多采用矩形风管，高速风管宜采用圆形螺旋风管。

73.【答案】C

【解析】（1）空气压缩机。在压缩空气站中，最广泛采用的是活塞式空气压缩机。在大型压缩空气站中，较多采用离心式或轴流式空气压缩机。

（2）空气过滤器。应用较广的有金属网空气过滤器、填充纤维空气过滤器、自动浸油空气过滤器和袋式过滤器等。

（3）后冷却器。常用的后冷却器有列管式、散热片式、套管式等。

（4）贮气罐。目的是减弱压缩机排气的周期性脉动，稳定管网压力，同时可进一步分离空气中的油和水分。

（5）油水分离器。常用的有环形回转式、撞击折回式和离心旋转式三种结构形式。

（6）空气干燥器。常用的有吸附法和冷冻法。

74.【答案】D

【解析】（1）空气管路是从空气压缩机进气管到贮气罐后的输气总管。

（3）油水吹除管路是指从各级别冷却器、贮气罐内向外排放油和水的管路。

（4）负荷调节管路是指从贮气罐到压缩机入口处减荷阀的一段管路。利用从贮气罐返流气体压力的变化，自动关闭或打开减荷阀，控制系统的供气量。

（5）放散管是指压缩机至后冷却器或贮气罐之间排气管上安装的手动放空管。在压缩机启动时打开放散管，使压缩机能空载启动，停车后通过它放掉该段管中残留的压缩空气。

75.【答案】D

【解析】铜及铜合金管的连接方式有螺纹连接、焊接（承插焊和对口焊）、法兰连接（焊接法兰、翻边活套法兰和焊环活套法兰）。

大口径铜及铜合金对口焊接也可用加衬焊环的方法焊接。

76.【答案】C

【解析】1）塑料管粘结。塑料管粘结必须采用承插口形式；聚氯乙烯管道采用过氯乙烯清漆或聚氯乙烯胶作为胶粘剂。粘结法主要用于硬 PVC 管、ABS 管的连接，广泛应用于排水系统。

2）塑料管焊接。管径小于 200mm 时一般应采用承插口焊接。管径大于 200mm 的管子可采用直接对焊。焊接一般采用热风焊。焊接主要用于聚烯烃管，如低密度聚乙烯管、高密度聚乙烯管及聚丙烯管。

3）电熔合连接。应用于 PP-R 管、PB 管、PE-RT 管、金属复合管等新型管材与管件连接，是目前家装给水系统应用最广的连接方式。

77.【答案】BCD

【解析】衬里用橡胶一般不单独采用软橡胶，通常采用硬橡胶或半硬橡胶，或采用硬橡胶（半硬橡胶）与软橡胶复合衬里。

78.【答案】D

【解析】夹套式换热器的传热系数较小，传热面又受到容器的限制，只适用于传热量不大的场合。

沉浸式蛇管换热器。优点是结构简单，价格低廉，便于防腐，能承受高压。主要缺点是容器的体积比蛇管的体积大得多，总传热系数较小。

喷淋式蛇管换热器。多用作冷却器。它和沉浸式蛇管换热器相比，具有便于检修和清洗、传热效果较好等优点，其缺点是喷淋不易均匀。

套管式换热器优点是：构造较简单；能耐高压；传热面积可根据需要而增减；双方的流体可作严格的逆流。缺点是：管间接头较多，易发生泄漏；单位换热器长度具有的传热面积较小。在需要传热面积不太大而要求压强较高或传热效果较好时，宜采用套管式换热器。

79.【答案】B

【解析】列管式换热器目前应用最广泛。在高温、高压的大型装置上多采用列管式换热器：

1）固定管板式热换器。两端管板和壳体连接成一体，具有结构简单和造价低廉的优点。但是由于壳程不易检修和清洗，因此壳方流体应是较洁净且不易结垢的物料。当两流体的温差较大时，应考虑热补偿。

2）U形管换热器。管子弯成U形，管子的两端固定在同一块管板上，因此每根管子都可以自由伸缩。这种形式换热器的结构也较简单，重量轻，适用于高温和高压场合。其主要缺点是管内清洗比较困难，管板的利用率差。

3）浮头式换热器。管束可从壳体中抽出，便于清洗和检修，故浮头式换热器应用较为普遍，但结构较复杂，金属耗量较多，造价较高。

4）填料函式列管换热器。在一些温差较大、腐蚀严重且需经常更换管束的冷却器中应用较多，其结构较浮头简单，制造方便，易于检修清洗。

80.【答案】CD

【解析】（1）气柜施工过程中的焊接质量检验。焊接规范要求：

1）气柜壁板所有对焊焊缝均应经煤油渗透试验。

2）下水封的焊缝应进行注水试验。

（2）气柜底板的严密性试验。可采用真空试漏法或氨气渗漏法。

（3）气柜总体试验。

1）气柜施工完毕，进行注水试验。其目的一是预压基础，二是检查水槽的焊接质量。水槽注水试验不应少于24h。

2）钟罩、中节的气密试验和快速升降试验。目的是检查各中节、钟罩在升降时的性能和各导轮、导轨、配合及工作情况、整体气柜密封的性能。

二、（81～100题）电气和自动化控制工程

81.【答案】B

【解析】网卡是主机和网络的接口，用于提供与网络之间的物理连接。

集线器（HUB）是对网络进行集中管理的重要工具，是各分枝的汇集点。HUB是一个共享设备，其实质是一个中继器，对接收到的信号进行再生放大，以扩大网络的传输距离。选用HUB时，与双绞线连接时需要具有RJ-45接口；如果与细缆相连，需要具有BNC接口；与粗缆相连需要有AUI接口；当局域网长距离连接时，还需要具有与光纤连接的光纤接口。

路由器具有判断网络地址和选择IP路径的功能，能在多网络互联环境中建立灵活的连接，可用完全不同的数据分组和介质访问方法连接各种子网。属网络层的一种互联设备。

服务器是指局域网中运行管理软件以控制对网络或网络资源进行访问的计算机。

防火墙是位于计算机和它所连接的网络之间的软件或硬件。在内部网和外部网之间、专用网与公共网之间界面上构造的保护屏障。防火墙主要由服务访问规则、验证工具、包过滤和应用网关4个部分组成。

82.【答案】A

【解析】干线传输系统。除电缆以外还有干线放大器、均衡器、分支器、分配器等设备。

均衡器是一种可以分别调节各种频率成分电信号放大量的电子设备，通过对各种不同频率的电信号的调节来补偿扬声器和声场的缺陷。

放大器是放大电视信号的设备，保证电视信号质量；

分配器是把一路信号等分为若干路信号的无源器件；

分支器不是把信号分成相等的输出，而是分出一部分到支路上去，分出的这一部分比较少，主要输出仍占信号的主要部分。

83.【答案】 A

【解析】 1）建筑物内通信配线原则

① 建筑物内通信配线设计宜采用直接配线方式，当建筑物占地体型和单层面积较大时可采用交接配线方式。

② 建筑物内通信配线电缆应采用非填充型铜芯铝塑护套市内通信电缆（HYA），或采用综合布线大对数铜芯对绞电缆。

④ 建筑物内竖向（垂直）电缆配线管允许穿多根电缆，横向（水平）电缆配线管应一根电缆配线管穿放一条电缆。

⑤ 通信电缆不宜与用户线合穿一根电缆配线管，配线管内不得合穿其他非通信线缆。

84.【答案】 AC

【解析】 电缆接续顺序：拗正电缆→剖缆→编排线序→芯线接续前的测试→接续（包括模块直接、模块的芯线复接、扣式接线子的直接、扣式接线子的复接、扣式接线子的不中断复接）→接头封合。

85.【答案】 D

【解析】 流量传感器常用节流式、速度式、容积式和电磁式。

（1）节流式。包括：压差式流量计、靶式流量计、转子流量计。

（2）速度式。常用的是涡流流量计。

（3）容积式。通常有椭圆齿轮流量计。

86.【答案】 D

【解析】 节流式中的靶式流量计则经常用于高黏度的流体，如重油、沥青等流量的测量，也适用于有浮黑物、沉淀物的流体。

速度式常用的是涡轮流量计。为了提高测量精度，在涡轮前后均装有导流器和一段直管，入口直段的长度应为管径的 10 倍，出口长度应为管径的 5 倍。涡轮流量计线性好，反应灵敏，但只能在清洁流体中使用。光纤涡轮传感器具有重现性和稳定性能好，不受环境、电磁、温度等因素干扰，显示迅速，测量范围大的优点，缺点是只能用来测量透明的气体和液体。

容积式。通常有椭圆齿轮流量计，经常作为精密测量用，用于高黏度的流体测量。电磁式。在管道中不设任何节流元件，可以测量各种黏度的导电液体，特别适合测量含有各种纤维和固体污物的腐体，对腐蚀性液体也适用。工作可靠、精度高、线性好、测量范围大，反应速度也快。

87.【答案】 D

【解析】 活塞式压力计精度很高，用来检测低一级活塞式压力计或检验精密压力表，是一种主要压力标准计量仪器。

远传压力表适用于测量对钢及铜合金不起腐蚀作用的介质的压力。可以实现集中检测和远距离控制。此压力表还能就地指示压力，以便于现场工作检查。

电接点压力表利用被测介质压力对弹簧管产生位移来测值。广泛应用于石油、化工、冶金、电力、机械等工业部门或机电设备配套中测量无爆炸危险的各种流体介质压力。

隔膜式压力表专门供石油、化工、食品等生产过程中测量具有腐蚀性、高粘度、易结晶、含有固体状颗粒、温度较高的液体介质的压力。

88.【答案】B

【解析】电磁流量计是一种只能测量导电性流体流量的仪表。它是一种无阻流元件，精确度高，直管段要求低，而且可以测量含有固体颗粒或纤维的液体，腐蚀性及非腐蚀性液体。

涡轮流量计具有精度高，重复性好，结构简单，运动部件少，耐高压，测量范围宽，体积小，重量轻，压力损失小，维修方便等优点，用于封闭管道中测量低粘度气体的体积流量。

椭圆齿轮流量计。用于精密的连续或间断的测量管道中液体的流量或瞬时流量，它特别适合于重油、聚乙烯醇、树脂等黏度较高介质的流量测量。

节流装置流量计适用于非强腐蚀的单向流体流量测量，允许一定的压力损失。

89.【答案】CD

【解析】集散系统调试分三个步骤进行：系统调试前的常规检查、系统调试（包括单机调试和系统调试）、回路联调（包括：系统误差检查，系统控制回路调试，报警、连锁、程控网路试验）。

系统调试指的是集散系统调试，而回路联调指的是集散系统和现场在线仪表连接调试。

90.【答案】BC

【解析】电流互感器结构特点是：一次绕组匝数少且粗，有的型号没有一次绕组；而二次绕组匝数很多，导体较细。电流互感器的一次绕组串接在一次电路中，二次绕组与仪表、继电器电流线圈串联，形成闭合回路，由于这些电流线圈阻抗很小，工作时电流互感器二次回路接近短路状态。

电流互感器在工作时二次绕组侧不得开路。电流互感器二次绕组侧有一端必须接地。

电压互感器由一次绕组、二次绕组、铁芯组成。一次绕组并联在线路上，一次绕组匝数较多，二次绕组的匝数较少，相当于降低变压器。二次回路中，仪表、继电器的电压线圈与二次绕组并联，线圈的阻抗很大，工作时二次绕组近似于开路状态。

电压互感器在工作时，其一、二次绕组侧不得短路；电压互感器二次绕组侧有一端必须接地。

91.【答案】C

【解析】高压开关柜按结构形式可分为固定式（G）、移开式（手车式Y）两类。

手车式开关柜与固定式开关柜相比，具有检修安全、供电可靠性高等优点，但其价格较贵。

KYN系列高压开关柜。用于发电厂送电、电业系统和工矿企业变电所受电、配电、实现控制、保护、检测，还可以用于频繁启动高压电动机等。

JYN2-10 型移开式交流金属开关设备作为发电厂变电站中控制发电机、变电站受电、馈电以及厂内用电的主要用柜，也适用于工矿企业为大型交流高压电动机的起动和保护之用。

92.【答案】B

【解析】（1）漏电保护器应安装在进户线小配电盘上或照明配电箱内。安装在电度表之后，熔断器（或胶盖刀闸）之前。对于电磁式漏电保护器，也可装于熔断器之后。

（2）所有照明线路导线，包括中性线在内，均须通过漏电保护器。

（3）电源进线必须接在漏电保护器的正上方，出线均接在下方。

（4）安装漏电保护器后，不能拆除单相闸刀开关或瓷插、熔丝盒等。

（6）漏电保护器在安装后带负荷分、合开关三次，不得出现误动作；再用试验按钮试验三次，应能正确动作（即自动跳闸，负载断电）。

（7）运行中的漏电保护器，每月至少用试验按钮试验一次。

93.【答案】A

【解析】

表 6.1.2　　　　　　　　　　母线排列次序及涂漆的颜色

相序	涂漆颜色	排列次序		
		垂直布置	水平布置	引下线
A	黄	上	内	左
B	绿	中	中	中
C	红	下	外	右
N	黑	下	最外	最右

94.【答案】AD

【解析】引下线可采用扁钢和圆钢敷设，也可利用建筑物内的金属体。单独敷设时，必须采用镀锌制品。

引下线沿外墙明敷时，宜在离地面 1.5～1.8m 处加断接卡子。暗敷时，断接卡可设在距地 300～400mm 的墙内的接地端子测试箱内。

95.【答案】BC

【解析】均压环是高层建筑为防侧击雷而设计的水平避雷带。

（1）当建筑物高度超过 30m 时，30m 以上设置均压环。建筑物层高小于或等于 3m 的每两层设置一圈均压环，层高大于 3m 的每层设置一圈均压环。

（2）均压环可利用建筑物圈梁的两条水平主钢筋，圈梁的主钢筋小于 $\phi12mm$ 的，可用其四根水平主钢筋。用作均压环的圈梁钢筋应用同规格的圆钢接地焊接。没有圈梁的可敷设 40mm×4mm 扁钢作为均压环。

（3）用作均压环的圈梁钢筋或扁钢应与避雷引下线连接形成闭合回路。

（4）建筑物 30m 以上的金属门窗、栏杆等应用 $\phi10mm$ 圆钢或 25mm×4mm 扁钢与均压环连接。

96.【答案】C

【解析】单户型一般用在单独用户，如单体别墅。

单元型可视或非可视对讲系统主机分直按式和拨号式两种。直按式容量较小，适用于多层住宅。拨号式容量很大，能接几百个住户终端。

联网型的楼宇对讲系统是将大门口主机、门口主机、用户分机以及小区的管理主机组网，实现集中管理。

97.【答案】ABC

【解析】1）按信息采集类型分为感烟探测器，感温探测器，火焰探测器，特殊气体探测器。

2）按设备对现场信息采集原理分为离子型探测器，光电型探测器，线性探测器。

3）按设备在现场的安装方式分为点式探测器，缆式探测器，红外光束探测器。

4）按探测器与控制器的接线方式分总线制，多线制。

98.【答案】C

【解析】火灾报警系统的设备。包括火灾探测器（传感元件是探测器的核心部分）、火灾报警控制器、联动控制器、火灾现场报警装置（包括：手动报警按钮、声光报警器、警笛、警铃）、消防通信设备（包括：消防广播、消防电话）。

99.【答案】AB

【解析】连接件是综合布线系统中各种连接设备的统称。可分为：

（1）配线设备：如配线架（箱、柜）等。

（2）交接设备：如配线盘（交接间的交接设备）等。

（3）分线设备：有电缆分线盒、光纤分线盒。

连接件不包括某些应用系统对综合布线系统用的连接硬件，也不包括有源或无源电子线路的中间转接器或其他器件（如局域网设备、终端匹配电阻、阻抗匹配变量器、滤波器和保护器件）等。

100.【答案】C

【解析】3类信息插座模块支持16Mbps信息传输。

5类信息插座模块支持155Mbps信息传输。

超5类信息插座模块支持622Mbps信息传输。

千兆位信息插座模块支持1000Mbps信息传输。

光纤插座模块支持1000Mbps信息传输。

多媒体信息插座支持100Mbps信息传输。

8针模块化信息插座是为所有的综合布线推荐的标准信息插座。

模拟题四答案与解析①

一、单项选择题（共40题，每题1分。每题的备选项中，只有1个最符合题意）

1.【答案】D

【解析】酸性耐火材料。硅砖和黏土砖为代表。硅砖抗酸性炉渣侵蚀能力强，但易受碱性渣侵蚀，软化温度高接近其耐火度，重复煅烧后体积不收缩，甚至略有膨胀，抗震性差。黏土砖抗热震性能好。

中性耐火材料。以高铝质制品为代表，主晶相是莫来石和刚玉。铬砖抗热震性差，高温荷重变形温度较低。碳质制品是另一类中性耐火材料。分为碳砖、石墨制品和碳化硅质制品三类。碳质制品热膨胀系数很低，导热性高，耐热震性能好，高温强度高。在高温下长期使用也不软化，不受任何酸碱侵蚀，有良好的抗盐性能，也不受金属和熔渣的润湿，质轻，是优质的耐高温材料。缺点是高温下易氧化，不宜在氧化氛围中使用。碳质制品广泛用于高温炉炉衬、熔炼有色金属炉的衬里。

碱性耐火材料。以镁质制品为代表。镁砖对碱性渣和铁渣有很好的抵抗性，耐火度比黏土砖和硅砖都高。可用于吹氧转炉和碱性平炉炉顶碱性耐火材料，还用于有色金属冶炼以及一些高温热工设备。

2.【答案】D

【解析】② 丁基橡胶。用于轮胎内胎、门窗密封条，以及磷酸脂液压油系统的零件、胶管、电线的绝缘层、胶布、减震阻尼器、耐热输送带和化工设备衬里等。

③ 氯丁橡胶。用于重型电缆护套、耐油耐蚀胶管、胶带、化工容器衬里、电缆绝缘层和胶粘剂。

④ 氟硅橡胶。耐油、耐化学品腐蚀，耐热、耐寒、耐辐射、耐高真空性能和耐老化性能优良；但强度较低，价格昂贵。用于燃料油、双酯润滑油和液压油系统的密封件。

3.【答案】D

【解析】（1）玻璃纤维增强聚酰胺复合材料可制造轴承、轴承架和齿轮等精密机械零件，还可制造电工部件。

玻璃纤维增强聚丙烯复合材料可用来制造干燥器壳体等。

（2）碳纤维增强酚醛树脂-聚四氟乙烯复合材料，常用作各种机器中的齿轮、轴承等受载磨损零件，活塞、密封圈等受摩擦件，也用作化工零件和容器等。碳纤维复合材料还可用于高温技术领域、化工和热核反应装置中。

（3）石墨纤维增强铝基复合材料，制作涡轮发动机的压气叶片等。

（4）合金纤维增强的镍基合金，用于制造涡轮叶片。

---

① 各题目解析中使用的序号与本科目教材中相应部分的序号保持一致，方便考生与教材对应。

（5）颗粒增强的铝基复合材料，用于发动机活塞。

（6）塑料－钢复合材料。主要是由聚氯乙烯塑料膜与低碳钢板复合而成，其性能如下：

1）化学稳定性好，耐酸、碱、油及醇类侵蚀，耐水性好；

2）塑料与钢材间的剥离强度≥20MPa；

3）深冲加工时不剥离，冷弯120°不分离开裂（$d=0$）；

4）绝缘性能和耐磨性能良好；

5）具有低碳钢的冷加工性能；

6）在－10～60℃之间可长期使用，短时间使用可耐120℃。

（8）塑料－铝合金。耐压、抗破裂性能好、质量轻，具有一定的弹性、耐温性能好、防紫外线、抗热老化能力强、耐腐蚀性优异，常温下不溶于任何溶剂，且隔氧、隔磁、抗静电、抗音频干扰。

4.【答案】D

【解析】解析见上题。

具有非常优良的耐高、低温性能，可在－180～260℃范围内长期使用。几乎耐所有的化学药品，在侵蚀性极强的王水中煮沸也不起变化，摩擦系数极低。聚四氟乙烯不吸水、电性能优异，是目前介电常数和介电损耗最小的固体绝缘材料。缺点是强度低、冷流性强。

5.【答案】D

【解析】① 聚氨酯漆。聚氨酯漆具有耐盐、耐酸、耐各种稀释剂等优点，同时又具有施工方便、无毒、造价低等特点。

② 环氧煤沥青。综合了环氧树脂机械强度高、粘结力大、耐化学介质侵蚀和煤沥青耐腐蚀等优点。防腐寿命可达到50年以上。

③ 三聚乙烯防腐涂料。是经熔融混炼造粒而成（固体粉末涂料），具有良好的机械强度、电性能、抗紫外线、抗老化和抗阳极剥离等性能，防腐寿命可达到20年以上。

④ 氟－46涂料。有优良的耐腐蚀性能，对强酸、强碱及强氧化剂，即使在高温下也不发生任何作用。耐有机溶剂（高温高压下的氟、三氟化氯和熔融的碱金属除外）。它的耐热性仅次于聚四氟乙烯涂料，耐寒性很好，具有杰出的防污和耐候性，因此可维持15～20年不用重涂。故特别适用于对耐候性要求很高的桥梁或化工厂设施。

6.【答案】A

【解析】用于化工防腐蚀的主要有聚异丁烯橡胶，它具有良好的耐腐蚀性、耐老化性、耐氧化性及抗水性，不透气性比所有橡胶都好，但强度和耐热性较差。但在低温下仍有良好的弹性及足够的强度。它能耐各种浓度的盐酸、浓度小于80%的硫酸、稀硝酸、浓度小于40%的氢氟酸、碱液及各种盐类溶液等介质的腐蚀。不耐氟、氯、溴及部分有机溶剂如苯、四氯化碳、二硫化碳、汽油、矿物油及植物油等介质的腐蚀。

7.【答案】C

【解析】方形补偿器优点是制造容易，运行可靠，维修方便，补偿能力大，轴向推力小，缺点是占地面积较大。

填料式补偿器又称套筒式补偿器。安装方便，占地面积小，流体阻力较小，补偿能力较大。缺点是轴向推力大，易漏水漏气，需经常检修和更换填料。如管道变形有横向位移时，易造成填料圈卡住。主要用在安装方形补偿器时空间不够的场合。

波形补偿器只用于管径较大、压力较低的场合。它的优点是结构紧凑，只发生轴向变形，与方形补偿器相比占据空间位置小。缺点是制造比较困难、耐压低、补偿能力小、轴向推力大。它的补偿能力与波形管的外形尺寸、壁厚、管径大小有关。

8.【答案】B

【解析】母线分为裸母线和封闭母线两大类。裸母线分为两类：软母线用于电压较高（350kV以上）的户外配电装置；硬母线，又称汇流排，用于电压较低的户内外配电装置和配电箱之间电气回路的连接。封闭母线是用金属外壳将导体连同绝缘等封闭起来的母线。封闭母线包括离相封闭母线、共箱（含共箱隔相）封闭母线和电缆母线，广泛用于发电厂、变电所、工业和民用电源的引线。

9.【答案】D

【解析】电缆托盘、梯架布线适用于电缆数量较多或较集中的场所；

金属槽盒布线一般适用于正常环境的室内明敷工程，不宜在有严重腐蚀及宜受严重机械损伤的场所采用。

有盖的封闭金属槽盒可在建筑物顶棚内敷设；难燃封闭槽盒用于电缆防火保护，能阻断燃烧火焰，能维持盒内电缆正常的工作，并具有耐腐蚀、耐油、耐水、强度高、安装简便等优点，适合含潮湿、盐雾、有化学气体和严寒、酷热等各种环境条件下使用，或应用于发电厂、变电所、供电隧道、工矿企业等电缆密集场所，以防止电缆着火延燃和满足重要电缆回路防火、耐火分隔。

10.【答案】A

【解析】目前有两种广泛使用的同轴电缆。一种是50Ω电缆，用于数字传输，也叫基带同轴电缆，主要用于基带信号传输，传输带宽为1～20MHz。总线型以太网就是使用50Ω同轴电缆，在以太网中，50Ω细同轴电缆的最大传输距离为185m，粗同轴电缆可达1000m。

另一种是75Ω电缆，用于模拟传输，也叫宽带同轴电缆。75Ω宽带同轴电缆常用于CATV网，传输带宽可达1GHz，目前常用CATV电缆的传输带宽为750MHz。

同轴电缆的带宽取决于电缆长度。

11.【答案】C

【解析】1）I形坡口。适用于管壁厚度在3.5mm以下的管口焊接。

2）V形坡口。适用于中低压钢管焊接，坡口的角度为60°～70°，坡口根部有钝边，其厚度为2mm左右。

3）U形坡口。U形坡口适用于高压钢管焊接，管壁厚度在20～60mm之间。坡口根部有钝边，其厚度为2mm左右。

12.【答案】A

【解析】X射线探伤优点是显示缺陷的灵敏度高，特别是当焊缝厚度小于30mm时，较γ射线灵敏度高，其次是照射时间短、速度快。缺点是设备复杂、笨重，成本高，操作麻烦，穿透力较 γ 射线小。

γ 射线探伤厚度分别为 200mm、120mm 和 100mm。探伤设备轻便灵活，特别是施工现场更为方便，投资少，成本低。但其曝光时间长，灵敏度较低，石油化工行业现场施工经常采用。

超声波探伤与 X 射线探伤相比，具有较高的探伤灵敏度、周期短、成本低、灵活方便、效率高，对人体无害等优点。缺点是对工作表面要求平滑、要求富有经验的检验人员才能辨别缺陷种类、对缺陷没有直观性。超声波探伤适合于厚度较大的零件检验。

磁粉探伤设备简单、操作容易、检验迅速、具有较高的探伤灵敏度，几乎不受试件大小和形状的限制；可用来发现铁磁材料的表面或近表面的缺陷，可检出的缺陷最小宽度约为 1μm，可探测的深度一般在 1~2mm；它适于薄壁件或焊缝表面裂纹的检验，也能显露出一定深度和大小的未焊透缺陷；但难于发现气孔、夹碴及隐藏在焊缝深处的缺陷。宽而浅的缺陷也难以检测，检测后常需退磁和清洗，试件表面不得有油脂或其他能粘附磁粉的物质。

13.【答案】D

【解析】

表 2.2.1　　　　　　　　　　　　**基体表面处理的质量要求**

序号	覆盖层类别	表面处理质量等级
1	金属热喷涂层	Sa_3 级
2	搪铅、纤维增强塑料衬里、橡胶衬里、树脂胶泥衬砌砖板衬里、塑料板黏结衬里、玻璃鳞片衬里、喷涂聚脲衬里、涂料涂层	$Sa_{2.5}$ 级
3	水玻璃胶泥衬砌砖板衬里、涂料涂层、氯丁胶乳水泥砂浆衬里	Sa_2 级或 St_3 级
4	衬铅、塑料板非黏结衬里	Sa_1 级或 St_2 级

14.【答案】D

【解析】用于纤维增强塑料衬里的黏结剂材料主要有环氧树脂、不饱和聚酯树脂、呋喃树脂和酚醛树脂等热固性树脂。铺贴法是用手工糊制贴衬纤维增强塑料，可连续施工或间断施工。纤维增强酚醛树脂衬里应采用间断法施工。

15.【答案】D

【解析】常用的起重机有流动式起重机、塔式起重机、桅杆起重机等。

（1）流动式起重机。主要有汽车起重机、轮胎起重机、履带起重机、全地面起重机、随车起重机等。适用范围广，机动性好，可以方便地转移场地，但对道路、场地要求较高，台班费较高。适用于单件重量大的大、中型设备、构件的吊装，作业周期短。

（2）塔式起重机。吊装速度快，台班费低。但起重量一般不大，并需要安装和拆卸。适用于在某一范围内数量多，而每一单件重量较小的设备、构件吊装，作业周期长。

（3）桅杆起重机。属于非标准起重机。结构简单，起重量大，对场地要求不高，使用成本低，但效率不高。主要适用于某些特重、特高和场地受到特殊限制的设备、构件吊装。

16.【答案】A

【解析】塔式起重机吊装。起重吊装能力为 3~100t，臂长在 40~80m，常用在使用地点固定、使用周期较长的场合，较经济。汽车起重机吊装。机动灵活，使用方便。

桥式起重机吊装。起重能力为 3~1000t，跨度在 3~150m，使用方便。多为仓库、厂房、车间内使用。

液压提升。可整体提升（滑移）大型设备与构件。解决了大型构件整体提升技术难题，已广泛应用于市政工程建筑工程的相关领域以及设备安装。

17.【答案】B

【解析】（1）当进行管道化学清洗时，应将无关设备及管道进行隔离。

（3）管道酸洗钝化应按脱脂、酸洗、水洗、钝化、水洗、无油压缩空气吹干的顺序进行。当采用循环方式进行酸洗时，管道系统应预先进行空气试漏或液压试漏检验合格。

（4）化学清洗后的管道以内壁呈金属光泽为合格。

（5）对不能及时投入运行的化学清洗合格的管道，应采取封闭或充氮保护措施。

18.【答案】B

【解析】承受内压的埋地铸铁管道的试验压力，当设计压力小于或等于 0.5MPa 时，应为设计压力的 2 倍；当设计压力大于 0.5MPa 时，应为设计压力加 0.5MPa。

19.【答案】C

【解析】附录 A 机械设备安装工程（编码：0301）；

附录 B 热力设备安装工程（编码：0302）；

附录 C 静置设备与工艺金属结构制作安装工程（编码：0303）；

附录 D 电气设备安装工程（编码：0304）；

附录 E 建筑智能化工程（编码：0305）；

附录 F 自动化控制仪表安装工程（编码：0306）；

附录 G 通风空调工程（编码：0307）；

附录 H 工业管道工程（编码：0308）；

附录 J 消防工程（编码：0309）；

附录 K 给水排水、供暖、燃气工程（编码：0310）；

附录 L 通信设备及线路工程（编码：0311）；

附录 M 刷油、防腐蚀、绝热工程（编码：0312）；

附录 N 措施项目（编码：0313）。

20.【答案】B

【解析】（1）当拟建工程中有工艺钢结构预制安装和工业管道预制安装时，措施项目清单可列项"平台铺设、拆除"。

（2）当拟建工程中有设备、管道冬雨季施工，有易燃易爆、有害环境施工，或设备、管道焊接质量要求较高时，措施项目清单可列项"设备、管道施工的安全防冻和焊接保护"。

（3）当拟建工程中有三类容器制作安装，有超过 10MPa 的高压管道敷设时，措施项目清单可列项"工程系统检测、检验"。

（5）当拟建工程中有洁净度、防腐要求较高的管道安装，措施项目清单可列项"管道安拆后的充气保护"。

（7）当拟建工程有大于40t设备安装时，措施项目清单可列项"金属抱杆安装、拆除、移位"。

21.【答案】D

【解析】

图4.1.3　泵的种类

22.【答案】B

【解析】分段式多级离心泵相当于将几个叶轮装在一根轴上串联工作。

中开式多级离心泵主要用于流量较大、扬程较高的城市给水、矿山排水和输油管线，排出压力高达18MPa。此泵相当于将几个单级蜗壳式泵装在一根轴上串联工作，又叫蜗壳式多级离心泵。

自吸离心泵适用于启动频繁的场合，如消防、卸油槽车、酸碱槽车及农田排灌等。

离心式冷凝水泵。是电厂的专用泵，要求有较高的气蚀性能。

23.【答案】D

【解析】深井潜水泵的电动机和泵制成一体。和一般深井泵比较，潜水泵在井下水中工作，无需很长的传动轴。

隔膜计量泵为往复泵。具有绝对不泄漏的优点，最适合输送和计量易燃易爆、强腐蚀、剧毒、有放射性和贵重液体。

筒式离心油泵。特别适用于小流量、高扬程的需要。筒式离心泵是典型的高温高压离心泵。

屏蔽泵（无填料泵），它是将叶轮与电动机的转子直联成一体，浸没在被输送液体中工作的泵。屏蔽泵是离心式泵。为了防止输送的液体与电气部分接触，用特制的屏蔽套将电动机转子和定子与输送液体隔离开来。屏蔽泵可以保证绝对不泄漏，特别适用于输送腐蚀性、易燃易爆、剧毒、有放射性及极为贵重的液体；也适用于输送高压、高温、低温及高熔点的液体。

24.【答案】A

【解析】10）屏蔽泵。又称为无填料泵，它是将叶轮与电动机的转子直联成一体，浸没在被输送液体中工作的泵。屏蔽泵既是离心式泵的一种，但又不同于一般离心式泵。其主要区别是：为了防止输送的液体与电气部分接触，用特制的屏蔽套将电动机转子和定子与输送液体隔离开来，以满足输送液体绝对不泄漏的需要。

屏蔽泵可以保证绝对不泄漏，特别适用于输送腐蚀性、易燃易爆、剧毒、有放射性及极为贵重的液体；也适用于输送高压、高温、低温及高熔点的液体。

25.【答案】B

【解析】1）离心式通风机的型号表示方法。离心式通风机的型号由六部分组成：名称、型号、机号、传动方式、旋转方式、出风口位置。

2）轴流式通风机型号表示方法。轴流式通风机的全称包括名称、型号、机号、传动方式、气流风向、出风口位置六个部分。

26.【答案】D

【解析】离心通风机常用于小流量、高压力的场所。

与离心通风机相比，轴流通风机具有流量大、风压低、体积小的特点。轴流通风机安装角可调。使用范围和经济性能均比离心式通风机好。动叶可调的轴流通风机在大型电站、大型隧道、矿井等通风、引风装置中得到日益广泛的应用。

27.【答案】D

【解析】省煤器的作用：

（1）吸收低温烟气的热量，节省燃料。

（2）由于给水进入汽包之前先在省煤器加热，因此减少了给水在受热面的吸热，可以用省煤器来代替部分造价较高的蒸发受热面。

（3）给水温度提高，进入汽包就会减小汽包壁温差，热应力相应的减小，延长汽包使用寿命。

铸铁省煤器安装前，应逐根（或组）进行水压试验。

空气过预热器的主要作用有：改善并强化燃烧；强化传热；减少锅炉热损失，降低排烟温度，提高锅炉热效率。

28.【答案】C

【解析】

表 4.2.6　　　　　锅炉本体水压试验的试验压力（MPa）

锅筒工作压力	试验压力
<0.8	锅筒工作压力的 1.5 倍,但不小于 0.2
0.8~1.6	锅筒工作压力加 0.4
>1.6	锅筒工作压力的 1.25 倍

29.【答案】B

【解析】解析见上题。

30.【答案】B

【解析】（2）水雾喷头。分为高速水雾喷头和中速水雾喷头。

高速水雾喷头为离心喷头，雾滴较细，主要用于灭火和控火，用于扑灭 60℃ 以上的可燃液体。可以有效扑救电气火灾，燃油锅炉房和自备发电机房设置水喷雾灭火系统应采用此类喷头。

中速水雾喷头系撞击式喷头，雾滴较粗。它主要用于防护冷却。用来保护闪点在 66℃ 以上的易燃液体、气体和固体危险区。中速水雾喷头主要限制燃烧速度，减少火灾破坏，减少爆炸危险，促使蒸气稀释和散发。防止外露表面吸热和火灾蔓延。中速水雾喷头不适用于扑救电气火灾，燃气锅炉房的水喷雾系统可采用该类喷头。

31.【答案】D

【解析】（5）水流指示器安装

1）应在管道试压和冲洗合格后进行。

2）一般安装在每层的水平分支干管或某区域的分支干管上；应使电器元件部位竖直安装在水平管道上侧，倾斜度不宜过大，其动作方向应和水流方向一致；安装后的水流指示器不应与管壁发生碰擦；水流指示器前后应保持有 5 倍安装管径长度的直管段。

3）信号阀应安装在水流指示器前的管道上，与水流指示器的距离不宜小于 300mm。

32.【答案】A

【解析】液下喷射泡沫灭火系统中的泡沫从油罐底部喷入，经过油层上升到燃烧的液面扩散覆盖整个液面，进行灭火。液下喷射泡沫灭火系统适用于固定拱顶贮罐，不适用于外浮顶和内浮顶储罐。也不适用于水溶性甲、乙、丙液体固定顶储罐的灭火。

33.【答案】A

【解析】半固定式泡沫灭火系统适用于具有较强的机动消防设施的甲、乙、丙类液体的贮罐区或单罐容量较大的场所及石油化工生产装置区内易发生火灾的局部场所。

移动式泡沫灭火系统具有使用灵活，不受初期燃烧爆炸影响的优势。但扑救不如固定式泡沫灭火系统及时，受风力等外界因素影响较大，造成泡沫的损失量大，需要供给的泡沫量和强度都较大。

34.【答案】D

【解析】（4）固定消防炮灭火系统的设置：

1）宜选用远控炮系统：发生火灾时灭火人员难以及时接近或撤离固定消防炮位的场所。

2）室内消防炮的布置数量不应少于两门。

3）室外消防炮的布置应能使射流完全覆盖被保护场所，消防炮应设置在被保护场所常年主导风向的上风方向；当灭火对象高度较高、面积较大时，或在消防炮的射流受到较高大障碍物的阻挡时，应设置消防炮塔。

35.【答案】B

【解析】双电源（自动）转换开关也叫备自投。可以自动完成电源间切换而无须人工操作，以保证重要用户供电的可靠性。

自动开关。又称自动空气开关。当电路发生严重过载、短路以及失压等故障时，能自动切断故障电路。自动开关也可以不频繁地接通和断开电路及控制电动机直接起动。是具有保护环节的断合电器。常用作配电箱中的总开关或分路开关，广泛用于建筑照明和动力配电线路中。

行程开关，是位置开关（又称限位开关）的一种，将机械位移转变成电信号，控制机械动作或用作程序控制。

接近开关。是一种开关型传感器，且动作可靠，性能稳定，频率响应快，应用寿命长，抗干扰能力强等、并具有防水、防震、耐腐蚀等特点。如宾馆、饭店、车库的自动门，自动热风机上都有应用。

36.【答案】B

【解析】接近开关的选用。在一般的工业生产场所，通常都选用涡流式接近开关和电容式接近开关。

1）当被测对象是导电物体或可以固定在一块金属物上的物体时，一般都选用涡流式接近开关，因为它的响应频率高、抗环境干扰性能好、应用范围广、价格较低。

2）若所测对象是非金属（或金属）、液位高度、粉状物高度、塑料、烟草等。则应选用电容式接近开关。这种开关的响应频率低，但稳定性好。

3）若被测物为导磁材料，应选用霍尔接近开关，它的价格最低。

4）在环境条件比较好、无粉尘污染的场合，可采用光电接近开关。在要求较高的传真机上，在烟草机械上都被广泛地使用。

5）在防盗系统中，自动门通常使用热释电接近开关、超声波接近开关、微波接近开关。有时为了提高识别的可靠性，上述几种接近开关往往被复合使用。

37.【答案】C

【解析】（2）螺旋式熔断器。常用于配电柜中。

（3）封闭式熔断器。常用在容量较大的负载上作短路保护，大容量的能达到1kA。

（4）填充料式熔断器。它的主要特点是具有限流作用及较高的极限分断能力。用于具有较大短路电流的电力系统和成套配电的装置中。

（5）自复熔断器。是一种新型限流元件。应用时和外电路的低压断路器配合工作，效果很好。

38.【答案】B

【解析】漏电开关按工作类型划分有开关型、继电器型、单一型漏电保护器、组合型漏电保护器。组合型漏电保护器是漏电开关与低压断路器组合而成。

按结构原理划分有电压动作型、电流型、鉴相型和脉冲型。

39.【答案】C

【解析】（1）电线管：适用于干燥场所的明、暗配。

（2）焊接钢管：管壁较厚，适用于潮湿、有机械外力、有轻微腐蚀气体场所的明、暗配。

（3）硬质聚氯乙烯管：管材连接一般为加热承插式连接和塑料热风焊。该管耐腐蚀性较好，易变形老化，机械强度比钢管差，适用腐蚀性较大的场所的明、暗配。

（4）半硬质阻燃管：也叫 PVC 阻燃塑料管。该管刚柔结合、易于施工，劳动强度较低，质轻，运输较为方便，已被广泛应用于民用建筑暗配管。

（5）刚性阻燃管：刚性 PVC 管，管道的连接方式采用专用接头插入法连接。

（6）可挠金属套管：主要用于砖、混凝土内暗设和吊顶内敷设及与钢管、电线管与设备连接间的过渡。

（7）套接紧定式 JDG 钢导管：电气线路新型保护用导管。该管最大特点是：连接、弯曲操作简易，不用套丝、无须做跨接线、无须刷油，效率较高。

（8）金属软管：又称蛇皮管，一般敷设在较小型电动机的接线盒与钢管口的连接处，用来保护电缆或导线不受机械损伤。

40.【答案】B

【解析】塑料护套线配线要求如下：

（1）塑料护套线严禁直接敷设在建筑物顶棚内、墙体内、抹灰层内、保温层内或装饰面内。

（3）塑料护套线在室内沿建筑物表面水平敷设高度距地面不应小于 2.5m，垂直敷设时距地面高度 1.8m 以下的部分应采取保护措施。

（4）当塑料护套线侧弯或平弯时，弯曲半径应分别不小于护套线宽度和厚度的 3 倍。

4）塑料护套线的接头应设在明装盒（箱）或器具内，多尘场所应采用 IP5X 等级的密闭式盒（箱），潮湿场所应采用 IPX5 等级的密闭式盒（箱）。

二、多项选择题（共 20 题，每题 1.5 分，每题的备选项中，有 2 个或 2 个以上符合题意，至少有 1 个错项。错选，本题不得分；少选，所选的每个选项得 0.5 分）

41.【答案】ABC

【解析】① 铁素体型不锈钢。高铬钢有良好的抗高温氧化能力，在硝酸和氮肥工业中广泛使用。高铬铁素体不锈钢缺点是钢的缺口敏感性和脆性转变温度较高，钢在加热后对晶间腐蚀也较为敏感。

⑤ 沉淀硬化型不锈钢。突出优点是具有高强度，耐蚀性优于铁素体型不锈钢。主要用于制造高强度和耐蚀的容器、结构和零件，也可用作高温零件。

42.【答案】AB

【解析】铝管的特点是重量轻，不生锈，但机械强度较差，不能承受较高的压力，铝管常用于输送浓硝酸、过氧化氢等液体及硫化氢、二氧化碳气体。它不耐碱及含氯离子的化合物，如盐水和盐酸等介质。

铜管的导热性能良好，适宜工作温度在 250℃ 以下，多用于制造换热器、压缩机输油管、低温管道、自控仪表以及保温伴热管和氧气管道等。

镍及镍合金可用于高温、高压、高浓度或混有不纯物等各种苛刻腐蚀环境。镍力学性能良好，尤其塑性、韧性优良，能适应多种腐蚀环境。广泛应用于化工、制碱等行业中的压力容器、换热器、塔器、冷凝器等。

钛及钛合金只在 540℃ 以下使用；钛具有良好的低温性能；常温下钛具有极好的抗蚀性能，在硝酸和碱溶液等介质中十分稳定。但在任何浓度的氢氟酸中均能迅速溶解。钛管价格昂贵，焊接难度大。

铅对硫酸、磷酸、亚硫酸、铬酸和氢氟酸等则有良好的耐蚀性。铅不耐硝酸、次氯酸、高锰酸钾、盐酸的腐蚀。铅的机械性能不高，自重大。

镁及镁合金的比强度和比刚度可以与合金结构钢相媲美，镁合金能承受较大的冲击、振动荷载，并有良好的机械加工性能和抛光性能。其缺点是耐蚀性较差、缺口敏感性大及熔铸工艺复杂。

43.【答案】BCD

【解析】焊条由药皮和焊芯两部分组成。药皮具有机械保护作用，药皮促进氧化物还原，保证焊缝质量，弥补合金元素烧损，提高焊缝金属的力学性能，改善焊接工艺性能，稳定电弧，减少飞溅，使焊缝成型好、易脱渣和熔敷效率高。保证焊接金属获得具有合乎要求的化学成分和力学性能，使焊条具有良好的焊接工艺性能。

焊芯作用是传导电流、将电弧电能转化为热能，焊芯本身熔化为填充金属与母材熔合形成焊缝。

44.【答案】ABD

【解析】球阀在管道上主要用于切断、分配和改变介质流动方向，设计成V形开口的球阀还具有良好的流量调节功能。球阀具有结构紧凑、密封性能好、结构简单、体积较小、重量轻、材料耗用少、安装尺寸小、驱动力矩小、操作简便、易实现快速启闭和维修方便等特点。选用特点：适用于水、溶剂、酸和天然气等一般工作介质，而且还适用于工作条件恶劣的介质，如氧气、过氧化氢、甲烷和乙烯等，且特别适用于含纤维、微小固体颗粒等介质。

旋塞阀旋转90°就全开或全关，热水龙头也属旋塞阀的一种。选用特点：结构简单，外形尺寸小，启闭迅速，操作方便，流体阻力小，便于制造三通或四通阀门，可作分配换向用。但密封面容易磨损，保持其严密性比较困难，开关力较大。此种阀门只适用于一般低压流体作开闭用，也不宜于作调节流量用。

45.【答案】CD

【解析】电力电缆和控制电缆的区分如下：

（1）电力电缆有铠装和无铠装的，控制电缆一般有编织的屏蔽层。

（2）电力电缆通常线径较粗，控制电缆截面一般不超过$10mm^2$。

（3）电力电缆有铜芯和铝芯，控制电缆一般只有铜芯。

（4）电力电缆有高耐压的，所以绝缘层厚，控制电缆一般是低压的绝缘层相对要薄。

（5）电力电缆芯数少，一般少于5，控制电缆一般芯数多。

46.【答案】AB

【解析】等离子弧焊是一种不熔化极电弧焊。离子气为氩气、氮气、氢气或其中二者之混合气。等离子弧广泛应用于焊接、喷涂和堆焊。等离子弧焊与TIG焊相比有以下特点：

1）焊接速度快，生产率高。

2）穿透能力强，在一定厚度范围内能获得锁孔效应，可一次行程完成8mm以下直边对接接头单面焊双面成型的焊缝。焊缝致密，成形美观。

3）电弧挺直度和方向性好，可焊接薄壁结构（如1mm以下金属箔的焊接）。

4）设备比较复杂、气体耗量大、费用较高，只宜于室内焊接。

47.【答案】BCD

【解析】2）硬质绝热制品金属保护层纵缝可咬接。半硬质或软质的保护层纵缝可插接或搭接。插接缝可用自攻螺钉或抽芯铆钉连接，而搭接缝只能用抽芯铆钉连接，钉间距200mm。

3）金属保护层的环缝，可采用搭接或插接。水平管道环缝上一般不使用螺钉或铆钉固定。

4）保冷结构的金属保护层接缝宜用咬合或钢带捆扎结构。

5）铝箔玻璃钢薄板保护层的纵缝，不得使用自攻螺钉固定。可同时用带垫片抽芯铆钉和玻璃钢打包带捆扎进行固定。保冷结构的保护层，不得使用铆钉进行固定。

6）对水易渗进绝热层的部位应用玛蹄脂或胶泥严缝。

48.【答案】BD

【解析】流动式起重机。主要有汽车起重机、轮胎起重机、履带起重机、全地面起重机、随车起重机等。适用范围广，机动性好，可以方便地转移场地，但对道路、场地要求较高，台班费较高。适用于单件重量大的大、中型设备、构件的吊装，作业周期短。

49.【答案】BC

【解析】电动机按结构及工作原理分类：可分为异步电动机和同步电动机。同步电动机还可分为永磁同步电动机、磁阻同步电动机和磁滞同步电动机。异步电动机可分为感应电动机和交流换向器电动机。感应电动机又分为三相异步电动机、单相异步电动机和罩极异步电动机。交流换向器电动机又分为单相串励电动机、交直流两用电动机和推斥电动机。

50.【答案】ACD

【解析】

表 2.4.1　　　　　　　设备耐压试验和气密性试验压力（MPa）

设计压力	耐压试验压力		气密性试验压力
	液压试验	气压试验	
$p \leqslant -0.02$	$1.25p$	$1.15p(1.25p)$	p
$-0.02 < p < 0.1$	$1.25p \cdot [\sigma]/[\sigma]_1$ 且不小于 0.1	$1.15p \cdot [\sigma]/[\sigma]_1$ 且不小于 0.07	$p \cdot [\sigma]/[\sigma]_1$
$0.1 < p < 100$	$1.25p \cdot [\sigma]/[\sigma]_1$	$1.15p \cdot [\sigma]/[\sigma]_1$	p

设备的耐压试验应采用液压试验，若采用气压试验代替液压试验时，必须符合下列规定：

（1）压力容器的对接焊缝进行100%射线或超声检测并合格；

（2）非压力容器的对接焊缝进行25%射线或超声检测，射线检测为Ⅲ级合格、超声检测为Ⅱ级合格；

（3）有单位技术总负责人批准的安全措施。

51.【答案】CD

【解析】工业炉烘炉、设备负荷试运转、联合试运转、生产准备试运转及安装工程设备场外运输应根据招标人提供的设备及安装主要材料堆放点按其他措施编码列项。

大型机械设备进出场及安拆，应按《房屋建筑与装饰工程工程量计算规范》GB 50854 相关项目编码列项。

52.【答案】BD

【解析】单价措施项目清单编制："平台铺设、拆除""设备、管道施工的安全防冻和焊接保护""工程系统检测、检验""焦炉烘炉、热态工程""管道安拆后的充气保护""隧道内施工的通风、供水、供气、供电、照明及通信设施""金属抱杆安装拆除、移位"。

总价措施项目编制的列项。如"安全文明施工""夜间设施增加""非夜间施工增加""二次搬运""冬雨期施工增加""已完工程及设备保护""高层施工增加"等。对于所列项的措施项目，按"项"予以计量。

53.【答案】AC

【解析】单价措施项目清单编制的主要依据是施工方案和施工方法。总价措施项目编制的主要依据是施工平面图和现场管理。

54.【答案】AD

【解析】（2）按埋置深度不同，分为浅基础和深基础。

1）浅基础分为扩展基础、联合基础和独立基础；

2）深基础分为桩基础和沉井基础。

55.【答案】AC

【解析】1）螺栓连接。螺栓连接本身具有自锁性，可承受静载荷。

螺栓连接的防松装置包括：摩擦力防松装置（弹簧垫圈、对顶螺母、自锁螺母）；

机械防松装置（槽型螺母和开口销、圆螺母带翅片、止动片）；冲击防松装置和粘结防松装置。

56.【答案】BC

【解析】省煤器通常由支承架、带法兰的铸铁翼片管、铸铁弯头或蛇形管等组成，安装在锅炉尾部烟管中。铸铁省煤器安装前逐根进行水压试验。

过热器是由进、出口联箱及许多蛇形管组装而成的，按照传热方式的不同，过热器可分为低温对流过热器、屏式过热器和高温辐射过热器。对流过热器大都垂直悬挂于锅炉尾部，辐射过热器多半装于锅炉的炉顶部或包覆于炉墙内壁上。过热器材料大多由具有良好耐高温强度性能的耐热合金钢制造。

57.【答案】AB

【解析】末端试水装置以"组"计算，包括压力表、控制阀等附件安装。末端试水装置安装中不含连接管及排水管安装，其工程量并入消防管道。

58.【答案】AB

【解析】喷淋系统水灭火管道，消火栓管道：室内外界限应以建筑物外墙皮 1.5m 为界，入口处设阀门者应以阀门为界；设在高层建筑物内消防泵间管道应以泵间外墙皮为界。与市政给水管道的界限：以与市政给水管道碰头点（井）为界。

59.【答案】CD

【解析】室内消火栓给水管道，管径不大于 100mm 时，宜用热镀锌钢管或热镀锌无缝钢管，管道连接宜采用螺纹连接、卡箍（沟槽式）管接头或法兰连接；管径大于 100mm 时，采用焊接钢管或无缝钢管，管道连接宜采用焊接或法兰连接。

60.【答案】ABD

【解析】灯具安装基本要求。一般规定：

（2）连接吊灯灯头的软线应做保护扣，两端芯线应搪锡压线；当采取螺口灯头时，相线应接于灯头中间触点的端子上。

（3）绝缘铜芯导线的线芯截面积不应小于 $1mm^2$。

（4）容量在 100W 及以上的灯具，引入线应采用瓷管、矿棉等不燃材料作隔热保护。

（5）高低压配电设备、裸母线及电梯曳引机的正上方不应安装灯具。

（8）普通灯具、专用灯具的Ⅰ类灯具外露可导电部分必须采用铜芯软导线与保护导体可靠连接。

（9）敞开式灯具的灯头对地面距离应大于 2.5m。

选做部分

共 40 题，分为两个专业组，考生可在两个专业组的 40 个试题中任选 20 题作答，按所答的前 20 题计分，每题 1.5 分。试题由单选和多选组成。错选，本题不得分；少选，所选的每个选项得 0.5 分。

一、（61~80 题）管道和设备工程

61.【答案】C

【解析】倒流防止器。也称防污隔断阀，是一种严格限定管道中的压力水只能单向流动的水力控制组合装置。连接方式有螺纹连接和法兰连接。安装技术要求：倒流防止器应安装在水平位置；安装后倒流防止器的阀体不应承受管道的重量；倒流防止器两端宜安装维修闸阀，进口前宜安装过滤器，至少一端应装有可挠性接头；泄水阀的排水口不应直接与排水管道固定连接，漏水斗下端面与地面距离不应小于 300mm。

62.【答案】ABC

【解析】室外给水管网允许直接吸水时，吸水管上装阀门、止回阀和压力表，并应绕水泵设置装有阀门的旁通管。

每台水泵的出水管上应装设止回阀、阀门和压力表，并应设防水锤措施。

备用泵的容量与最大一台水泵相同。

63.【答案】AC

【解析】室外供暖管道采用无缝钢管和钢板卷焊管，室内的采用焊接钢管或镀锌钢管。

钢管的连接可采用焊接、法兰连接和丝扣连接。

64.【答案】ABD

【解析】供暖管道安装要求：

2）管径大于 32mm 宜采用焊接或法兰连接。

3）热水供暖和汽、水同向流动的蒸汽和凝结水管道，坡度一般为 3‰；汽、水逆向流动的蒸汽管道，坡度不得小于 5‰。

4）管道最高点安装排气装置，最低点安装泄水装置。

5）管道穿过墙或楼板，应设置填料套管。穿外墙或基础时，应加设防水套管。套管直径比管道直径大两号为宜。管道穿过厨房、卫生间等容易积水的房间楼板，应加设填料套管。

供回水干管的共用立管宜采用热镀锌钢管螺纹连接。一对共用立管每层连接的户数不宜大于三户。

65.【答案】A

【解析】（1）燃气管材和管件的选用。

低压管道当管径 DN<50mm 时，一般选用镀锌钢管，螺纹连接；当管径 DN>50mm 时，选用无缝钢管，焊接或法兰连接。

中压管道选用无缝钢管，焊接或法兰连接。

按安装位置选材：明装采用镀锌钢管，丝扣连接；埋地敷设采用无缝钢管，焊接。无缝钢管壁厚不得小于 3mm；引入管壁厚不得小于 3.5mm，公称直径不得小于 40mm。

管件选用：管道丝扣连接时，管件选用铸铁管件（KT）；管道焊接或法兰连接时，管件选用钢制对焊无缝管件，材质为 20#钢。

66.【答案】C

【解析】燃气管在安装完毕、压力试验前应进行吹扫，吹扫介质为压缩空气，吹扫流速不宜低于 20m/s，吹扫压力不应大于工作压力。

室内燃气管道安装完毕后必须按规定进行强度和严密性试验，试验介质宜采用空气，严禁用水。

中压 B 级天然气管道全部焊缝需 100%超声波无损探伤，地下管 100%X 光拍片，地上管 30%X 光拍片（无法拍片部位除外）。

67.【答案】A

【解析】锁闭阀既可在供热计量系统中作为强制收费的管理手段，又可在常规供暖系统中利用其调节功能。当系统调试完毕即锁闭阀门，避免用户随意调节，维持系统正常运行。

调节阀调节流量、压力、温度。

关断阀起开闭作用。

平衡阀是用于规模较大的供暖或空调水系统的水力平衡。平衡阀安装位置在建筑供暖和空调系统入口，干管分支环路或立管上。

68.【答案】B

【解析】（1）密闭罩。有害物源全部密闭在罩内，从罩外吸入空气，使罩内保持负压。只需要较小的排风量就能对有害物进行有效控制。

（3）外部吸气罩。利用排风气流的作用，使有害物吸入罩内。

（4）接受式排风罩。生产过程或设备本身会产生或诱导一定的气流运动，如高温热源上部的对流气流等，把排风罩设在污染气流前方，有害物会随气流直接进入罩内。

（5）吹吸式排风罩。是利用射流能量密集、速度衰减慢，而吸气气流速度衰减快的特点，使有害物得到有效控制。它具有风量小、控制效果好、抗干扰能力强、不影响工艺操作等特点。

69.【答案】D

【解析】（3）旋风除尘器。是利用离心力从气流中除去尘粒的设备。

（4）湿式除尘器。除尘器结构简单、投资低、占地面积小、除尘效率高，能同时进行有害气体的净化，但不能干法回收物料，泥浆处理比较困难，有时要设置专门的废水处理系统。文氏管属于湿式除尘器。

（5）过滤式除尘器。可分为袋式除尘器、颗粒层除尘器、空气过滤器三种类型。过滤式除尘器属高效过滤设备，应用非常广泛。

（6）静电除尘器。静电除尘器除尘效率高、耐温性能好、压力损失低；但一次投资高、钢材消耗多、要求较高的制造安装精度。

70.【答案】B

【解析】（1）阻性消声器是利用敷设在气流通道内的多孔吸声材料来吸收声能，降低沿通道传播的噪声。具有良好的中、高频消声性能。

（2）抗性消声器利用声波通道截面的突变（扩张或收缩）达到消声的目的。具有良好的低频或低中频消声性能。

（3）扩散消声器。器壁上设许多小孔，气流经小孔喷射后，通过降压减速，达到消声目的。

（4）缓冲式消声器。利用多孔管和腔室阻抗作用，将脉冲流转化为平滑流。

（5）干涉型消声器。利用波在传播过程中，相波相互削弱或完全抵消，达到消声目的。

（6）阻抗复合消声器对低、中、高整个频段内的噪声均可获得较好的消声效果。

71.【答案】CD

【解析】镀锌钢板及含有各类复合保护层的钢板应采用咬口连接或铆接，不得采用焊接连接。

72.【答案】A

【解析】夹套管由内管（主管）和外管组成。材质采用碳钢或不锈钢，内管输送的介质为工艺物料，外管的介质为蒸汽、热水、冷媒或联苯热载体等。

73.【答案】A

【解析】（1）不锈钢管道使用钢丝绳、卡扣搬运或吊装时，钢丝绳、卡扣等不得与管道直接接触，应采用橡胶或木板等软材料进行隔离。

（2）不锈钢宜采用机械和等离子切割机等进行切割。应使用不锈钢专用砂轮片，不得使用切割碳素钢管的砂轮。

（3）不锈钢管坡口宜采用机械、等离子切割机、砂轮机等制作。

（4）不锈钢管焊接一般可采用手工电弧焊及氩弧焊。薄壁管可采用钨极惰性气体保护焊，壁厚大于 3mm 时，应采用氩电联焊。

（5）不锈钢管道焊接时，在焊口两侧各100mm范围内，采取防护措施，如用非金属片遮住或涂白垩粉。

（7）法兰连接可采用焊接法兰、焊环活套法兰、翻边活套法兰。不锈钢法兰应使用不锈钢螺栓；不锈钢法兰使用的非金属垫片，其氯离子含量不得超过25ppm。

（9）不锈钢管道穿过墙壁、楼板时，应加设套管。

（10）不锈钢管组对时，采用螺栓连接形式。严禁将碳素钢卡具焊接在不锈钢管口上用来对口。

74.【答案】CD

【解析】衬胶管与管件的基体一般为碳钢、铸铁，要求表面平整、无砂眼、气孔等缺陷，大多采用无缝钢管。

（1）管道焊接应采用对焊。

（3）现场加工的钢制弯管，弯曲角度不应大于90°，弯曲半径不小于管外径的4倍，且只允许一个平面弯。

（5）管段及管件的机械加工，焊接、热处理等应在衬里前进行完毕，并经预装、编号、试压及检验合格。

75.【答案】BC

【解析】高压管子探伤的焊口数量应符合以下要求：

①若采用X射线透视，转动平焊抽查20%，固定焊100%透视。

②若采用超声波探伤，100%检查。

③探伤不合格的焊缝允许返修，每道焊缝的返修次数不得超过一次。

76.【答案】B

【解析】金属油罐罐底焊接完毕后，通常用真空箱试验法或化学试验法进行严密性试验，罐壁严密性试验一般采用煤油试漏法，罐顶则一般利用煤油试漏或压缩空气试验法以检查其焊缝的严密性。

77.【答案】BC

【解析】低压湿式气柜构造简单，易于施工，但是其煤气压力波动大，土建基础费用高，冬季耗能大，检修时产生大量污水，寿命只有约10年。

低压干式气柜基础费用低，占地少，运行管理和维修方便，维修费用低，无大量污水产生，煤气压力稳定，寿命可长达30年。大容量干式气柜在技术与经济两方面均优于湿式气柜。低压干式气柜内部有活塞。

高压气柜贮存压力最大约16MPa。高压气柜没有内部活动部件，结构简单。按其贮存压力变化而改变其贮存量。

78.【答案】ABC

【解析】静置设备安装——整体塔器安装。计量单位"台"。其工作内容包括：①塔器安装；②吊耳制作、安装；③塔盘安装；④设备填充；⑤压力试验；⑥清洗、脱脂、钝化；⑦灌浆。

79.【答案】AD

【解析】（5）铝及铝合金管子与支架之间须垫毛毡、橡胶板、软塑料等进行隔离。

（6）管道保温时，不得使用石棉绳、石棉板、玻璃棉等带有碱性的材料，应选用中性保温材料。

80.【答案】BC

【解析】高压管件一般采用高压钢管焊制、弯制和缩制。

焊接三通由高压无缝钢管焊制而成。

高压管道的弯头和异径管，可在施工现场用高压管子弯制和缩制。

二、（81~100题）电气和自动化控制工程

81.【答案】C

【解析】

表 6.1.1　　　　　　　　　　　低压熔断器的分类及用途

主要类型	主要型号	用途
无填料封闭管式	RM10、RM7（无限流特性）	用于低压电网、配电设备中，作短路保护和防止连续过载之用
有填料封闭管式	RL系列，如 RL6、RL7、RL96（有限流特性）	用于500V以下导线和电缆及电动机控制线路。RLS2 为快速式
	RT系列，如 RT0、RT11、RT14 等（有限流特性）	用于要求较高的导线和电缆及电气设备的过载和短路保护
	RS0、RS3系列快速熔断器（有较强的限流特性）	RS0 适用于 750V、480A 以下线路晶闸管元件及成套装置短路保护。RS3 适用于 1000V、700A 以下线路晶闸管及成套装置的短路保护
自复式	RZ1型	与断路器配合使用

注：R—熔断器；M—封闭管式；L—螺旋式；T—有填料式；S—快速式；Z—自复式。

（2）RT0 型有填料封闭管式熔断器。具有较强的灭弧能力，有限流作用。熔体还具有"锡桥"，利用"冶金效应"可使熔体在较小的短路电流和过负荷时熔断。

（3）NT 系列熔断器（国内型号为 RT16 系列）。该系列熔断器现广泛用于低压开关柜中，适用于 660V 及以下电力网络及配电装置，作过载时保护作用。主要特点为体积小，重量轻、功耗小、分断能力高。

82.【答案】B

【解析】万能式低压断路器，又称框架式自动开关。它主要用作低压配电装置的主控制开关。

低压熔断器用于低压系统中设备及线路的过载和短路保护。

低压配电箱按用途分，有动力配电箱和照明配电箱。动力配电箱主要用于对动力设备配电，也可以兼向照明设备配电。照明配电箱主要用于照明配电，也可以给一些小容量的单相动力设备包括家用电器配电。

83.【答案】BCD

【解析】1）在三相四线制系统，必须采用四芯电力电缆，不应采用三芯电缆另加一

根单芯电缆或电缆金属护套等作中性线的方式。

2）并联运行的电力电缆，应采用相同型号、规格及长度的电缆。

3）电缆敷设时，在电缆终端头与电源接头附近均应留有备用长度，以便在故障时提供检修。直埋电缆尚应在全长上留少量裕度，并作波浪形敷设，以补偿运行时因热胀冷缩而引起的长度变化。

84.【答案】BC

【解析】电缆在室外直接埋地敷设。埋设深度不应小于0.7m，经过农田的电缆埋设深度不应小于1m，埋地敷设的电缆必须是铠装并且有防腐保护层，裸钢带铠装电缆不允许埋地敷设。

直埋电缆在直线段每隔50~100m处、电缆接头处、转弯处、进入建筑物等处应设置明显的方位标志或标桩。

电缆穿导管敷设。要求管道的内径等于电缆外径的1.5~2倍，管子的两端应做喇叭口。交流单芯电缆不得单独穿入钢管内。敷设电缆管时应有0.1%的排水坡度。

85.【答案】C

【解析】（1）绝缘电阻测试能有效地反映绝缘的整体受潮、污秽以及严重过热老化等缺陷。

（2）泄漏电流的测试和绝缘电阻本质上没有多大区别，但是泄漏电流的测量有如下特点：

1）试验电压比兆欧表高得多，能发现一些尚未贯通的集中性缺陷；

2）有助于分析绝缘的缺陷类型；

3）泄漏电流测量用的微安表要比兆欧表精度高。

（3）直流耐压试验与交流耐压试验相比，具有试验设备轻便、对绝缘损伤小和易于发现设备的局部缺陷等优点。

（4）交流耐压试验。能有效地发现较危险的集中性缺陷。它是鉴定电气设备绝缘强度最直接的方法。

（5）介质损耗因数 tanδ 测试。可以很灵敏地发现电气设备绝缘整体受潮、劣化变质以及小体积设备贯通和未贯通的局部缺陷。

（6）用测量电容比法来检验纤维绝缘的受潮状态。

（10）接地电阻测试。针式接地极的接地电阻应小于4Ω；板式接地极的接地电阻不应大于1Ω。如接地装置的接地电阻达不到上述标准时，应加"降阻剂"或增加接地极的数量或更换接地极的位置后，再测试接地电阻，直到合乎标准为止。

86.【答案】D

【解析】架空线路的敷设。架空导线间距不小于300mm，靠近混凝土杆的两根导线间距不小于500mm。上下两层横担间距：直线杆时为600mm；转角杆时为300mm。广播线、通信电缆与电力同杆架设时应在电力线下方，二者垂直距离不小于1.5m。

87.【答案】D

【解析】比例调节（P）。当被调参数与给定值有偏差时，调节器能按被调参数与给定值的偏差大小与方向发出与偏差成正比例的控制信号。比例调节器的特点是调节速度快，稳定性高，不容易产生过调节现象，缺点是调节过程最终有残余偏差。

积分调节（I）。积分调节是当被调参数与给定值发生偏差时，调节器输出使调节机构动作，一直到被调参数与给定值之间偏差消失为止。积分调节多用于压力、流量和液位的调节上，而不能用在温度上。

比例积分调节（PI）。发生偏差时，调节器的输出信号不仅与输入偏差保持比例关系，同时还与偏差存在的时间长短成比例。

比例微分调节（PD）。发生偏差时，调节器的输出信号不仅与输入偏差保持比例关系，同时还与偏差的变化速度有关。

比例积分—微分调节（PID）。发生偏差时，调节器输出信号不仅与输入偏差信号大小有关，与偏差存在时间长短有关，还与偏差变化的速度有关。PID调节用在惯性滞后大的场合，如温度测量。

88.【答案】A

【解析】（1）测量液位的仪表。玻璃管（板）式、称重式、浮力式（浮筒、浮球、浮标）、静压式（压力式、差压式）、电容式、电阻式、超声波式、放射性式、激光式及微波式等；

（2）测量界位的仪表。浮力式、差压式、电极式和超声波式等；

（3）测量料位的仪表。重锤探测式、音叉式、超声波式、激光式、放射性式等。

总结：液位、料位、界面三种均能侧的是超声波式；测量界位的仪表独有的是电极式；测量料位独有的仪表是重锤探测式、音叉式。

89.【答案】C

【解析】（4）水管压力传感器不宜在焊缝及其边缘上开孔和焊接安装。水管压力传感器的开孔与焊接应在工艺管道安装时同时进行。必须在工艺管道的防腐和试压前进行。

（5）水管压力传感器宜选在管道直管部分，不宜选在管道弯头、阀门等阻力部件的附近，水流流束死角和振动较大的位置。

（6）水管压力传感器应加接缓冲弯管和截止阀。

90.【答案】A

【解析】（2）电磁流量计应安装在直管段。

（3）流量计的前端应有长度为 $10D$ 的直管，流量计的后端应有长度为 $5D$ 的直管段。

（4）传感器前后的管道中安装有阀门和弯头等影响流量平稳的设备，则直管段的长度还需相应增加。

（5）系统如有流量调节阀，电磁流量计应安装在流量调节阀的前端。

91.【答案】ABD

【解析】集散型控制系统由集中管理部分、分散控制部分和通信部分组成。分散控制部分用于对现场设备的运行状态、参数进行监测和控制。

92.【答案】ACD

【解析】路由器必须具有如下的安全特性：可靠性与线路安全、身份认证、访问控制、信息隐藏、数据加密、攻击探测和防范。

93.【答案】B

【解析】有线电视信号的传输分为有线传输和无线传输。有线传输常用同轴电缆和光缆为介质。无线传输有多频道微波分配系统和调幅微波链路。闭路电视系统中大量使用同轴电缆作为传输介质。光缆传输电视信号具有传输损耗小、频带宽、传输容量大、频率特性好、抗干扰能力强、安全可靠等优点，是有线电视信号传输技术手段的发展方向。

94.【答案】BC

【解析】③ 电话线路保护管，最小标称管径不小于 15mm，最大不大于 25mm。一根保护管最多布放 6 对电话线。

⑤ 暗装墙内的电话分线箱安装高度宜为底边距地面 0.5～1.0m。

⑥ 电话出线盒的安装高度，底边距地面宜为 0.3m。

95.【答案】D

【解析】（5）光缆接续按设计图示数量"头"计算；光缆成端接头按设计图示数量"芯"计算；光缆中继段测试按设计图示数量"中继段"计算；电缆芯线接续、改接按设计图示数量"百对"计算。

（6）堵塞成端套管等按设计图示数量"个"计算；电缆全程测试按设计图示数量"百对"计算。

96.【答案】B

【解析】计算机技术、通信技术、系统科学、行为科学是办公自动化四大支柱。

（1）计算机技术：办公自动化系统数据的采集、存储和处理都依赖于计算机技术。

（2）通信技术：通信系统是办公自动化系统的神经系统。它完成信息的传递任务。

97.【答案】CD

【解析】可视电话属于语音处理设备。

传真机属于图形图像处理设备。

办公自动化使用的数据传输及通信设备。包括：调制解调器、长距离数据收发器、通信控制器、公用电话交换网、局域网、专用自动交换机、综合业务数字网（ISDN）和公用分组交换网等。

98.【答案】B

【解析】

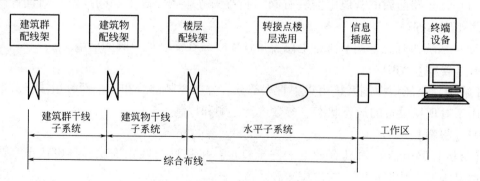

图 6.4.4　综合布线系统原理图

从建筑群配线架到各建筑物配线架属于建筑群干线布线子系统。建筑群干线子系统宜采用光缆，语音传输有时也可以选用大对数电缆。

从建筑物配线架到各楼层配线架属于建筑物干线布线子系统（有时也称垂直干线子系统）。该子系统包括建筑物干线电缆、建筑物干线光缆及其在建筑物配线架和楼层配线架上的机械终端与建筑物配线架上的接插软线和跳接线。建筑物干线电缆、建筑物干线光缆应直接端接到有关的楼层配线架，中间不应有转接点或接头。

从楼层配线架到各信息插座属于水平布线子系统。允许有一个转接点。工作区布线是用接插软线把终端设备或通过适配器把终端设备连接到工作区的信息插座上。

99.【答案】D

【解析】楼层配线间交接设备主要是配线架。配线架又可分为电缆配线架和光缆配线架（箱）。

光缆配线架（箱）类型有：LGX 光纤配线架，组合式可滑动配线架，光纤接续箱等。

电缆配线架类型有：模块化系列配线架和 110 系列配线架。110 系列分为夹接式（A 型）和插接式（P 型）。110A 系统可以应用于所有场合，特别适应信息插座比较多的建筑物。

100.【答案】D

【解析】配线架，跳线架，信息插座，光纤盒以"个（块）"计算；光纤连接以"芯（端口）"计算；光缆终端盒以"个"计算；布放尾纤"根"；线管理器，跳块以"个"计算；双绞线测试，光纤测试按"链路（点、芯）"计算。

模拟题五答案与解析①

一、单项选择题 (共 **40** 题，每题 **1** 分。每题的备选项中，只有 **1** 个最符合题意)

1.【答案】A

【解析】铸铁与钢相比，碳、硅含量高，杂质含量也较高。磷在耐磨铸铁中提高其耐磨性，锰和硅都是铸铁中的重要元素，唯一有害的元素是硫。

2.【答案】C

【解析】铝管的特点是重量轻，不生锈，但机械强度较差，不能承受较高的压力，铝管常用于输送浓硝酸、过氧化氢等液体及硫化氢、二氧化碳气体。它不耐碱及含氯离子的化合物，如盐水和盐酸等介质。

铜管的导热性能良好，适宜工作温度在 250℃ 以下，多用于制造换热器、压缩机输油管、低温管道、自控仪表以及保温伴热管和氧气管道等。

镍及镍合金可用于高温、高压、高浓度或混有不纯物等各种苛刻腐蚀环境。镍力学性能良好，尤其塑性、韧性优良，能适应多种腐蚀环境。广泛应用于化工、制碱等行业中的压力容器、换热器、塔器、冷凝器等。

钛及钛合金只在 540℃ 以下使用；钛具有良好的低温性能；常温下钛具有极好的抗蚀性能，在硝酸和碱溶液等介质中十分稳定。但在任何浓度的氢氟酸中均能迅速溶解。钛管价格昂贵，焊接难度大。

铅对硫酸、磷酸、亚硫酸、铬酸和氢氟酸等则有良好的耐蚀性。铅不耐硝酸、次氯酸、高锰酸钾、盐酸的腐蚀。铅的机械性能不高，自重大。

镁及镁合金的比强度和比刚度可以与合金结构钢媲美，镁合金能承受较大的冲击、振动荷载，并有良好的机械加工性能和抛光性能。其缺点是耐蚀性较差、缺口敏感性大及熔铸工艺复杂。

3.【答案】C

【解析】c. 聚丙烯（PP）。聚丙烯具有质轻、不吸水，介电性、化学稳定性和耐热性良好。力学性能优良，但是耐光性能差，易老化，低温韧性和染色性能不好。聚丙烯主要用于制作受热的电气绝缘零件、防腐包装材料以及耐腐蚀的（浓盐酸和浓硫酸除外）化工设备等。使用温度为 -30~100℃。

e. 聚四氟乙烯俗称塑料王，具有非常优良的耐高、低温性能，可在 -180~260℃ 范围内长期使用。几乎耐所有的化学药品，在侵蚀性极强的王水中煮沸也不起变化，摩擦系数极低。聚四氟乙烯不吸水、电性能优异，是目前介电常数和介电损耗最小的固体绝缘材料。缺点是强度低、冷流性强。

---

① 各题目解析中使用的序号与本科目教材中相应部分的序号保持一致，方便考生与教材对应。

f. 聚苯乙烯（PS）。聚苯乙烯制品具有极高的透明度，电绝缘性能好，刚性好及耐化学腐蚀。但性脆，冲击强度低，易出现应力开裂，耐热性差及不耐沸水等。聚苯乙烯泡沫塑料是目前使用最多的一种缓冲材料。它具有闭孔结构，吸水性小，有优良的抗水性；密度小；机械强度好，缓冲性能优异；加工性好，易于模塑成型；着色性好，温度适应性强，抗放射性优异等优点，在外墙保温中占有率很高。但燃烧时会放出污染环境的苯乙烯气体。

g. ABS 树脂。普通 ABS 是丙烯腈、丁二烯和苯乙烯的三元共聚物。具有"硬、韧、刚"的混合特性，综合机械性能良好。同时尺寸稳定，容易电镀和易于成型，耐热和耐蚀性较好，在-40℃的低温下仍有一定的机械强度。丙烯腈的增加，可提高塑料的耐热、耐蚀性和表面硬度；丁二烯可提高弹性和韧性；苯乙烯则可改善电性能和成型能力。

h. 聚甲基丙烯酸甲酯俗称亚克力或有机玻璃，透光率达 92%。在自然条件下老化慢。缺点是表面硬度不高，易擦伤，比较脆，易溶于有机溶液中。

4.【答案】C

【解析】电力电缆是用于传输和分配电能的一种电缆。

控制电缆用于远距离操作、控制、信号及保护测量回路。作为各类电气仪表及自动化仪表装置之间的连接线，起着传递各种电气信号、保障系统安全、可靠运行的作用。

综合布线电缆用于传输语言、数据、影像和其他信息的标准结构化布线系统，实现高速率数据的传输要求。综合布线系统使语言和数据通信设备、交换设备和其他信息管理设备彼此连接。综合布线系统使用的传输媒体有各种大对数铜缆和各类非屏蔽双绞线及屏蔽双绞线。

母线是各级电压配电装置中的中间环节，它的作用是汇集、分配和传输电能。

5.【答案】B

【解析】

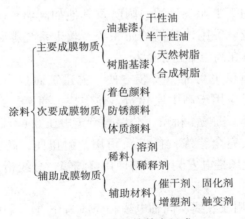

图 1.2.1　涂料的基本组成

6.【答案】D

【解析】涂料分为主要成膜物质（油料、树脂）、次要成膜物质（颜料）、辅助成膜物质（稀料、辅助材料）。

颜料使涂料具有装饰性，能改善涂料的物理和化学性能，提高涂层的机械强度、附着力、抗渗性和防腐蚀性能，滤去有害光波，增进涂层的耐候性和保护性。

化学防锈颜料，如红丹、锌铬黄、锌粉、磷酸锌和有机铬酸盐等；

物理性防锈颜料，如铝粉、云母氧化铁、氧化锌和石墨粉等。

7.【答案】D

【解析】管筒式防火套管。一般适合保护较短或较平直的管线，电缆保护，汽车线束，发电机组中常用，安装后牢靠，不易拆卸，密封、绝缘、隔热、防潮的效果较好。

缠绕式防火套管。主要用于阀门、弯曲管道等不规则被保护物的高温防护，缠绕方便，也适用于户外高温管道，如天然气管道、暖气管道等，起到保温、隔热作用，减少热量损失。

搭扣式防火套管。优点在于拆装方便，安装时不需要停用设备，拆开缆线等，只需将套管从中间黏合即可起到密封绝缘的作用，不影响设备生产而且节省安装时间。大型冶炼设备中常用，金属高温软管中也有使用。

8.【答案】B

【解析】截止阀不适用于带颗粒和黏性较大的介质。

止回阀一般适用于清洁介质，对于带固体颗粒和黏性较大的介质不适用。

球阀在管道上主要用于切断、分配和改变介质流动方向，适用于水、溶剂、酸和天然气等一般工作介质，而且还适用于工作条件恶劣的介质，如氧气、过氧化氢、甲烷和乙烯等，且特别适用于含纤维、微小固体颗料等介质。

节流阀不适用于黏度大和含有固体悬浮物颗粒的介质。

9.【答案】D

【解析】铜（铝）芯交联聚乙烯绝缘电力电缆。电场分布均匀，没有切向应力，耐高温（90℃），与聚氯乙烯绝缘电力电缆截面相等时载流量大，重量轻，接头制作简便，无敷设高差限制，适宜于高层建筑。

矿物绝缘电缆。适用于工业、民用、国防及其他如高温、腐蚀、核辐射、防爆等恶劣环境中；也适用于工业、民用建筑的消防系统、救生系统等必须确保人身和财产安全的场合。矿物绝缘电缆可在高温下正常运行。

预制分支电缆。具有供电可靠、安装方便、占建筑面积小、故障率低、价格便宜、免维修维护等优点，广泛应用于高中层建筑、住宅楼、商厦、宾馆、医院的电气竖井内垂直供电，也适用于隧道、机场、桥梁、公路等额定电压 0.6/1kV 配电线路中。

穿刺分支电缆。接头完全绝缘，且接头耐用，耐扭曲，防震、防水、防腐蚀老化，安装简便可靠，可以在现场带电安装，不需使用终端箱、分线箱。

10.【答案】D

【解析】有线传输常用双绞线、同轴电缆和光缆为介质。其中双绞线和同轴电缆传输电信号，光缆传输光信号。

通信电缆是指传输电话、电报、传真文件、电视和广播节目、数据和其他电信号的电缆。由一对以上相互绝缘的导线绞合而成。通信电缆具有通信容量大、传输稳定性高、保密性好、少受自然条件和外部干扰影响等优点。双绞线（双绞电缆）扭绞的目的是使对外的电磁辐射和遭受外部的电磁干扰减少到最小。

光能量主要在光纤的纤芯内传输。光纤只导光不导电，不怕雷击，也不需用接地保护，而且保密性好。光纤损耗小，且损耗和带宽不受环境温度影响。用通信光缆传输电视信号具有传输损耗小、频带宽、传输容量大、频率特性好、抗干扰能力强、安全可靠等优点，是有线电视信号传输技术手段的发展方向。

有线通信系统中大量使用同轴电缆作为传输介质。电缆的芯线越粗，其损耗越小。长距离传输多采用内导体粗的电缆。同轴电缆的损耗与工作频率的平方根成正比。电缆的衰减与温度有关，随着温度增高，其衰减值也增大。

11.【答案】C

【解析】利用碳弧气割可在金属上加工沟槽。碳弧气割的适用范围及特点为：

（1）在清除焊缝缺陷和清理焊根时，能清楚地观察到缺陷的形状和深度，生产效率高。

（2）可用来加工焊缝坡口，特别适用于开 U 形坡口。

（3）使用方便，操作灵活。

（4）可加工铸铁、高合金钢、铜和铝及其合金等，但不得切割不锈钢。

（5）设备、工具简单，操作使用安全。

（6）碳弧气割可能产生的缺陷有夹碳、粘渣、铜斑、割槽尺寸和形状不规则等。

12.【答案】A

【解析】

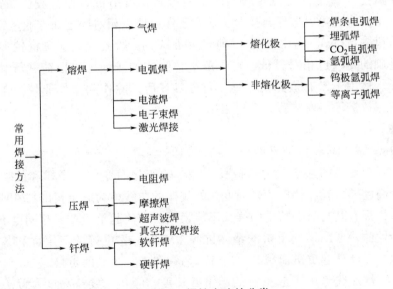

图 2.1.1   焊接方法的分类

13.【答案】D

【解析】电渣焊总是以立焊方式进行，不能平焊。对熔池的保护作用比埋弧焊更强。电渣焊的焊接效率比埋弧焊高，焊接时坡口准备简单，热影响区比电弧焊宽得多，机械性能下降，故焊后一般要进行热处理（通常用正火）以改善组织和性能。电渣焊主要应用于 30mm 以上的厚件，特别适用于重型机械制造业，如轧钢机、水轮机、水压机及其他大型锻压机械。电渣焊可进行大面积堆焊和补焊。

14.【答案】B

【解析】基本型坡口。主要有I形、V形、单边V形、U形、J形坡口等。

组合型坡口。名称与字母有关，但又不是基本型坡口。

特殊型坡口。名称与字母无关。

15.【答案】D

【解析】衬铅一般采用搪钉固定法、螺栓固定法和压板条固定法。

衬铅的施工方法比搪铅简单，生产周期短，相对成本也低，适用于立面、静荷载和正压下工作；搪铅与设备器壁之间结合均匀且牢固，没有间隙，传热性好，适用于负压、回转运动和震动下工作。

16.【答案】B

【解析】由内到外，保冷结构由防腐层、保冷层、防潮层、保护层组成。

保温绝热结构由防腐层、保温层、保护层组成。与保冷结构不同的是，保温结构通常只有在潮湿环境或埋地状况下才需增设防潮层。

17.【答案】B

【解析】汽车起重机具有汽车的行驶通过性能，机动性强，行驶速度高，可以快速转移，特别适应于流动性大、不固定的作业场所。吊装时，靠支腿将起重机支撑在地面上。不可在360°范围内进行吊装作业，对基础要求也较高。

轮胎起重机行驶速度低于汽车式，高于履带式；可吊重慢速行驶；稳定性能较好，车身短，转弯半径小，可以全回转作业，适宜于作业地点相对固定而作业量较大的场合。

履带起重机是自行式、全回转的一种起重机械。一般大吨位起重机较多采用履带起重机。其对基础的要求也相对较低，在一般平整坚实的场地上可以荷载行驶作业。但其行走速度较慢。适用于没有道路的工地、野外等场所。除作起重作业外，在臂架上还可装打桩、抓斗、拉铲等工作装置，一机多用。

18.【答案】C

【解析】流动式起重机的特性曲线。

反映流动式起重机的起重能力随臂长、幅度的变化而变化的规律和反映流动式起重机的最大起升高度随臂长、幅度变化而变化的规律的曲线称为起重机的特性曲线。

每台起重机都有其自身的特性曲线，不能换用，即使起重机型号相同也不允许换用。

起重量特性曲线考虑了起重机的整体抗倾覆能力、起重臂的稳定性和各种机构的承载能力等因素。在计算起重机荷载时，应计入吊钩和索、吊具的重量。

起升高度特性曲线考虑了起重机的起重臂长度、倾角、铰链高度、臂头因承载而下垂的高度、滑轮组的最短极限距离等因素。

19.【答案】A

【解析】脱脂剂可采用四氯化碳、精馏酒精、三氯乙烯和二氯乙烷等作为脱脂用的溶剂。

对有明显油渍或锈蚀严重的管子进行脱脂时，应先采用蒸汽吹扫、喷砂或其他方法清除油渍和锈蚀后，再进行脱脂。

脱脂后应及时将脱脂件内部的残液排净，并应用清洁、无油压缩空气或氮气吹干，不得采用自然蒸发的方法清除残液。当脱脂件允许时，可采用清洁无油的蒸汽将脱脂残液吹除干净。

有防锈要求的脱脂件经脱脂处理后，宜采取充氮封存或采用气相防锈纸、气相防锈塑料薄膜等措施进行密封保护。

20.【答案】B

【解析】（1）当进行管道化学清洗时，应将无关设备及管道进行隔离。

（3）管道酸洗钝化应按脱脂、酸洗、水洗、钝化、水洗、无油压缩空气吹干的顺序进行。当采用循环方式进行酸洗时，管道系统应预先进行空气试漏或液压试漏检验合格。

（4）化学清洗后的管道以内壁呈金属光泽为合格。

（5）对不能及时投入运行的化学清洗合格的管道，应采取封闭或充氮保护措施。

21.【答案】D

【解析】钝化系指在经酸洗后的设备和管道内壁金属表面上用化学的方法进行流动清洗或浸泡清洗以形成一层致密的氧化铁保护膜的过程。

预膜即化学转化膜。特别是酸洗和钝化合格后的管道，可利用预膜的方法加以防护。其防护功能主要是依靠降低金属本身的化学活性来提高它在环境介质中的稳定性。此外，也依靠金属表面上的转化产物对环境介质的隔离而起到防护作用。

22.【答案】D

【解析】管道压力试验包括：液压试验、气压试验、泄漏性试验、管道真空度实验。

设备压力试验包括：液压试验、气压试验、气密性试验。

23.【答案】C

【解析】附录A 机械设备安装工程（编码：0301）；

附录B 热力设备安装工程（编码：0302）；

附录C 静置设备与工艺金属结构制作安装工程（编码：0303）；

附录D 电气设备安装工程（编码：0304）；

附录E 建筑智能化工程（编码：0305）；

附录F 自动化控制仪表安装工程（编码：0306）；

附录G 通风空调工程（编码：0307）；

附录H 工业管道工程（编码：0308）；

附录J 消防工程（编码：0309）；

附录K 给水排水、供暖、燃气工程（编码：0310）；

附录L 通信设备及线路工程（编码：0311）；

附录M 刷油、防腐蚀、绝热工程（编码：0312）；

附录N 措施项目（编码：0313）。

24.【答案】C

【解析】汇总工程量时，其精确度取值：以"m""m²""m³""kg"为单位，应保留小数点后两位数字；以"t"为单位，应保留小数点后三位数字；以"个""件""根""组""系统"为单位，应取整数。

25.【答案】C

【解析】2）交流电动机电梯：

调速电梯。启动时采用开环，减速时采用闭环。

调压调速电梯。启动时采用闭环，减速时也采用闭环。

调频调压调速电梯（VVVF驱动的电梯）。性能优越、安全可靠、速度可达6m/s。交流电动机低速范围为有齿轮减速器式；高速范围为无齿轮减速器式。近年来无齿轮减速器式正逐渐覆盖低速范围，矢量VVVF调速电梯使用较广。

蜗杆蜗轮式减速器为有齿轮减速器的电梯，运行速度2.5m/s以下。

26.【答案】C

【解析】每台电梯均具有用于轿厢和对重装置的两组至少4列导轨。

每根导轨上至少应设置2个导轨架，各导轨架之间的间隔距离应不大于2.5m。

27.【答案】D

【解析】轴流泵输送的液体沿泵轴方向流动。适用于低扬程大流量送水。

往复泵与离心泵相比，有扬程无限高、流量与排出压力无关、具有自吸能力的特点，但缺点是流量不均匀。

齿轮泵。属于回转泵。一般适用于输送具有润滑性能的液体，主要是作为辅助油泵。

螺杆泵。属于回转泵。主要特点是液体沿轴向移动，流量连续均匀，脉动小，流量随压力变化也很小，运转时无振动和噪声，泵的转数可高达18000r/min，能够输送黏度变化范围大的液体。

28.【答案】C

【解析】按产生压力的高低分类。分为：通风机（排出气体压力≤14.7kPa）、鼓风机（14.7kPa<排出气体压力≤350kPa）、压缩机（排出气体压力>350kPa）。

a.离心式通风机按输送气体压力可分为低、中、高压三种。

低压离心式通风机≤0.98kPa；

0.98kPa<中压离心式通风机≤2.94kPa；

2.94kPa<高压离心式通风机≤14.7kPa。

29.【答案】A

【解析】压缩机按作用原理可分为容积式和透平式两大类。往复活塞式（简称活塞式）压缩机属容积式，在使用范围和产量上均占主要地位。

表4.1.2　　　　　　　活塞式与透平式压缩机性能比较

活塞式	透平式
1.气流速度低、损失小、效率高；	1.气流速度高，损失大；
2.压力范围广，从低压到超高压范围均适用；	2.小流量，超高压范围不适用；
3.适用性强，排气压力在较大范围内变动时，排气量不变。同一台压缩机还可用于压缩不同的气体；	3.流量和出口压力变化由性能曲线决定，若出口压力过高，机组则进入喘振工况而无法运行；
4.除超高压压缩机，机组零部件多用普通金属材料；	4.旋转零部件常用高强度合金钢；
5.外形尺寸及重量较大，结构复杂，易损件多，排气脉动性大，气体中常混有润滑油	5.外形尺寸及重量较小，结构简单，易损件少，排气均匀无脉动，气体中不含油

30.【答案】 D

【解析】 煤气发生设备包括煤气发生炉、煤气洗涤塔、电气滤清器、竖管和煤气发生附属设备五部分。

煤气发生附属设备包括旋风除尘器、焦油分离机、盘形阀、隔离水封、钟罩阀、余热锅炉、捕滴器、煤气排送机等。

31.【答案】 B

【解析】 烘炉前，锅炉本体要经过水压试验；烘炉可采用火焰或蒸汽。烘炉一般为14～15d，整体安装的锅炉，烘炉宜为2～4d。

煮炉用药为：氢氧化钠、磷酸三钠、碳酸钠。煮炉的时间通常为48～72h。

32.【答案】 B

【解析】 旋风除尘器结构简单、处理烟气量大，没有运动部件、造价低、维护管理方便，除尘效率一般可达85%左右，是工业锅炉烟气净化中应用最广泛的除尘设备。

麻石水膜除尘器除尘效率可以达到98%以上。

旋风水膜除尘器适合处理烟气量大和含尘浓度高的场合。

供热锅炉房多采用旋风除尘器。对于往复炉排、链条炉排等层燃式锅炉，一般采用单级旋风除尘器。对抛煤机炉、煤粉炉、沸腾炉等室燃炉锅炉，一般采用二级除尘；当采用干法旋风除尘达不到烟尘排放标准时，可采用湿式除尘。

33.【答案】 A

【解析】 石灰石（石灰）-石膏湿法在湿法烟气脱硫领域得到广泛应用。该工艺特点是：吸收剂价廉易得，且脱硫效率、吸收剂利用率高、能适应高浓度 SO_2 烟气条件、钙硫比低、脱硫石膏可以综合利用等。

缺点是基建投资费用高、水消耗大、脱硫废水具有腐蚀性等。

34.【答案】 D

【解析】 报警阀应逐个进行渗漏试验，试验压力为额定工作压力的2倍，试验时间为5min，阀瓣处应无渗漏。

35.【答案】 B

【解析】 干粉灭火系统适用于灭火前可切断气源的气体火灾，易燃、可燃液体和可熔化固体火灾，可燃固体表面火灾。它造价低，占地小，不冻结，对于无水及寒冷的北方尤为适宜。

干粉灭火系统不适用于火灾中产生含有氧的化学物质，如硝酸纤维，可燃金属及其氢化物，如钠、钾、镁等，可燃固体深位火灾，带电设备火灾。

36.【答案】 C

【解析】 1）泡沫炮系统适用于甲、乙、丙类液体、固体可燃物火灾现场。

2）干粉炮系统适用于液化石油气、天然气等可燃气体火灾现场。

3）水炮系统适用于一般固体可燃物火灾现场。

4）水炮系统和泡沫炮系统不得用于扑救遇水发生化学反应而引起燃烧、爆炸等物质的火灾。

37.【答案】 D

【解析】室外消火栓计量单位是"套"。

38.【答案】C

【解析】喷水室和表面式换热器都能对空气进行减湿处理。此外，减湿方法还有升温通风、冷冻减湿机减湿法、固体吸湿剂法和液体吸湿剂法。固体吸湿剂除湿原理是空气经过吸湿材料的表面或孔隙，空气中的水分被吸附，常用的固体吸湿剂是硅胶和氯化钙。

39.【答案】B

【解析】

表 4.4.2　　　　　　　　　　　　　单芯导线管选择表

线芯截面 (mm²)	焊接钢管（管内导线根数）									电线管（管内导线根数）									线芯截面 (mm²)
	2	3	4	5	6	7	8	9	10	10	9	8	7	6	5	4	3	2	
1.5		15		20			25				32			25			20		1.5
2.5		15		20			25				32			25			20		2.5
4	15		20			25		32			32				25			20	4
6		20		25			32			40			32			25		20	6
10	20		25		32		40		50					40		32		25	10

40.【答案】B

【解析】（1）用砂轮机切割配管是目前先进、有效的切割方法，切割速度快、功效高、质量好。禁止使用气焊切割。

（2）配管管子煨弯。DN25 以下的钢管可以用弯管器煨弯。DN70mm 以下的管子可用电动弯管机煨弯，DN70mm 以上的管子采用热煨。热煨管煨弯角度不应小于 90°。弯曲半径应符合下列规定：明设管不宜小于管外径的 6 倍，当两个接线盒间只有一个弯曲时，其弯曲半径不宜小于管外径的 4 倍。暗配管当埋设于混凝土内时，其弯曲半径不应小于管外径的 6 倍；当埋设于地下时，其弯曲半径不应小于外径的 10 倍。

二、多项选择题（共 20 题，每题 1.5 分，每题的备选项中，有 2 个或 2 个以上符合题意，至少有 1 个错项。错选，本题不得分；少选，所选的每个选项得 0.5 分）

41.【答案】ABC

【解析】耐火混凝土与普通耐火砖比较，具有施工简便、价廉和炉衬整体密封性强等优点，但强度较低。

42.【答案】AB

【解析】与普通材料相比，复合材料具有许多特性，具体表现在：高比强度和高比模量；耐疲劳性高；抗断裂能力强；减振性能好；高温性能好，抗蠕变能力强，如碳化硅纤维、氧化铝纤维与陶瓷复合，在空气中能耐 1200~1400℃高温，要比所有超高温合金的耐热性高出 100℃以上；耐腐蚀性好；较优良的减摩性、耐磨性、自润滑性和耐蚀性。

43.【答案】ACD

【解析】1）酸性焊条。其熔渣的成分主要是酸性氧化物（SiO_2、TiO_2、Fe_2O_3）。酸性焊条药皮中含有多种氧化物，具有较强的氧化性，促使合金元素氧化；酸性焊条对铁锈、水分不敏感，焊缝很少产生氢气孔。但酸性熔渣脱氧不完全，也不能有效地清除焊缝的硫、磷等杂质，故焊缝的金属的力学性能较低，一般用于焊接低碳钢和不太重要的碳钢结构。

2）碱性焊条。其熔渣的主要成分是碱性氧化物（如大理石、萤石等）。焊条的脱氧性能好，合金元素烧损少，焊缝金属合金化效果较好。遇焊件或焊条存在铁锈和水分时，容易出现氢气孔。碱性焊条的熔渣脱氧较完全，又能有效地消除焊缝金属中的硫，合金元素烧损少，所以焊缝金属的力学性能和抗裂性均较好，可用于合金钢和重要碳钢结构的焊接。

44.【答案】AB

【解析】套管分为柔性套管、刚性套管、钢管套管及铁皮套管，前两种套管用填料密封，适用于穿过水池壁、防爆车间的墙壁等。后两种套管只适用于穿过一般建筑物楼层或墙壁不需要密封的管道。

45.【答案】BCD

【解析】有线传输接续设备是系统中各种连接硬件的统称，包括连接器、连接模块、配线架、管理器等。

综合布线系统的部件包括传输媒介、连接件、信息插座等。

46.【答案】AB

【解析】渗透探伤包括渗透、清洗、显像和检查四个基本步骤。渗透探伤的优点是不受被检试件几何形状、尺寸大小、化学成分和内部组织结构、缺陷方位的限制，一次操作可同时检验开口于表面中所有缺陷；检验的速度快，大量的零件可以同时进行批量检验，缺陷显示直观，检验灵敏度高，操作简单，不需要复杂设备，费用低廉，能发现宽度 1μm 以下的缺陷。能检查出裂纹、夹杂、疏松、折叠、气孔等缺陷；对于结构疏松及多孔性材料不适用。最主要的限制是只能检出试件开口于表面的缺陷，且不能显示缺陷的深度及缺陷内部的形状和大小。

47.【答案】BC

【解析】2）硬质绝热制品金属保护层纵缝可咬接。半硬质或软质的保护层纵缝可插接或搭接。插接缝可用自攻螺钉或抽芯铆钉连接，而搭接缝只能用抽芯铆钉连接，钉间距 200mm。

3）金属保护层的环缝，可采用搭接或插接。水平管道环缝上一般不使用螺钉或铆钉固定。

4）保冷结构的金属保护层接缝宜用咬合或钢带捆扎结构。

5）铝箔玻璃钢薄板保护层的纵缝，不得使用自攻螺钉固定。可同时用带垫片抽芯铆钉和玻璃钢打包带捆扎进行固定。保冷结构的保护层，不得使用铆钉进行固定。

6）对水易渗进绝热层的部位应用玛蹄脂或胶泥严缝。

48.【答案】BCD

【解析】流动式起重机。主要有汽车起重机、轮胎起重机、履带起重机、全地面起重机、随车起重机等。适用范围广，机动性好，可以方便地转移场地，但对道路、场地要求较高，台班费较高。适用于单件重量大的大、中型设备、构件的吊装，作业周期短。

49.【答案】ACD

【解析】油清洗方法适用于大型机械的润滑油、密封油等管道系统的清洗。油清洗应在酸洗合格后、系统试运行前进行。不锈钢油系统管道宜采用蒸汽吹净后再进行油清洗。

（1）油清洗应采用系统内循环方式进行，每 8h 应在 40~70℃ 内反复升降油温 2~3 次。

（2）管道油清洗后用过滤网检验。

（3）油清洗合格的管道，应采取封闭或充氮保护措施。

50.【答案】AB

【解析】等离子弧焊是一种不熔化极电弧焊。离子气为氩气、氮气、氦气或其中二者之混合气。等离子弧广泛应用于焊接、喷涂和堆焊。等离子弧焊与 TIG 焊相比有以下特点：

1）焊接速度快，生产率高。

2）穿透能力强，在一定厚度范围内能获得锁孔效应，可一次行程完成 8mm 以下直边对接接头单面焊双面成型的焊缝。焊缝致密，成形美观。

3）电弧挺直度和方向性好，可焊接薄壁结构（如 1mm 以下金属箔的焊接）。

4）设备比较复杂、气体耗量大、费用较高，只宜于室内焊接。

51.【答案】BC

【解析】如 030801001 低压碳钢管，项目特征有：材质、规格、连接形式、焊接方法、压力试验、吹扫与清洗设计要求、脱脂设计要求等。（13 清单中的刷油、防腐、绝热属于单独的分部工程，不包含在工业管道安装中，应单独列）

52.【答案】AC

【解析】措施项目分为两类，无法对其工程量进行计量，称为总价措施项目，以"项"为计量单位进行编制，如：安全文明施工费，夜间施工，非夜间施工照明，二次搬运，冬雨季施工，地上、地下设施，建筑物的临时保护设施、已完工程及设备保护等；

另一类是可以计算工程量的项目，称为单价措施项目，如：脚手架工程，垂直运输、超高施工增加，吊车加固等。单价措施项目应按照分部分项工程项目清单的方式进行计量和计价。

53.【答案】AC

【解析】

表 3.3.1　　　　　　　　　　　专业措施项目一览表

序号	项目名称
1	吊装加固
2	金属抱杆安装、拆除、移位
3	平台铺设、拆除
4	顶升、提升装置
5	大型设备专用机具
6	焊接工艺评定

续表

序号	项目名称
7	胎（模）具制作、安装、拆除
8	防护棚制作、安装、拆除
9	特殊地区施工增加
10	安装与生产同时进行施工增加
11	在有害身体健康环境中施工增加
12	工程系统检测、检验
13	设备、管道施工的安全、防冻和焊接保护
14	焦炉烘炉、热态工程
15	管道安拆后的充气保护
16	隧道内施工的通风、供水、供气、供电、照明及通信设施
17	脚手架搭拆
18	其他措施

表 3.3.2　　　　　　　　　　通用措施项目一览表

序号	项目名称
1	安全文明施工（含环境保护、文明施工、安全施工、临时设施）
2	夜间施工增加
3	非夜间施工增加
4	二次搬运
5	冬雨期施工增加
6	已完工程及设备保护
7	高层施工增加

54.【答案】ABC

【解析】往复泵是依靠在泵缸内做往复运动的活塞或塞柱来改变工作室的容积，从而达到吸入和排出液体。往复泵与离心泵相比，有扬程无限高、流量与排出压力无关、具有自吸能力的特点，但缺点是流量不均匀。

55.【答案】ABC

【解析】压缩机按作用原理可分为容积式和透平式两大类。往复活塞式（简称活塞式）压缩机属容积式，在使用范围和产量上均占主要地位。

表 4.1.2　　　　　　　　　　活塞式与透平式压缩机性能比较

活塞式	透平式
1.气流速度低、损失小、效率高；	1.气流速度高，损失大；
2.压力范围广，从低压到超高压范围均适用；	2.小流量，超高压范围不适用；
3.适用性强，排气压力在较大范围内变动时，排气量不变。同一台压缩机还可用于压缩不同的气体；	3.流量和出口压力变化由性能曲线决定，若出口压力过高，机组则进入喘振工况而无法运行；

活塞式	透平式
4.除超高压压缩机，机组零部件多用普通金属材料； 5.外形尺寸及重量较大，结构复杂，易损件多，排气脉动性大，气体中常混有润滑油	4.旋转零部件常用高强度合金钢； 5.外形尺寸及重量较小，结构简单，易损件少，排气均匀无脉动，气体中不含油

56.【答案】BD

【解析】燃气供应系统主要由气源、输配系统和用户三部分组成。

燃气输配系统主要由燃气输配管网、储配站、调压计量装置、运行监控、数据采集系统等组成。

目前在中、低压两级系统中使用的压送设备有罗茨式鼓风机和往复式压送机。

57.【答案】ACD

【解析】一组消防水泵由工作泵和备用泵组成。同一泵组消防水泵型号宜一致，且工作泵不宜超过 3 台。

消防水泵应采用自灌式吸水；从市政管网直接抽水时，应在消防水泵出水管上设置倒流防止器。

一组消防水泵的吸水管不应少于两条；临时高压消防给水系统应采用防止消防水泵低流量空转过热的技术措施。

当设计无要求时，消防水泵的出水管上应安装止回阀和压力表；消防水泵泵组的总出水管上还应安装压力表和泄压阀。

58.【答案】BCD

【解析】水流指示器：用于自动喷水灭火系统中将水流信号转换成电信号的一种报警装置。连接方式有螺纹式、焊接式、法兰式及鞍座式水流指示器。

59.【答案】AB

【解析】1）自动喷水灭火系统管道的安装顺序为先配水干管、后配水管和配水支管。

3）管道变径时，宜采用异径接头；在管道弯头处不得采用补芯；当需要采用补芯时，三通上可用 1 个，四通上不应超过 2 个；公称通径大于 50mm 的管道上不宜采用活接头。

5）管道穿建筑物的变形缝时设置柔性短管；穿墙体或楼板时加设套管，套管长度不得小于墙体厚度或应高出楼面或地面 50mm。

60.【答案】AD

【解析】接触器主要用于频繁接通、分断交、直流电路，控制容量大，可远距离操作，配合继电器可以实现定时操作，联锁控制，各种定量控制和失压及欠压保护，广泛应用于自动控制电路，其主要控制对象是电动机。

磁力起动器由接触器、按钮和热继电器组成。热继电器是一种具有延时动作的过载保护器件。磁力起动器具有接触器的一切特点，两只接触器的主触头串联起来接入主电路，吸引线圈并联起来接入控制电路。用于某些按下停止按钮后电动机不及时停转易造成事故的生产场合。

选做部分

共 40 题，分为两个专业组，考生可在两个专业组的 40 个试题中任选 20 题作答，按所答的前 20 题计分，每题 1.5 分。试题由单选和多选组成。错选，本题不得分；少选，所选的每个选项得 0.5 分。

一、(61~80 题) 管道和设备工程

61.【答案】A

【解析】排水立管通常沿卫生间墙角敷设，宜靠近外墙。排水立管在垂直方向转弯时，应采用乙字弯或两个 45°弯头连接。立管上的检查口与外墙成 45°角。立管上应用管卡固定，管卡间距不得大于 3m，承插管一般每个接头处均应设置管卡。排水立管应作通球试验。

62.【答案】C

【解析】通气管常用的形式有：器具通气管、环形通气管、安全通气管、专用通气管、结合通气管等。

连接 4 个及以上卫生器具并与立管的距离大于 12m 的污水横支管和连接 6 个及以上大便器的污水横支管应设环形通气管。环形通气管在横支管最始端的两个卫生器具间接出，并在排水支管中心线以上与排水管呈垂直或 45°连接。

63.【答案】B

【解析】② 翼形散热器。圆翼形多用于不产尘车间，或是要求散热器高度小的地方。

③ 钢制板式散热器。新型高效节能散热器。装饰性强，小体积能达到最佳散热效果，无须加暖气罩，最大限度减小室内占用空间，提高了房间的利用率。

⑤ 钢制翅片管对流散热器。适用于蒸汽系统、热水系统、热风供暖装置。

⑥ 光排管散热器。是自行供热的车间厂房首选的散热设备，也适用于灰尘较大的车间。

64.【答案】C

【解析】膨胀管上严禁安装阀门；循环管严禁安装阀门；信号管应安装阀门；溢流管不应装阀门；排水管应装阀门。

65.【答案】BC

【解析】室内供暖系统试压前，在试压系统最高点设排气阀，在系统最低点装设手压泵或电泵。打开系统中全部阀门，但需关闭与室外系统相通的阀门。

66.【答案】A

【解析】调压器的燃气进、出口管道之间应设旁通管。

中压燃气调压站室外进口管道上，应设置阀门。

调压器及过滤器前后均应设置指示式压力表，调压器后应设置自动记录式压力仪表。

放散管管口应高出调压站屋檐 1.0m 以上。

在调压器燃气入口（或出口）处，应设防止燃气出口压力过高的安全保护装置。

67.【答案】AD

【解析】室外燃气聚乙烯（PE）管到安装，采用电熔连接或热熔连接，不得采用螺纹连接和粘结。聚乙烯管与金属管道连接，采用钢塑过渡接头连接。当 $D_e \leqslant 90mm$ 时，宜采用电熔连接，当 $D_e \geqslant 110mm$ 时，宜采用热熔连接。

68.【答案】C

【解析】空调按空气处理设备的设置情况分类：

（1）集中式系统。按送入每个房间的送风管的数目可分为单风管系统和双风管系统。

（2）半集中式系统。如风机盘管加新风系统为典型的半集中式系统。

（3）分散式系统（也称局部系统）。

69.【答案】AB

【解析】分体式空调机组。压缩机、冷凝器和冷凝器风机置于室外，称室外机；蒸发器、送风机、空气过滤器、加热器、加湿器等组成另一机组，置于室内，称室内机。

70.【答案】C

【解析】圆形风管一般不需要加固。当管径大于700mm，且管段较长时，每隔1.2m，可用扁钢平加固。矩形风管当边长大于或等于630mm，管段大于1.2m时，均应采取加固措施。边长小于或等于800mm的风管，宜采用棱筋、棱线的方法加固。当中、高压风管的管段长大于1.2m时，应采用加固框的形式加固。高压风管的单咬口缝应有加固、补强措施。

71.【答案】BC

【解析】不锈钢风管法兰连接的螺栓，宜用同材质的不锈钢制成。

铝板风管法兰连接应采用镀锌螺栓，并在法兰两侧垫镀锌垫圈。

硬聚氯乙烯风管和法兰连接，应采用镀锌螺栓或增强尼龙螺栓，螺栓与法兰接触处应加镀锌垫圈。

软管连接：主要用于风管与部件（如散流器、静压箱、侧送风口等）的连接。

风管安装连接后，在刷油、绝热前应按规范进行严密性、漏风量检测。

72.【答案】BC

【解析】空调系统热交换器安装。蒸汽加热器入口的管路上，应安装压力表和调节阀，在凝水管路上应安装疏水阀。热水加热器的供回水管路上应安装调节阀和温度计，加热器上还应安装放气阀。

73.【答案】BD

【解析】风机盘管计量单位"台"。柔性接口计量单位为"m²"。柔性软风管计量单位为"米"或"节"；

静压箱的计量单位"个"或"m²"计量；通风工程检测、调试的计量单位为"系统"；风管漏光试验、漏风试验的计量单位为"m²"。通风管道计量单位为"m²"。

74.【答案】AC

【解析】冷凝水管道宜采用聚氯乙烯塑料管或热镀锌钢管，不宜采用焊接钢管。采用聚氯乙烯塑料管时，一般可以不加防二次结露的保温层，采用镀锌钢管时，应设置保温层。

75.【答案】AD

【解析】钛及钛合金管焊接应采用惰性气体保护焊或真空焊，不能采用氧-乙炔焊或二氧化碳气体保护焊，也不得采用普通手工电弧焊。

76.【答案】ABC

【解析】铝及铝合金管连接采用焊接和法兰连接，焊接可采用手工钨极氩弧焊、氧-乙炔焊及熔化极半自动氩弧焊。

二氧化碳气体保护焊不能焊容易氧化的有色金属。

答 76 表

管道类型	采用的切割方法	不得使用	采用的焊接方法	不能采用的焊法
合金钢管道	机械方法		手工氩弧焊打底，手工电弧焊成型	
不锈钢管道	机械或等离子切割，不锈钢专用砂轮片	切割碳素钢的砂轮	手工电弧焊及氩弧焊。薄壁管用 TIG 焊，壁厚大于 3mm 用氩电联焊	
钛及钛合金管	机械	火焰切割	惰性气体保护焊或真空焊	氧乙炔焊、二氧化碳气体保护焊、普通手工电弧焊
铝及铝合金管	手工锯条、机械、砂轮机	火焰切割	TIG 焊、氧乙炔焊、熔化极半自动氩弧焊	
铜及铜合金管	手工钢锯、砂轮切管机	氧乙炔焰切割	承插焊、对口焊	

77.【答案】ABC

【解析】从每批钢管中选出硬度最高和最低的各一根，每根制备五个试样，其中拉力试验两个、冲击试验两个、压扁或冷弯试验一个。当管子外径大于或等于 35mm 时做压扁试验，外径小于 35mm 时做冷弯试验。

78.【答案】BCD

【解析】7）高压钢管外表面按下列方法探伤：

① 公称直径大于 6mm 的磁性高压钢管采用磁力法。

② 非磁性高压钢管，一般采用荧光法或着色法。

经过磁力、荧光、着色等方法探伤的公称直径大于 6mm 的高压钢管，还应按《高压无缝钢管超声波探伤标准》的要求，进行内部及内表面的探伤。

79.【答案】AC

【解析】高压阀门应逐个进行强度和严密性试验。强度试验压力等于阀门公称压力的 1.5 倍，严密性试验压力等于公称压力。

高压管子应尽量冷弯，冷弯后可不进行热处理。

奥氏体不锈钢管热弯时，加热温度以 $900 \sim 1000\,^{\circ}\mathrm{C}$ 为宜。热弯后须整体进行固溶淬火处理。同时，取同批管子试样 2 件，做晶间腐蚀倾向试验。如有不合格者，则全部作热处理。但热处理不得超过 3 次。

高压管道的焊缝坡口应采用机械方法。当壁厚小于 16mm 时，采用 V 形坡口；壁厚为 7~34mm 时，可采用 V 形坡口或 U 形坡口。

80.【答案】BC

【解析】高压管件一般采用高压钢管焊制、弯制和缩制。

焊接三通由高压无缝钢管焊制而成。

高压管道的弯头和异径管，可在施工现场用高压管子弯制和缩制。

二、(81~100 题) 电气和自动化控制工程

81.【答案】AD

【解析】阀型避雷器应垂直安装。管型避雷器可倾斜安装，在多污迹地区安装时，还应增大倾斜角度。磁吹阀型避雷器组装时，其上下节位置应符合产品出厂的编号，切不可互换。

82.【答案】AB

【解析】母线安装，其支持点的距离要求如下：低压母线不得大于 900mm，高压母线不得大于 700mm。低压母线垂直安装，且支持点间距无法满足要求时，应加装母线绝缘夹板。母线的连接有焊接和螺栓连接两种。

母线的安装不包括支持绝缘子安装和母线伸缩接头的制作安装。焊接采用氩弧焊。

83.【答案】C

【解析】建筑工地临时供电的杆距一般不大于 35m；线间的距离不得小于 0.3m；横担间的最小垂直距离不应小于表 6.1.4 中的规定值。

表 6.1.4　　　　　　　横担间的最小垂直距离（单位：m）

排列方式	直线杆	分支或转角杆
高压与低压	1.2	1.0
低压与低压	0.6	0.3

84.【答案】A

【解析】接地极制作安装。常用的为钢管接地极和角钢接地极。

（1）接地极垂直敷设。一般接地极长为 2.5m，垂直接地极的间距不宜小于其长度的 2 倍，通常为 5m。

（2）接地极水平敷设。在土壤条件极差的山石地区采用接地极水平敷设。接地装置全部采用镀锌扁钢，所有焊接点处均刷沥青。接地电阻应小于 4Ω，超过时，应补增接地装置的长度。

85.【答案】B

【解析】户外接地母线敷设。

（1）户外接地母线大部分采用埋地敷设。

（2）接地线的连接采用搭接焊，其搭接长度是：扁钢为宽度的 2 倍；圆钢为直径的 6 倍；圆钢与扁钢连接时，其长度为圆钢直径的 6 倍。

户内接地母线敷设

（1）户内接地母线大多是明设，分支线与设备连接的部分大多数为埋设。

（2）明设接地线支持件间的距离，在水平直线部分宜为 0.5~1.5m；垂直部分宜为 1.5~3m；转弯部分宜为 0.3~0.5m。

（3）接地线沿建筑物墙壁水平敷设时，离地面距离宜为 250~300mm；与墙壁的间隙宜为 10~15mm。

（4）明敷接地线，应涂绿色和黄色相间的条文标识。中性线宜涂淡蓝色标识。

86.【答案】ABC

【解析】现场总线控制系统的特点：系统的开放性、互操作性、分散的系统结构。

现场总线系统的接线十分简单，一对双绞线可以挂接多个设备，当需要增加现场控制设备时，可就近连接在原有的双绞线上，既节省了投资，也减少安装的工作量。

87.【答案】C

【解析】双金属温度计。该温度计从设计原理及结构上具有防水、防腐蚀、隔爆、耐震动、直观、易读数、无汞害、坚固耐用等特点。

热电偶温度计用于测量各种温度物体，测量范围极大。

热电阻温度计是中低温区最常用的一种温度检测器。它的主要特点是测量精度高，性能稳定。其中铂热电阻的测量精确度是最高的，它不仅广泛应用于工业测温，而且被制成标准的基准仪。

辐射温度计的测量不干扰被测温场，不影响温场分布，从而具有较高的测量准确度。理论上无测量上限，可以测到相当高的温度。此外，其探测器的响应时间短，易于快速与动态测量。在一些特定的条件下，例如核辐射场，辐射测温场可以进行准确而可靠的测量。

88.【答案】ABC

【解析】解析见上题。

89.【答案】C

【解析】电气调整试验的步骤是：准备工作、外观检查、单体试验、分系统调试和整体调试。

90.【答案】AD

【解析】热力管道直接埋地敷设时，在补偿器和自然转弯处应设不通行地沟，沟的两端宜设置导向支架，保证其自由位移。在阀门等易损部件处，应设置检查井。

当热力管道通过不允许开挖的路段时；热力管道数量多或管径较大；地沟内任一侧管道垂直排列宽度超过 1.5m 时，采用通行地沟敷设。

当管道数量少、管径较小、距离较短，以及维修工作量不大时，宜采用不通行地沟敷设。

91.【答案】BC

【解析】防火墙是位于计算机和它所连接的网络之间的软件或硬件。防火墙主要由服务访问规则、验证工具、包过滤和应用网关 4 个部分组成。

防火墙可以是一种硬件、固件或者软件，如专用防火墙设备是硬件形式的防火墙，包过滤路由器是嵌有防火墙固件的路由器，而代理服务器等软件就是软件形式的防火墙。

92.【答案】B

【解析】有线电视系统一般由天线、前端装置、传输干线和用户分配网络组成。

前端设备的作用是把经过处理的各路信号进行混合，把多路（套）电视信号转换成一路含有多套电视节目的宽带复合信号，然后经过分支、分配、放大等处理后变成高电平宽带复合信号，送往干线传输分配部分的电缆始端。

前端设备包括接收机、调制器、放大器、变换器、滤波器、发生器。

93.【答案】AC

【解析】普通电话采用模拟语音信息传输。程控电话交换是采用数字传输信息。

电话通信系统安装一般包括数字程控用户交换机、配线架、交接箱、分线箱（盒）及传输线等设备器材安装。目前，用户交换机与市电信局连接的中继线一般均用光缆，建筑内的传输线用性能优良的双绞线电缆。

94.【答案】A

【解析】2）建筑物内通信配线电缆。

③ 建筑物内分线箱内接线模块宜采用普通卡接式或旋转卡接式。当采用综合布线时，分线箱内接线模块宜采用卡接式或 RJ45 快接式接线模块。

④ 建筑物内普通市话电缆芯线接续应采用扣式接线子，不得使用扭绞接续。电缆的外护套分接处接头封合宜冷包为主，亦可采用热可缩套管。

95.【答案】A

【解析】办公自动化系统按处理信息的功能划分为三个层次：事务型办公系统；管理型办公系统；决策型办公系统（即综合型办公系统）。

（1）事务型办公系统。这些常用的办公事务处理的应用可作成应用软件包，包内的不同应用程序之间可以互相调用或共享数据，以提高办公事务处理的效率。

（2）信息管理型办公系统。是第二个层次。要求必须有供本单位各部门共享的综合数据库。

（3）决策支持型办公系统是第三个层次。它建立在信息管理级办公系统的基础上。

事务型和管理型办公系统是以数据库为基础的。决策型办公系统除需要数据库外，还要有其领域的专家系统。该系统可以模拟人类专家的决策过程来解决复杂的问题。

96.【答案】C

【解析】推荐采用 $50\mu m/125\mu$ 或 $62.5\mu m/125\mu m$ 光纤。要求较高的场合也可用 $8.3\mu m/125\mu m$ 突变型单模光纤。一般 $62.5\mu m/125\mu m$ 使用较多，因其具有光耦合效率较高、纤芯直径较大，施工安装时光纤对准要求不高，配备设备较少，而且光缆在微小弯曲或较大弯曲时，传输特性不会有太大改变。

97.【答案】D

【解析】采用 5 类双绞电缆时，传输速率超过 100Mbps 的高速应用系统，布线距离不宜超过 90m。否则宜选用单模或多模光缆。传输率在 1Mbps 以下时，采用 5 类双绞电缆布线距离可达 2km 以上。采用 $62.5/125\mu m$ 多模光纤，信息传输速率为 100Mbps 时，传输距离为 2km。采用单模光缆时，传输最大距离可以延伸到 3km。

垂直干线子系统的电缆通常选用 25 对、50 对、100 或 300 对的大对数电缆。光纤通常用 4 芯、6 芯多模光纤。在校园网、智能小区中如干线距离太长，也可以选用 4 芯、6

芯单模光纤。

98.【答案】BCD

【解析】如果在给定楼层配线间所要服务的信息插座都在 75m 范围以内，可采用单干线子系统。大于 75m 则采用双通道或多个通道的干线子系统，也可采用分支电缆与配线间干线相连接的二级交接间。如果在给定楼层配线间所要服务的信息插座超过 200 个时，通常也要增设楼层配线间。

99.【答案】A

【解析】（1）光电缆敷设的一般规定。

1）光缆的弯曲半径不应小于光缆外径的 15 倍，施工过程中应不小于 20 倍。

2）布放光缆的牵引力不应超过光缆允许张力的 80%。瞬间最大牵引力不得超过光缆允许张力的 100%，主要牵引力应加在光缆的加强芯上，牵引端头与牵引索之间应加入转环。光缆端头应做密封防潮处理。

100.【答案】A

【解析】垂直干线线缆与楼层配线架的连接方法有点对点端接、分支递减连接两种。为了保证网络安全可靠，应首先选用点对点端连接方法。为了节省投资费用，也可改用分支连接方法。

模拟题六答案与解析①

一、单项选择题（每题1分，每题的备选项中，只有一个最符合题意）

1.【答案】A

2.【答案】A

【解析】按照石墨的形状特征，灰口铸铁可分为普通灰铸铁（石墨呈片状）、蠕墨铸铁（石墨呈蠕虫状）、可锻铸铁（石墨呈团絮状）和球墨铸铁（石墨呈球状）四大类。

3.【答案】D

【解析】镍及镍合金。镍及镍合金是用于化学、石油、有色金属冶炼、高温、高压、高浓度或混有不纯物等各种苛刻腐蚀环境的比较理想的金属材料。

由于镍的标准电势大于铁，可获得耐蚀性优异的镍基耐蚀合金。镍力学性能良好，尤其塑性、韧性优良，能适应多种腐蚀环境。多用于食品加工设备、化学品装运容器、电气与电子部件、处理苛性碱设备、耐海水腐蚀设备和换热器，如化工设备中的阀门、泵、轴、夹具和紧固件，也常用于制作接触浓 $CaCl_2$ 溶液的冷冻机零件，以及发电厂给水加热器的管子等。

4.【答案】C

【解析】石墨具有良好的化学稳定性。人造石墨材料的耐腐蚀性能良好，除了强氧化性的酸（如硝酸、铬酸、发烟硫酸和卤素）之外，在所有的化学介质中都很稳定，甚至在熔融的碱中也很稳定。

5.【答案】D

6.【答案】D

【解析】榫槽面型：是具有相配合的榫面和槽面的密封面，垫片放在槽内，由于受槽的阻挡，不会被挤出。垫片比较窄，因而压紧垫片所需的螺栓力也就相应较小。即使应用于压力较高之处，螺栓尺寸也不致过大。安装时易对中。垫片受力均匀，故密封可靠。垫片很少受介质的冲刷和腐蚀。适用于易燃、易爆、有毒介质及压力较高的重要密封。但更换垫片困难，法兰造价较高。

7.【答案】D

8.【答案】B

【解析】这道题的考点是补偿器。在热力管道上，波形补偿器只用于管径较大（300mm 以上）、压力较低的（0.6MPa）的场合。它的优点是结构紧凑，只发生轴向变形，与方形补偿器相比占据空间位置小。缺点是制造比较困难、耐压低、补偿能力小、轴向推力大。它的补偿能力与波形管的外形尺寸、壁厚、管径大小有关。

---

① 各题目解析中使用的序号与本科目教材中相应部分的序号保持一致，方便考生与教材对应。

9.【答案】B

10.【答案】B

11.【答案】A

【解析】气割过程是预热→燃烧→吹渣过程，但并不是所有金属都能满足这个过程的要求，只有符合下列条件的金属才能进行气割。

（1）金属在氧气中的燃烧点应低于其熔点；

（2）金属燃烧生成氧化物的熔点应低于金属熔点，且流动性要好；

（3）金属在切割氧流中的燃烧应是放热反应，且金属本身的导热性要低。

符合上述气割条件的金属有纯铁、低碳钢、中碳钢、低合金钢以及钛。

12.【答案】D

【解析】等离子弧焊与钨极惰性气体保护焊相比，有以下特点：

1）等离子弧能量集中、温度高，焊接速度快，生产率高。

2）穿透能力强，对于大多数金属在一定厚度范围内都能获得锁孔效应，可一次行程完成 8mm 以下直边对接接头单面焊双面成型的焊缝。焊缝致密，成形美观。

3）电弧挺直度和方向性好，可焊接薄壁结构（如 1mm 以下金属箔的焊接）。

4）设备比较复杂、费用较高，工艺参数调节匹配也比较复杂。

13.【答案】C

14.【答案】B

【解析】这道题的考点是焊后热处理。

回火是将经过淬火的工件加热到临界点 A_{c1} 以下适当温度，保持一定时间，随后用符合要求方式冷却，以获得所需的组织结构和性能。其目的是调整工件的强度、硬度、韧性等力学性能，降低或消除应力，避免变形、开裂，并保持使用过程中的尺寸稳定。

15.【答案】A

16.【答案】D

17.【答案】B

18.【答案】D

【解析】$Q_j = K_1 \cdot K_2 \cdot Q$

$Q_j = 1.1 \times 1.1 \times (82+4) = 104.06$

19.【答案】C

20.【答案】B

【解析】承受内压钢管及有色金属管的试验压力应为设计压力的 1.15 倍，真空管道的试验压力应为 0.2MPa。

21.【答案】D

22.【答案】B

23.【答案】C

24.【答案】C

【解析】设备基础是机械设备的承载体，其质量的好坏直接影响到设备的正常运行。设备基础的种类很多，按基础材料组成、埋置深度、结构形式、使用功能等划分为不同基础。

（1）按组成材料不同：分为素混凝土基础、钢筋混凝土基础和垫层基础等。

① 素混凝土基础适用于承受荷载较小、变形不大的设备基础；

② 钢筋混凝土基础适用于承受荷载较大、变形较大的设备基础；

③ 垫层基础适用于使用后允许产生沉降的结构，如大型储罐等。

25. 【答案】B

26. 【答案】B

27. 【答案】C

28. 【答案】C

29. 【答案】B

30. 【答案】D

31. 【答案】D

32. 【答案】C

33. 【答案】D

34. 【答案】A

35. 【答案】B

36. 【答案】A

37. 【答案】B

【解析】接近开关的选用

在一般的工业生产场所，通常都选用涡流式接近开关和电容式接近开关。因为这两种接近开关对环境的要求条件较低。

1）当被测对象是导电物体或可以固定在一块金属物上的物体时，一般都选用涡流式接近开关，因为它的响应频率高、抗环境干扰性能好、应用范围广、价格较低；

2）若所测对象是非金属（或金属）、液位高度、粉状物高度、塑料、烟草等。则应选用电容式接近开关。这种开关的响应频率低，但稳定性好；

3）若被测物为导磁材料或者为了区别和它在一同运动的物体而把磁钢埋在被测物体内时，应选用霍尔接近开关，它的价格最低；

4）在环境条件比较好、无粉尘污染的场合，可采用光电接近开关。光电接近开关工作时对被测对象几乎无任何影响。因此，在要求较高的传真机上，在烟草机械上都被广泛地使用；

5）在防盗系统中，自动门通常使用热释电接近开关、超声波接近开关、微波接近开关。有时为了提高识别的可靠性，上述几种接近开关往往被复合使用。

38. 【答案】C

39. 【答案】D

【解析】可挠金属套管：指普利卡金属套管（PULLKA），由镀锌钢带（Fe、Zn），钢带（Fe）及电工纸（P）构成双层金属制成的可挠性电线、电缆保护套管，主要用于砖、混凝土内暗设和吊顶内敷设及与钢管、电线管与设备连接间的过渡，与钢管、电线管、设备入口均采用专用混合接头连接。

40. 【答案】B

二、多项选择题（共 20 题，每题 1.5 分，每题的备选项中，有 2 个或 2 个以上符合题意，至少有 1 个错项。错选，本题不得分；少选，所选的每个选项得 0.5 分）

41.【答案】ABC

【解析】普通低合金钢比碳素结构钢具有较高的韧性，同时有良好的焊接性能、冷热压加工性能和耐蚀性，部分钢种还具有较低的脆性转变温度。

42.【答案】BD

【解析】酸性耐火材料。以硅砖和黏土砖为代表。硅砖抗酸性炉渣侵蚀能力强，但易受碱性渣的侵蚀，它的软化温度很高，接近其耐火度，重复煅烧后体积不收缩，甚至略有膨胀，但是抗热振性差。硅砖主要用于焦炉、玻璃熔窑、酸性炼钢炉等热工设备。黏土砖中含 30%~46% 氧化铝，它以耐火黏土为主要原料，抗热振性好，属于弱酸性耐火材料。中性耐火材料。以高铝质制品为代表，其主晶相是莫来石和刚玉。铬砖主晶相是铬铁矿，它对钢渣的耐蚀性好，但抗热振性差。用铬矿和镁砂按不同比例制成的铬镁砖抗热振性好，主要用作碱性平炉顶砖。碳质制品是另一类中性耐火材料，根据含碳原料的成分不同，分为碳砖、石墨制品和碳化硅质制品三类。碳质制品的热膨胀系数很低，导热性高，耐热振性能好，高温强度高。在高温下长期使用也不软化，不受任何酸碱的侵蚀，有良好的抗盐性能，也不受金属和熔渣的润湿，质轻，是优质的耐高温材料。缺点是在高温下易氧化，不宜在氧化气氛中使用。

43.【答案】ABD

【解析】这道题的考点是非金属管材。石墨管热稳定性好，能导热、线膨胀系数小，不污染介质，能保证产品纯度，抗腐蚀，具有良好的耐酸性和耐碱性。主要用于高温耐腐蚀生产环境中石墨加热器所需管材。

44.【答案】BCD

【解析】颜料是涂料的主要成分之一，在涂料中加入颜料不仅使涂料具有装饰性，更重要的是能改善涂料的物理和化学性能，提高涂层的机械强度、附着力、抗渗性和防腐蚀性能等，还有滤去有害光波的作用，从而增进涂层的耐候性和保护性。

45.【答案】ABD

【解析】对焊法兰又称为高颈法兰。它与其他法兰不同之处在于从法兰与管子焊接处到法兰盘有一段长而倾斜的高颈，此段高颈的壁厚沿高度方向逐渐过渡到管壁厚度，改善了应力的不连续性，因而增加了法兰强度。对焊法兰主要用于工况比较苛刻的场合，如管道热膨胀或其他载荷而使法兰处受的应力较大，或应力变化反复的场合；压力、温度大幅度波动的管道和高温、高压及零下低温的管道。

46.【答案】AC

【解析】闸阀和截止阀相比，在开启和关闭闸阀时省力，水流阻力较小，阀体比较短，当闸阀完全开启时，其阀板不受流动介质的冲刷磨损。但由于闸板与阀座之间密封面易受磨损，闸阀的缺点是严密性较差，尤其在启闭频繁时；另外，在不完全开启时，水流阻力仍然较大。因此闸阀一般只作为截断装置，即用于完全开启或完全关闭的管路中，而不宜用于需要调节大小和启闭频繁的管路上。闸阀无安装方向，但不宜单侧受压，否则不易开启。

适合安装在大口径管道上。

47.【答案】ABC

【解析】这道题的考点是多模光纤的特点。多模光纤耦合光能量大，发散角度大，对光源的要求低，能用光谱较宽的发光二极管（LED）作光源，有较高的性能价格比。缺点是传输频带较单模光纤窄，多模光纤传输的距离比较近，一般只有几千米。

48.【答案】ABC

49.【答案】BC

50.【答案】BCD

51.【答案】ABC

52.【答案】AC

【解析】防潮层施工：

（1）阻燃性沥青玛蹄脂贴玻璃布作防潮隔气层时，它是在绝热层外面涂抹一层2~3mm厚的阻燃性沥青玛蹄脂，接着缠绕一层玻璃布或涂塑窗纱布，然后再涂抹一层2~3mm厚阻燃性沥青玛蹄脂形成。此法适用于硬质预制块做的绝热层或涂抹的绝热层上面使用。

（2）塑料薄膜作防潮隔气层，是在保冷层外表面缠绕聚乙烯或聚氯乙烯薄膜1~2层，注意搭接缝宽度应在100mm左右，一边缠一边用热沥青玛蹄脂或专用胶粘剂粘结。这种防潮层适用于纤维质绝热层面上。

53.【答案】ABC

54.【答案】ABC

55.【答案】AD

【解析】焦炉烘炉、热态工程：烘炉安装、拆除、外运；热态作业劳保消耗。

56.【答案】BC

【解析】按照在生产中所起的作用分类：

（5）冷冻机械，如冷冻机和结晶器等。

（6）搅拌与分离机械，如搅拌机、过滤机、离心机、脱水机、压滤机等。

（11）污水处理机械，如刮油机、刮泥机、污泥（油）输送机等。

（12）其他专用机械，如抽油机、水力除焦机、干燥机等。

57.【答案】AB

【解析】蜗轮蜗杆传动机构的特点是传动比大，传动比准确，传动平稳，噪声小，结构紧凑，能自锁。不足之处是传动效率低，工作时产生摩擦热大、需良好的润滑。

58.【答案】BD

59.【答案】ACD

【解析】下列场所的室内消火栓给水系统应设置消防水泵接合器：

1）高层民用建筑；

2）设有消防给水的住宅、超过五层的其他多层民用建筑；

3）超过2层或建筑面积大于10000m²的地下或半地下建筑、室内消火栓设计流量大于10L/s平战结合的人防工程；

4）高层工业建筑和超过四层的多层工业建筑；

5）城市交通隧道。

60.【答案】BCD

【解析】常用的电光源有：热致发光电光源（如白炽灯、卤钨灯等）；气体放电发光电光源（如荧光灯、汞灯、钠灯、金属卤化物灯等）；固体发光电光源（如 LED 和场致发光器件等）。

选做部分

共 40 题，分为二个专业，考生可在二个专业组的 40 个试题中任选 20 题作答，按所答的前 20 题计分，每题 1.5 分。试题由单项和多选组成。错选，本题不得分；少选，所选的每个选项得 0.5 分。

一、（61~80 题）管道和设备工程

61.【答案】AC

62.【答案】B

63.【答案】ABC

64.【答案】BCD

65.【答案】BCD

66.【答案】D

67.【答案】C

68.【答案】CD

69.【答案】BCD

70.【答案】ABC

71.【答案】C

72.【答案】C

73.【答案】ACD

74.【答案】CD

75.【答案】CD

76.【答案】B

77.【答案】B

78.【答案】AB

79.【答案】ABD

80.【答案】B

二、（81~100 题）电气与自动化控制工程

81.【答案】D

82.【答案】ACD

83.【答案】ABD

84.【答案】A

85.【答案】C

86.【答案】D

87.【答案】C

88.【答案】B

89.【答案】ACD

90.【答案】BCD

91.【答案】C

92.【答案】C

93.【答案】D

94.【答案】ABC

95.【答案】ABD

96.【答案】AB

97.【答案】ABD

98.【答案】CD

99.【答案】D

100.【答案】A

模拟题七答案与解析[①]

一、单项选择题（共40题，每题1分。每题的备选项中，只有1个最符合题意）

1.【答案】C

2.【答案】D

【解析】这道题的考点是普通碳素结构钢的种类和特性。

普通碳素结构钢生产工艺简单，有良好工艺性能（如焊接性能、压力加工性能等）、必要的韧性、良好的塑性以及价廉和易于大量供应，通常在热轧后使用。如Q195钢强度不高，塑性、韧性、加工性能与焊接性能较好，主要用于轧制薄板和盘条等；Q215钢主要用于制作管坯、螺栓等；Q235钢强度适中，有良好的承载性，又具有较好的塑性和韧性，可焊性和可加工性也好，是钢结构常用的牌号；Q235钢大量制作成钢筋、型钢和钢板用于建造房屋和桥梁等；Q275钢强度和硬度较高，耐磨性较好，但塑性、冲击韧性和可焊性差，主要用于制造轴类、农具、耐磨零件和垫板等。

3.【答案】A

【解析】球墨铸铁的抗拉强度远远超过灰铸铁，而与钢相当。因此对于承受静载的零件，使用球墨铸铁比铸钢还节省材料，而且重量更轻，并具有较好的耐疲劳强度。实验表明，球墨铸铁的扭转疲劳强度甚至超过45钢。在实际工程中，常用球墨铸铁来代替钢制造某些重要零件，如曲轴、连杆和凸轮轴等，也可用于高层建筑室外进入室内给水的总管或室内总干管。

4.【答案】C

【解析】这道题的考点是耐蚀（酸）非金属材料所包含的材料种类。常用的非金属耐蚀材料有铸石、石墨、耐酸水泥、天然耐酸石材和玻璃等。

5.【答案】C

6.【答案】D

【解析】这道题的考点是金属管材。

锅炉用高压无缝钢管是用优质碳素钢和合金钢制造，质量比一般锅炉用无缝钢管好，可以耐高压和超高压。用于制造锅炉设备与高压超高压管道，也可用来输送高温、高压汽、水等介质或高温高压含氢介质。

7.【答案】D

【解析】这道题的考点是碱性焊条的特点和用途碱性焊条由于脱氧性能好，能有效除焊缝中的硫，合金元素烧损少，焊缝金属合金化效果好，焊缝力学性能和抗裂性均较好，但当焊件和焊条存在水分时，焊缝中容易出现氢气孔。

---

① 各题目解析中使用的序号与本科目教材中相应部分的序号保持一致，方便考生与教材对应。

8.【答案】B

【解析】金属缠绕式垫片特性是：压缩、回弹性能好；具有多道密封和一定的自紧功能；对于法兰压紧面的表面缺陷不太敏感，不粘结法兰密封面，容易对中，因而拆卸便捷；能在高温、低压、高真空、冲击振动等循环交变的各种苛刻条件下，保持其优良的密封性能。

9.【答案】D

【解析】除污器是在石油化工工艺管道中应用较广的一种部件。其作用是防止管道介质中的杂质进入传动设备或精密部位，使生产发生故障或影响产品的质量。其结构形式有 Y 型除污器、锥形除污器、直角式除污器和高压除污器，其主要材质有碳钢、不锈耐酸钢、锰钒钢、铸铁和可锻铸铁等。内部的过滤网有铜网和不锈耐酸钢丝网。

阻火器是化工生产常用的部件，多安装在易燃易爆气体的设备及管道的排空管上，以防止管内或设备内气体直接与外界火种接触而引起火灾或爆炸。常用的阻火器有砾石阻火器、金属网阻火器和波形散热式阻火器。

视镜又称为窥视镜，其作用是通过视镜直接观察管道及设备内被传输介质的流动情况，多用于设备的排液、冷却水等液体管道上。常用的有玻璃板式、三通玻璃板式和直通玻璃管式三种。

10.【答案】D

【解析】球形补偿器主要依靠球体的角位移来吸收或补偿管道一个或多个方向上横向位移，该补偿器应成对使用，单台使用没有补偿能力，但它可作管道万向接头使用。

球形补偿器具有补偿能力大，流体阻力和变形应力小，且对固定支座的作用力小等特点。球形补偿器用于热力管道中，补偿热膨胀，其补偿能力为一般补偿器的 5~10 倍；用于冶金设备（如高炉、转炉、电炉、加热炉等）的汽化冷却系统中，可作万向接头用；用于建筑物的各种管道中，可防止因地基产生不均匀下沉或震动等意外原因对管道产生的破坏。

11.【答案】C

12.【答案】B

13.【答案】C

14.【答案】B

15.【答案】B

16.【答案】A

17.【答案】C

18.【答案】C

19.【答案】D

20.【答案】C

【解析】在安装施工中，对设备和管道内壁有特殊清洁要求的，应进行酸洗，如液压、润滑管道的除锈应采用酸洗法。

21.【答案】C

22.【答案】C

23.【答案】B

24.【答案】B

25.【答案】C

26.【答案】C

【解析】罗茨泵。也叫罗茨真空泵。它是泵内装有两个相反方向同步旋转的叶形转子，转子间、转子与泵壳内壁间有细小间隙而互不接触的一种变容真空泵。特点是启动快，耗功少，运转维护费用低，抽速大、效率高，对被抽气体中所含的少量水蒸气和灰尘不敏感，有较大抽气速率，能迅速排除突然放出的气体。广泛用于真空冶金中的冶炼、脱气、轧制，以及化工、食品、医药工业中的真空蒸馏、真空浓缩和真空干燥等方面。

27.【答案】C

28.【答案】B

29.【答案】D

30.【答案】D

31.【答案】D

32.【答案】A

33.【答案】C

34.【答案】C

【解析】用途：由于水喷雾具有的冷却、窒熄、乳化、稀释作用，使该系统的用途广泛，不仅可用于灭火，还可用于控制火势及防护冷却等方面。

35.【答案】A

36.【答案】A

37.【答案】B

38.【答案】C

39.【答案】C

【解析】金属软管，又称蛇皮管，一般敷设在较小型电动机的接线盒与钢管口的连接处。

40.【答案】A

【解析】导管的弯曲半径应符合下列规定

（1）明配导管的弯曲半径不宜小于管外径的 6 倍，当两个接线盒间只有一个弯曲时，其弯曲半径不宜小于管外径的 4 倍；

（2）埋设于混凝土内的导管的弯曲半径不宜小于管外径的 6 倍，当直埋于地下时，其弯曲半径不宜小于管外径的 10 倍；

（3）电缆导管的弯曲半径不应小于电缆最小允许弯曲半径。

二、多项选择题（共 20 题，每题 1.5 分，每题的备选项中，有 2 个或 2 个以上符合题意，至少有 1 个错项。错选，本题不得分；少选，所选的每个选项得 0.5 分）

41.【答案】ACD

42.【答案】AC

【解析】高温用绝热材料，使用温度可在 700℃以上。这类纤维质材料有硅酸铝纤维和硅纤维等；多孔质材料有硅藻土、蛭石加石棉和耐热胶粘剂等制品。

中温用绝热材料，使用温度在100~700℃之间。中温用纤维质材料有石棉、矿渣棉和玻璃纤维等；多孔质材料有硅酸钙、膨胀珍珠岩、蛭石和泡沫混凝土等。

43.【答案】BCD

【解析】防锈颜料主要用在底漆中起防锈作用。按照防锈机理的不同，可分化学防锈颜料，如红丹、锌铬黄、锌粉、磷酸锌和有机铬酸盐等，这类颜料在涂层中是借助化学或电化学的作用起防锈作用的；另一类为物理性防锈颜料，如铝粉、云母氧化铁、氧化锌和石墨粉等，其主要功能是提高漆膜的致密度，降低漆膜的可渗性，阻止阳光和水分的透入，以增强涂层的防锈效果。

44.【答案】BCD

【解析】酚醛树脂漆它是以酚醛树脂溶于有机溶剂中，并加入适量的增韧剂和填料配制而成。酚醛树脂漆具有良好的电绝缘性和耐油性，能耐60%硫酸、盐酸、一定浓度的醋酸和磷酸，大多数盐类和有机溶剂等介质的腐蚀。但不耐强氧化剂和碱，且漆膜较脆，温差变化大时易开裂，与金属附着力较差，在生产中应用受到一定限制。

环氧—酚醛漆是热固性涂料，其漆膜兼有环氧和酚醛两者的长处，即既有环氧树脂良好的机械性能和耐碱性，又有酚醛树脂的耐酸、耐溶和电绝缘性；环氧树脂涂料具有良好的耐腐蚀性能，特别是耐碱性，并有较好的耐磨性；呋喃树脂漆是以糠醛为主要原料制成的。它具有优良的耐酸性、耐碱性及耐温性，同时原料来源广泛，价格较低。

45.【答案】ABC

【解析】松套法兰俗称活套法兰，分为焊环活套法兰，翻边活套法兰和对焊活套法兰，多用于铜、铝等有色金属及不锈钢管道上。这种法兰连接的优点是法兰可以旋转，易于对中螺栓孔，在大口径管道上易于安装，也适用于管道需要频繁拆卸以供清洗和检查的地方。其法兰附属元件材料与管道材料一致，而法兰材料可与管道材料不同（法兰的材料多为Q235、Q255碳素钢），因此比较适合于输送腐蚀性介质的管道。但松套法兰耐压不高，一般仅适用于低压管道的连接。

46.【答案】ABC

【解析】球阀是由旋塞阀演变而来的，它的启闭件作为一个球体，利用球体绕阀杆的轴线旋转90°实现开启和关闭的目的。球阀在管道上主要用于切断、分配和改变介质流动方向，设计成V形开口的球阀还具有良好的流量调节功能。

球阀具有结构紧凑、密封性能好、结构简单、体积较小、重量轻、材料耗用少、安装尺寸小、驱动力矩小、操作简便、易实现快速启闭和维修方便等特点。

选用特点：适用于水、溶剂、酸和天然气等一般工作介质，而且还适用于工作条件恶劣的介质，如氧气、过氧化氢、甲烷和乙烯等，且特别适用于含纤维、微小固体颗粒等介质。

47.【答案】BCD

48.【答案】BCD

49.【答案】AD

50.【答案】AB

51.【答案】CD

【解析】（1）塑料薄膜或玻璃丝布保护层。这种保护层适用于纤维制的绝热层上面使用。

（2）石棉石膏或石棉水泥保护层。保护层的厚度：管径 $DN \leqslant 500mm$ 时，厚度 $\delta = 10mm$；当管径 $DN > 500mm$ 时，厚度 $\delta = 15mm$。这种保护层适用于硬质材料的绝热层上面或要求防火的管道上。

（3）金属薄板保护层。

1）金属保护层的接缝形式可根据具体情况选用搭接、插接或咬接形式。

2）硬质绝热制品金属保护层纵缝，在不损坏里面制品及防潮层前提下可进行咬接。半硬质或软质绝热制品的金属保护层纵缝可用插接或搭接。插接缝可用自攻螺钉或抽芯铆钉连接，而搭接缝只能用抽芯铆钉连接，钉的间距200mm。

3）金属保护层的环缝，可采用搭接或插接（重叠宽度30~50mm）。搭接或插接的环缝上，水平管道一般不使用螺钉或铆钉固定（立式保护层有防坠落要求者除外）。

4）保冷结构的金属保护层接缝宜用咬合或钢带捆扎结构。

5）铝箔玻璃钢薄板保护层的纵缝，不得使用自攻螺钉固定。可同时用带垫片抽芯铆钉（间距小于或等于150mm）和玻璃钢打包带捆扎（间距小于或等于500mm，且每块板上至少捆二道）进行固定。保冷结构的保护层不得使用铆钉进行固定。

6）金属保护层应有整体防（雨）水功能。对水易渗进绝热层的部位应用玛蹄脂或胶泥严缝。

52.【答案】ABD

【解析】有防锈要求的脱脂件经脱脂处理后，宜采取充氮封存或采用气相防锈纸、气相防锈塑料薄膜等措施进行密封保护。

53.【答案】ABC

【解析】030801001 低压碳钢管，此项"工程内容"有：1）安装；2）压力试验；3）吹扫、清洗；4）脱脂。

54.【答案】AB

55.【答案】AC

56.【答案】AC

57.【答案】AD

【解析】这道题的考点是常用泵的种类、特性和用途。离心式锅炉给水泵是锅炉给水专业用泵，也可以用来输送一般清水。其结构形式为分段式多级离心泵。锅炉给水泵对于扬程要求不大，但流量要随锅炉负荷而变化。

58.【答案】AC

59.【答案】ABD

60.【答案】ABC

【解析】钠灯黄色光谱透雾性能好，最适合于交通照明；光通量维持性能好，可以在任意位置点燃；耐震性能好；受环境温度变化影响小，适用于室外；但功率因数低。

选做部分

共40题，分为二个专业，考生可在二个专业组的40个试题中任选20题作答，按所答的前20题计分，每题1.5分。试题由单项和多选组成。错选，本题不得分；少选，所选的每个选项得0.5分。

一、（61~80题）管道和设备工程

61.【答案】AC

62.【答案】ACD

63.【答案】B

64.【答案】AB

65.【答案】B

66.【答案】C

67.【答案】BD

68.【答案】D

69.【答案】ABD

70.【答案】ACD

71.【答案】CD

72.【答案】ABD

73.【答案】D

74.【答案】C

75.【答案】ACD

76.【答案】D

77.【答案】AB

78.【答案】CD

79.【答案】B

80.【答案】A

二、（81~100题）电气与自动化控制工程

81.【答案】C

82.【答案】AC

83.【答案】B

84.【答案】D

85.【答案】D

86.【答案】C

87.【答案】D

88.【答案】B

89.【答案】A

90.【答案】B

91.【答案】C

92.【答案】ABD

【解析】在线仪表和部件（流量计、调节阀、电磁阀、节流装置、取源部件等）安装，按《通用安装工程工程量计算规范》GB 50856 工业管道工程相关项目编码列项。

93.【答案】D

94.【答案】ABD

95.【答案】C

96.【答案】A

97.【答案】BC

98.【答案】ACD

99.【答案】ABC

100.【答案】A

模拟题八答案与解析①

一、单项选择题（共 40 题，每题 1 分。每题的备选项中，只有 1 个最符合题意）

1.【答案】C

【解析】钢中碳的含量对钢的性质有决定性影响，含碳量低的钢材强度较低，但塑性大、延伸率和冲击韧性高，质地较软，易于冷加工、切削和焊接；含碳量高的钢材强度高（当含碳量超过 1.00% 时，钢材强度开始下降）、塑性小、硬度大、脆性大和不易加工。硫、磷为钢材中有害元素，含量较多就会严重影响钢材的塑性和韧性，磷使钢材显著产生冷脆性，硫则使钢材产生热脆性。硅、锰等为有益元素，它们能使钢材强度、硬度提高，而塑性、韧性不显著降低。

2.【答案】B

【解析】优质碳素结构钢是含碳小于 0.8% 的碳素钢，这种钢中所含的硫、磷及非金属夹杂物比碳素结构钢少。与普通碳素结构钢相比，优质碳素结构钢塑性和韧性较高，并可通过热处理强化，多用于较重要的零件，是广泛应用的机械制造用钢。

3.【答案】A

【解析】可锻铸铁具有较高的强度、塑性和冲击韧性，可以部分代替碳钢。这种铸铁有黑心可锻铸铁、白心可锻铸铁、珠光体可锻铸铁三种类型。可锻铸铁常用来制造形状复杂、承受冲击和振动荷载的零件，如管接头和低压阀门等。与球墨铸铁相比，可锻铸铁具有成本低，质量稳定，处理工艺简单等优点。

4.【答案】B

【解析】铸石具有极优良的耐磨性、耐化学腐蚀性、绝缘性及较高的抗压性能。其耐磨性能比钢铁高十几倍至几十倍。在各类酸碱设备中的应用效果，高于不锈钢、橡胶、塑性材料及其他有色金属十倍到几十倍；但脆性大、承受冲击荷载的能力低。因此，在要求耐蚀、耐磨或高温条件下，当不受冲击震动时，铸石是钢铁（包括不锈钢）的理想代用材料，不但可节约金属材料、降低成本，而且能有效地提高设备的使用寿命。

5.【答案】A

6.【答案】C

7.【答案】C

【解析】齿形垫片是利用同心圆的齿形密纹与法兰密封面相接触，构成多道密封环，因此密封性能较好，使用周期长。常用于凹凸式密封面法兰的连接。缺点是在每次更换垫片时，都要对两法兰密封面进行加工，因而费时费力。另外，垫片使用后容易在法兰密封面上留下压痕，故一般用于较少拆卸的部位。齿形垫的材质有普通碳素钢、低合金

① 各题目解析中使用的序号与本科目教材中相应部分的序号保持一致，方便考生与教材对应。

钢和不锈钢等。

8.【答案】C

9.【答案】C

【解析】防火套管又叫耐高温套管、硅橡胶玻璃纤维套管，它采用高纯度无碱玻璃纤维编制成管，再在管外壁涂覆有机硅胶经硫化处理而成。硫化后可在−65～260℃温度范围内长期使用并保持其柔软弹性性能。种类有：

1. 管筒式防火套管

一般适合保护较短或较平直的管线，电缆保护，汽车线束，发电机组中常用，安装后牢靠，不易拆卸，密封，绝缘，隔热，防潮的效果较好。

2. 不缠绕式防火套管

主要用于阀门，弯曲管道等不规则被保护物的高温防护，缠绕方便，也适用于户外高温管道，如天然气管道，暖气管道等，起到保温隔热作用，减少热量损失。

3. 搭扣式防火套管

其优点在于拆装方便，安装时不需要停用设备，拆开缆线等，内部缝合有耐火阻燃的粘扣带，只需将套管从中间粘合即可起到密封绝缘的作用，不影响设备生产而且节省安装时间。大型冶炼设备中常用，金属高温软管中也有使用。

10.【答案】B

【解析】耐火电缆。具有规定的耐火性能（如线路完整性、烟密度、烟气毒性、耐腐蚀性）的电缆。在结构上带有特殊耐火层，与一般电缆相比，具有优异的耐火耐热性能，适用于高层及安全性能要求高的场所的消防设施。

耐火电缆与阻燃电缆的主要区别是：耐火电缆在火灾发生时能维持一段时间的正常供电，而阻燃电缆不具备这个特性。耐火电缆主要使用在应急电源至用户消防设备、火灾报警设备、通风排烟设备、疏散指示灯、紧急电源插座、紧急用电梯等供电回路。

11.【答案】C

【解析】碳弧气割的适用范围及特点为：

（1）在清除焊缝缺陷和清理焊根时，能在电弧下清楚地观察到缺陷的形状和深度，生产效率高。

（2）可用来加工坡口，特别适用于开 U 形坡口。

（3）使用方便，操作灵活。

（4）可以加工多种不能用气割加工的金属，如铸铁、高合金钢、铜和铝及其合金等，但对有耐腐蚀要求的不锈钢一般不采用此种方法切割。

（5）设备、工具简单，操作使用安全。

（6）碳弧气割可能产生的缺陷有夹碳、粘渣、铜斑、割槽尺寸和形状不规则等。

12.【答案】B

13.【答案】D

【解析】焊接电流的大小，对焊接质量及生产率有较大影响。主要根据焊条类型、焊条直径、焊件厚度、接头形式、焊缝空间位置及焊接层次等因素来决定，其中，最主要的因素是焊条直径和焊缝空间位置。

14.【答案】A

15.【答案】C

16.【答案】D

17.【答案】A

18.【答案】B

19.【答案】C

20.【答案】C

【解析】脱脂后应及时将脱脂件内部的残液排净，并应用清洁、无油压缩空气或氮气吹干，不得采用自然蒸发的方法清除残液。当脱脂件允许时，可采用清洁无油的蒸汽将脱脂残液吹除干净。经检验合格后，将管口封闭，避免以后施工中再被污染。

21.【答案】A

22.【答案】A

23.【答案】A

24.【答案】D

25.【答案】C

26.【答案】C

27.【答案】C

【解析】屏蔽泵既是离心式泵的一种，但又不同于一般离心式泵。其主要区别是为了防止输送的液体与电气部分接触，用特制的屏蔽套将电动机转子和定子与输送液体隔离开来，以满足输送液体绝对不泄露的需要。

28.【答案】B

29.【答案】C

30.【答案】B

31.【答案】C

32.【答案】D

33.【答案】D

34.【答案】A

35.【答案】D

【解析】高速水雾喷头为离心喷头，雾滴较细，主要用于灭火和控火，用于扑灭 60℃以上的可燃液体。由于它喷射出的水滴是不连续的间断水滴，具有良好的电绝缘性能，可以有效扑救电气火灾，燃油锅炉房和自备发电机房设置水喷雾灭火系统应采用此类喷头；

中速水雾喷头系撞击式喷头，雾滴较粗。它主要用于防护冷却。用来保护闪点在66℃以上的易燃液体、气体和固体危险区，水流通过此喷头后迅速雾化喷射，提高了灭火效能。中速水雾喷头主要限制燃烧速度，减少火灾破坏，减少爆炸危险，促使蒸气稀释和散发。在火灾期间该喷头对火灾区附近各种建筑物的外露吸热表面连续喷设水雾，防止外露表面吸热和火灾蔓延，以保护各种建筑物的安全。中速水雾喷头不能保证雾状水的电绝缘性能，故不适用于扑救电气火灾，燃气锅炉房的水喷雾系统可采用该类喷头。

36.【答案】A

37.【答案】C

38.【答案】D

39.【答案】C

【解析】硬质聚氯乙烯管：系由聚氯乙烯树脂加入稳定剂、润滑剂等助剂经捏合、滚压、塑化、切粒、挤出成型加工而成。主要用于电线、电缆的保护套管等。管材长度一般4m/根，颜色一般为灰色。管材连接一般为加热承插式连接和塑料热风焊，弯曲必须加热进行。该管耐腐蚀性较好，易变形老化，机械强度比钢管差，适用腐蚀性较大的场所的明、暗配。

40.【答案】C

二、多项选择题（共20题，每题1.5分，每题的备选项中，有2个或2个以上符合题意，至少有1个错项。错选，本题不得分；少选，所选的每个选项得0.5分）

41.【答案】BCD

【解析】钛在高温下化学活性极高，非常容易与氧、氮和碳等元素形成稳定的化合物，所以在大气中工作的钛及钛合金只在540℃以下使用；钛具有良好的低温性能，可做低温材料；常温下钛具有极好的抗蚀性能，在大气、海水、硝酸和碱溶液等介质中十分稳定。但在任何浓度的氢氟酸中均能迅速溶解。

42.【答案】AB

【解析】这道题的考点是高分子材料中常用塑料的性能。聚丙烯具有质轻、不吸水，介电性、化学稳定性和耐热性良好（可在100℃以上使用。若无外力作用，温度达到150℃时也不会发生变形），力学性能优良，但是耐光性能差，易老化，低温韧性和染色性能不好。聚丙烯主要用于制作受热的电气绝缘零件、汽车零件、防腐包装材料以及耐腐蚀的（浓盐酸和浓硫酸除外）化工设备，如法兰、齿轮、风扇叶轮、泵叶轮、接头、把手和汽车方向盘调节盖、各种化工容器、管道、阀门配件、泵壳等。使用温度为−30~100℃。

43.【答案】ABC

【解析】铸石管的特点是耐磨、耐腐蚀，具有很高的抗压强度。多用于承受各种强烈磨损、强酸和碱腐蚀的地方。

44.【答案】BCD

【解析】酸性焊条具有较强的氧化性，对铁锈、水分不敏感，焊缝中很少有由氢气引起的气孔，但酸性熔渣脱氧不完全，也不能完全清除焊缝中的硫、磷等杂质，故焊缝金属力学性能较低。

45.【答案】ABD

【解析】这道题的考点是阀门的类别。

阀门的种类很多，但按其动作特点分为两大类，即驱动阀门和自动阀门。驱动阀门是用手操纵或其他动力操纵的阀门。如截止阀、节流阀（针型阀）、闸阀、旋塞阀等，均属这类阀门。自动阀门是借助于介质本身的流量、压力或温度参数发生变化而自行动作的阀门。如止回阀（逆止阀、单流阀）、安全阀、浮球阀、减压阀、跑风阀和疏水器等，均属自动阀门。C项止回阀属于自动阀门。

46.【答案】AD

【解析】填料式补偿器安装方便，占地面积小，流体阻力较小，补偿能力较大。缺点是轴向推力大，易漏水漏气，需经常检修和更换填料。如管道变形有横向位移时，易造成调料圈卡住。这种补偿器主要用在安装方形补偿器时空间不够的场合。

47.【答案】ACD

【解析】这道题的考点是焊接分类。按照焊接过程中金属所处的状态及工艺的特点，可以将焊接方法分为熔化焊、压力焊和钎焊三大类。

48.【答案】BCD

49.【答案】ABC

50.【答案】AB

51.【答案】CD

【解析】履带起重机是在行走的履带底盘上装有起重装置的起重机械，是自行式、全回转的一种起重机械。一般大吨位起重机较多采用履带起重机。其对基础的要求也相对较低，在一般平整坚实的场地上可以载荷行驶作业。但其行走速度较慢，履带会破坏公路路面。转移场地需要用平板拖车运输。较大的履带起重机，转移场地时需拆卸、运输、组装。适用于没有道路的工地、野外等场所。除作起重作业外，在臂架上还可装打桩、抓斗、拉铲等工作装置，一机多用。

52.【答案】ABC

53.【答案】ABD

54.【答案】ABC

55.【答案】BD

56.【答案】BC

【解析】往复泵是依靠在泵缸内作往复运动的活塞或塞柱来改变工作室的容积，从而达到吸入和排出液体。往复泵与离心泵相比，有扬程无限高，流量与排出压力无关，具有自吸能力的特点，但缺点是流量不均匀。

57.【答案】ABD

【解析】主要特点是液体沿轴向移动，流量连续均匀，脉动小，流量随压力变化也很小，运转时无振动和噪声，泵的转数可高达 18000r/min，能够输送黏度变化范围大的液体。

58.【答案】ABC

59.【答案】ABD

60.【答案】AB

【解析】填充料式熔断器的主要特点是具有限流作用及较高的极限分断能力。用于具有较大短路电流的电力系统和成套配电的装置中。

选做部分

共 40 题，分为二个专业，考生可在二个专业组的 40 个试题中任选 20 题作答，按所答的前 20 题计分，每题 1.5 分。试题由单项和多选组成。错选，本题不得分；少选，所选的每个选项得 0.5 分。

一、（61~80 题）管道和设备工程

61.【答案】ABC

62.【答案】B

63.【答案】C

【解析】这道题的考点是热网的形式及其特点。热网的型式按布置形式可分为枝状管网、环状管网和辐射管网。其中枝状管网是呈树枝状布置的管网，是热水管网最普遍采用的形式。布置简单，管道的直径随距热源越远而逐渐减小，基建投资少，运行管理方便。

64.【答案】C

65.【答案】C

66.【答案】A

67.【答案】A

68.【答案】C

69.【答案】A

70.【答案】AD

71.【答案】C

72.【答案】BD

73.【答案】BD

74.【答案】BCD

75.【答案】ACD

76.【答案】A

77.【答案】BCD

78.【答案】ABC

79.【答案】B

80.【答案】D

二、（81~100 题）电气与自动化控制工程

81.【答案】ABC

82.【答案】ACD

83.【答案】C

84.【答案】BC

85.【答案】ACD

86.【答案】A

87.【答案】C

88.【答案】B

89.【答案】C

90.【答案】A

91.【答案】AB

92.【答案】C

93.【答案】C

94.【答案】A

95.【答案】A

96.【答案】ACD

97.【答案】BC

98.【答案】ABC

99.【答案】A

100.【答案】B

模拟题九答案与解析①

一、单项选择题 （共40题，每题1分。每题的备选项中，只有1个最符合题意）

1.【答案】 C

【解析】 这道题的考点是不锈钢的种类和特性。

马氏体型不锈钢。此钢具有较高的强度、硬度和耐磨性。通常用于弱腐蚀性介质环境中，如海水、淡水和水蒸气中；以及使用温度≤580℃的环境中，通常也可作为受力较大的零件和工具的制作材料。但由于此钢焊接性能不好，故一般不用作焊接件。

2.【答案】 B

【解析】 铸铁是铁碳合金的一种，与钢相比，其成分特点是碳、硅含量高，杂质含量也较高。但是，杂质在钢和铸铁中的作用完全不同，如磷在耐磨磷铸铁中是提高其耐磨性的主要合金元素，锰、硅都是铸铁中的重要元素，唯一有害的元素是硫。

3.【答案】 A

【解析】 酸性耐火材料。硅砖和黏土砖为代表。硅砖抗酸性炉渣侵蚀能力强，但易受碱性渣的侵蚀，它的软化温度很高，接近其耐火度，重复煅烧后体积不收缩，甚至略有膨胀，但是抗热震性差。硅砖主要用于焦炉、玻璃熔窑、酸性炼钢炉等热工设备。黏土砖中含30%~46%的氧化铝，它以耐火黏土为主要原料，耐火度1580~1770℃，抗热振性好，属于弱酸性耐火材料。

4.【答案】 C

5.【答案】 D

【解析】 铸铁管分给水铸铁管和排水铸铁管两种。其特点是经久耐用，抗腐蚀性强、性质较脆，多用于耐腐蚀介质及给水排水工程。铸铁管的连接形式分为承插式和法兰式两种。

6.【答案】 D

【解析】 氟-46涂料具有优良的耐腐蚀性能，对强酸、强碱及强氧化剂，即使在高温下也不发生任何作用。耐寒性很好，具有杰出的防污和耐候性，因此可维持15~20年不用重涂。故特别适用于对耐候性要求很高的桥梁或化工厂设施，在赋予被涂物美观的外表的同时避免基材的锈蚀。

7.【答案】 B

8.【答案】 A

【解析】 这道题的考点是阀门。截止阀主要用于热水供应及高压蒸汽管路中，它结构

---

① 各题目解析中使用的序号与本科目教材中相应部分的序号保持一致，方便考生与教材对应。

简单，严密性较高，制造和维修方便，阻力比较大。流体经过截止阀时要转弯改变流向，因此水流阻力较大，所以安装时要注意流体"低进高出"，方向不能装反。

9.【答案】D

【解析】自然补偿是利用管路几何形状所具有的弹性来吸收热变形，其缺点是管道变形时会产生横向位移，而且补偿的管段不能很大。

10.【答案】C

【解析】预制分支电缆。是工厂在生产主干电缆时按用户设计图纸预制分支线的电缆，分支线预先制造在主干电缆上，分支线截面大小和分支线长度等是根据设计要求决定。预分支电缆是高层建筑中母线槽供电的替代产品，具有供电可靠、安装方便、占建筑面积小、故障率低、价格便宜、免维修维护等优点，广泛应用于高中层建筑、住宅楼、商厦、宾馆、医院的电气竖井内垂直供电，也适用于隧道、机场、桥梁、公路等额定电压 0.6/1kV 配电线路中。预分支电缆按应用类型分普通型、绝缘型和耐火型三种类型。

11.【答案】A

12.【答案】A

【解析】这道题的考点是焊接接头分类。

对接接头、T形（十字）接头、搭接接头、角接接头和端接接头五类基本类型都适用于熔焊，一般压焊（高频电阻焊除外），都采用搭接接头，个别情况才采用对接接头；高频电阻焊一般采用对接接头，个别情况才采用搭接接头。钎焊连接的接头也有多种形式，即搭接接头，T形接头，套接接头，舌形与槽形接头。

13.【答案】D

14.【答案】C

15.【答案】A

16.【答案】D

17.【答案】D

18.【答案】B

19.【答案】B

20.【答案】B

21.【答案】C

22.【答案】A

【解析】措施项目分为两类，一类是措施项目费用的发生与使用时间、施工方法或者两个以上的工序相关，如安全文明施工费，夜间施工，非夜间施工照明，二次搬运，冬雨期施工，地上、地下设施，建筑物的临时保护设施、已完工程及设备保护等，无法对其工程量进行计量，称为总价措施项目；另一类是可以计算工程量的项目，如脚手架工程，垂直运输、超高施工增加，吊车加固等，称为单价措施项目。单价措施项目应按照分部分项工程项目清单的方式进行计量和计价，总价措施项目以"项"为计量单位进行编制。

23.【答案】A

24.【答案】D

【解析】调频调压调速电梯（VVVF 驱动的电梯）。通常采用微机、塑变器、PWM 控制器，以及速度电流等反馈系统。在调节定子频率的同时，调节定子中电压，以保持磁通恒定，使电动机力矩不变，其性能优越、安全可靠、速度可达 6m/s。

25.【答案】A

26.【答案】C

【解析】罗茨泵。也叫罗茨真空泵。它是泵内装有两个相反方向同步旋转的叶形转子，转子间、转子与泵壳内壁间有细小间隙而互不接触的一种变容真空泵。特点是启动快，耗功少，运转维护费用低，抽速大、效率高，对被抽气体中所含的少量水蒸气和灰尘不敏感，有较大抽气速率，能迅速排除突然放出的气体。广泛用于真空冶金中的冶炼、脱气、轧制，以及化工、食品、医药工业中的真空蒸馏、真空浓缩和真空干燥等方面。

27.【答案】A

【解析】单段煤气发生炉由加煤机、炉主体、清灰装置等组成。它具有产气量大、气化完全、煤种适应性强，煤气热值高，操作简便，安全性能高的优点。缺点是单段式煤气发生炉效率较低，煤焦油在高温下裂解为沥青质焦油，与煤气中的粉尘混杂在一起，容易沉淀在管道内堵塞管道。主要应用于输送距离较短，对燃料要求不高的窑炉及工业炉，如：热处理炉，锅炉煤气化改造，耐火材料行业。

28.【答案】C

29.【答案】A

30.【答案】A

31.【答案】B

32.【答案】B

33.【答案】C

34.【答案】D

35.【答案】B

【解析】贮存装置安装，包括灭火剂存储器、驱动气瓶、支框架、集流阀、容器阀、单向阀、高压软管和安全阀等贮存装置和阀驱动装置、减压装置、压力指示仪等。

36.【答案】C

37.【答案】A

【解析】这道题的考点是电动机的电机的安装。装设过流和短路保护装置（或需装设断相和保护装置），保护整定值一般为：采用热元件时，按电动机额定电流 1.1~1.25 倍；采用熔丝（片）时，按电机额定电流 1.5~2.5 倍。

38.【答案】D

【解析】管子的选择

（1）电线管：薄壁钢管、管径以外径计算，适用于干燥场所的明、暗配。

（2）焊接钢管：分镀锌和不镀锌两种，管壁较厚，管径以公称直径计算，适用于潮湿、有机械外力、有轻微腐蚀气体场所的明、暗配。

（3）硬质聚氯乙烯管：系由聚氯乙烯树脂加入稳定剂、润滑剂等助剂经捏合、滚压、塑化、切粒、挤出成型加工而成。主要用于电线、电缆的保护套管等。管材长度一般4m/根，颜色一般为灰色。管材连接一般为加热承插式连接和塑料热风焊，弯曲必须加热进行。该管耐腐蚀性较好，易变形老化，机械强度比钢管差，适用腐蚀性较大的场所的明、暗配。

（4）半硬质阻燃管：也叫PVC阻燃塑料管，由聚氯乙烯树脂加入增塑剂、稳定剂及阻燃剂等经挤出成型而得，用于电线保护，一般颜色为黄、红、白色等。管道连接采用专用接头抹塑料胶后粘结，管道弯曲自如无须加热，成捆供应，每捆100m。该管刚柔结合、易于施工，劳动强度较低，质轻，运输较为方便，已被广泛应用于民用建筑暗配管。

39.【答案】D

【解析】金属导管

（1）钢导管不得采用对口熔焊连接；镀锌钢导管或壁厚小于或等于2mm的钢导管，不得采用套管熔焊连接。

（2）金属导管应与保护导体可靠连接，并应符合下列规定：

1）镀锌钢导管、可弯曲金属导管和金属柔性导管不得熔焊连接；

2）当非镀锌钢导管采用螺纹连接时，连接处的两端应熔焊焊接保护联结导体；

3）镀锌钢导管、可弯曲金属导管和金属柔性导管连接处的两端宜采用专用接地卡固定保护联结导体；

4）机械连接的金属导体，管与管、管与盒（箱）体的连接配件应选用配套部件，其连接应符合产品技术文件要求；

5）金属导管与金属梯架、托盘连接时，镀锌材质的连接端宜用专用接地卡固定保护联结导体，非镀锌材质的连接处应熔焊焊接保护联结导体；

6）以专用接地卡固定的保护联结导体应为铜芯软导线，截面积不应小于4mm²；以熔焊焊接的保护联结导体宜为圆钢，直径不应小于6mm，其搭接长度应为圆钢直径的6倍。

40.【答案】B

二、多项选择题（共20题，每题1.5分，每题的备选项中，有2个或2个以上符合题意，至少有1个错项。错选，本题不得分；少选，所选的每个选项得0.5分）

41.【答案】AB

【解析】镁及镁合金的主要特性是密度小、化学活性强、强度低。但纯镁一般不能用于结构材料。虽然镁合金相对密度小，且强度不高，但它的比强度和比刚度却可以与合金结构钢相媲美，镁合金能承受较大的冲击、振动荷载，并有良好的机械加工性能和抛光性能。其缺点是耐蚀性较差、缺口敏感性大及熔铸工艺复杂。

42.【答案】ABD

【解析】聚四氟乙烯俗称塑料王，它是由四氟乙烯用悬浮法或分散法聚合而成，具有非常优良的耐高、低温性能，可在-180~260℃的范围内长期使用。几乎耐所有的化学药品，在侵蚀性极强的王水中煮沸也不起变化，摩擦系数极低，仅为 0.04。聚四氟乙烯不吸水、电性能优异，是目前介电常数和介电损耗最小的固体绝缘材料。缺点是强度低、冷流性强。主要用于制作减摩密封零件、化工耐蚀零件、热交换器、管、棒、板制品和各种零件，以及高频或潮湿条件下的绝缘材料；分散法聚四氟乙烯可制成薄壁管、细棒、异型材、电线和电缆包覆层。

43.【答案】 AD

【解析】 聚丁烯（PB）管。聚丁烯管主要用于输送生活用的冷热水，该管具有很高的耐温性、耐久性、化学稳定性、无味、无毒、无嗅，温度适用范围是 -30～100℃，具有耐寒、耐热、耐压、不结垢、寿命长（可达 50～100 年），且能耐老化性能强。

工程塑料（ABS）管。工程塑料管用于输送饮用水、生活用水、污水、雨水，以及化工、食品、医药工程中的各种介质。目前还广泛用于中央空调、纯水制备和水处理系统中的各用水管道，但该管道对于流体介质温度一般要求 <60℃。

耐酸酚醛塑料管。耐酸酚醛塑料是一种具有良好耐腐蚀性和热稳定性的非金属材料，是用热固性酚醛树脂为粘合剂，耐酸材料如石棉、石墨等作填料制成。它用于输送除氧化性酸（如硝酸）及碱以外的大部分酸类和有机溶剂等介质，特别能耐盐酸、低浓度和中等浓度硫酸的腐蚀。

44.【答案】 ABC

【解析】 生漆（也称大漆）。具有耐酸性、耐溶剂性、抗水性、耐油性、耐磨性和附着力很强等优点。缺点是不耐强碱及强氧化剂。漆膜干燥时间较长，毒性较大，施工时易引起人体中毒。生漆的使用温度约 150℃。生漆耐土壤腐蚀，是地下管道的良好涂料，生漆在纯碱系统中也有较多的应用。

漆酚树脂漆。它改变了生漆的毒性大，干燥慢，施工不便等缺点，但仍保持生漆的其他优点，适用于大型快速施工的需要，广泛应用在化肥、氯碱生产中，防止工业大气如二氧化硫、氨气、氯气、氯化氢、硫化氢和氧化氮等气体腐蚀，也可作为地下防潮和防腐蚀涂料，但它不耐阳光紫外线照射，应用时应考虑到用于受阳光照射较少的部位。

沥青漆。它在常温下能耐氧化氮、二氧化硫、三氧化硫、氨气、酸雾、氯气、低浓度的无机盐和浓度 40% 以下的碱、海水、土壤、盐类溶液以及酸性气体等介质腐蚀。但不耐油类、醇类、脂类、烃类等有机溶剂和强氧化剂等介质腐蚀。

三聚乙烯防腐涂料。该涂料广泛用于天然气和石油输配管线、市政管网、油罐、桥梁等防腐工程。具有良好的机械强度、电性能、抗紫外线、抗老化和抗阳极剥离等性能，防腐寿命可达到 20 年以上。

45.【答案】 BCD

【解析】 环连接面型法兰专门与用金属材料加工成形状为八角形或椭圆形的实体金属垫片配合，实现密封连接。由于金属环垫可以依据各种金属的固有特性来选用。因而这种密封面的密封性能好，对安装要求也不太严格，适合于高温、高压工况，但密封面的加工精度较高。

46.【答案】ACD

【解析】绝缘导线选用时注意：

（1）铜芯电线被广泛采用。相较于铝芯电线，铜芯电线有较多的优势：如电阻率低、导电性能好，电压损失低，能耗低；载流量大，适合应用在用电量大的地方；强度高，能够适应高温环境，抗疲劳，稳定性高，具有更好的耐腐蚀性。发热温度低，在同样的电流下，同截面的铜芯电缆的发热量比铝芯电缆小得多，使得运行更安全等等。因此，国家已明令在新建住宅中应使用铜导线。

虽然铝芯电线的性能不及铜芯电线，但铝芯电线也有价格低廉、重量轻等优势，此外铝芯在空气中，能很快生成一层氧化膜，防止电线后续进一步的氧化，特别适合用于高压线和大跨度架空输电。

（2）塑料绝缘电线（BV型）基本替代了橡皮绝缘电线（BX型）。由于橡皮绝缘电线生产工艺比塑料绝缘电线复杂，且橡皮绝缘的绝缘物中某些化学成分会对铜产生化学作用，虽然这种作用轻微，但仍是一种缺陷。塑料绝缘线由于绝缘性能良好，价格较低，无论明设或穿管敷设均可替代橡皮绝缘线。但由于塑料绝缘线不能耐高温，绝缘容易老化，所以塑料绝缘线不宜在室外敷设。

（3）RV型、RX型铜芯软线主要用在需柔性连接的可动部位，如吊灯用软线等。

（4）铜芯低烟无卤阻燃交联聚烯烃绝缘电线，在火灾时低烟、低毒、不含卤素，适宜于高层建筑内照明及动力分支线路使用。

（5）在架空配电线路中，按其结构形式一般可分为高、低压分相式绝缘导线、低压集束型绝缘导线、高压集束型半导体屏蔽绝缘导线、高压集束型金属屏蔽绝缘导线等。

47.【答案】ABC

48.【答案】ABD

【解析】

（1）焊条直径的选择。焊条直径的选择主要取决于焊件厚度、接头型式、焊缝位置及焊接层次等因素。在不影响焊接质量的前提下，为了提高劳动生产率，一般倾向于选择大直径的焊条。

（2）焊接电流的选择。焊接电流的大小，对焊接质量及生产率有较大影响。主要根据焊条类型、焊条直径、焊件厚度、接头型式、焊缝空间位置及焊接层次等因素来决定，其中，最主要的因素是焊条直径和焊缝空间位置。

（3）电弧电压的选择。电弧电压是由电弧长来决定。电弧长，则电弧电压高；电弧短，则电弧电压低。在焊接过程中，电弧过长，会使电弧燃烧不稳定，飞溅增加，熔深减小，而且外部空气易侵入，造成气孔等缺陷。因此，要求电弧长度小于或等于焊条直径，即短弧焊。在使用酸性焊条焊接时，为了预热待焊部位或降低熔池温度，有时将电弧稍微拉长进行焊接，即所谓的长弧焊。

（4）焊接层数的选择。

（5）电源种类和极性的选择。直流电源，电弧稳定，飞溅小，焊接质量好，一般用在重要的焊接结构或厚板大刚度结构的焊接上。其他情况下，应首先考虑用交流焊机，因为交流焊机构造简单，造价低，使用维护也较直流焊机方便。

极性的选择。一般情况下，使用碱性焊条或薄板的焊接，采用直流反接；而酸性焊条，通常选用正接。

49.【答案】BCD

50.【答案】CD

51.【答案】ABD

【解析】规定起重机在各种工作状态下允许吊装载荷的曲线，称为起重量特性曲线，它考虑了起重机的整体抗倾覆能力、起重臂的稳定性和各种机构的承载能力等因素。在计算起重机载荷时，应计入吊钩和索、吊具的重量。

反映起重机在各种工作状态下能够达到的最大起升高度的曲线称为起升高度特性曲线，它考虑了起重机的起重臂长度、倾角、铰链高度、臂头因承载而下垂的高度、滑轮组的最短极限距离等因素。

52.【答案】ABC

【解析】化学清洗

需要化学清洗（酸洗）的管道，其清洗范围和质量要求应符合设计文件的规定。对管道内壁有特殊清洁要求的，如液压、润滑油管道的除锈可采用化学清洗法。实施要点如下：

（1）当进行管道化学清洗时，应将无关设备及管道进行隔离。

（2）化学清洗液的配方应经试验鉴定后使用。

（3）管道酸洗钝化应按脱脂、酸洗、水洗、钝化、水洗、无油压缩空气吹干的顺序进行。当采用循环方式进行酸洗时，管道系统应预先进行空气试漏或液压试漏检验合格。

（4）化学清洗后的管道以目测检查，内壁呈金属光泽为合格。

（5）对不能及时投入运行的化学清洗合格的管道，应采取封闭或充氮保护措施。

53.【答案】ACD

54.【答案】BCD

【解析】措施项目分为两类，一类是措施项目费用的发生与使用时间、施工方法或者两个以上的工序相关，如安全文明施工费，夜间施工，非夜间施工照明，二次搬运，冬雨期施工，地上、地下设施，建筑物的临时保护设施、已完工程及设备保护等，无法对其工程量进行计量，称为总价措施项目；另一类是可以计算工程量的项目，如脚手架工程，垂直运输、超高施工增加，吊车加固等，称为单价措施项目。单价措施项目应按照分部分项工程项目清单的方式进行计量和计价，总价措施项目以"项"为计量单位进行编制。

55.【答案】CD

56.【答案】ABC

57.【答案】ABC

【解析】活塞式透平式压缩机性能比较：

答 57 表

活塞式	透平式
气流速度低、损失小、效率高。 压力范围广，从低压到超高压范围均适用。 适用性强，排气压力在较大范围内变动时，排气量不变。 同一台压缩机还可用于压缩不同的气体。 除超高压压缩机，机组零部件多用普通金属材料。 外型尺寸及重量较大，结构复杂，易损件多，排气脉动性大，气体中常混有润滑油	气流速度高，损失大。 小流量，超高压范围还不适用。 流量和出口压力变化由性能曲线决定，若出口压力过高，机组则进入喘振工况而无法运行。 旋转零部件常用高强度合金钢。 外型尺寸及重量较小，结构简单，易损件少，排气均匀无脉动，气体中不含油

58.【答案】ACD

【解析】风机运转时，应符合以下要求：①风机运转时，以电动机带动的风机均应经一次起动立即停止运转的试验，并检查转子与机壳等确无摩擦和不正常声响后，方得继续运转（汽轮机、燃气轮机带动的风机的起动应按设备技术文件的规定执行）；②风机起动后，不得在临界转速附近停留（临界转速由设计）；③风机起动时，润滑油的温度一般不应低于 25℃，运转中轴承的进油温度一般不应高于 40℃；④风机起动前，应先检查循环供油是否正常，风机停止转动后，应待轴承回同温度降到小于 45℃后，再停止油泵工作；⑤有起动油泵的机组，应在风机起动前开动起动油泵，待主油泵供油正常后才能停止起动油泵；风机停止运转前，应先开动起动油泵，风机停止转动后应待轴承回油温度降到 45℃后再停止起动油泵；⑥风机运转达额定转速后，应将风机调理到最小负荷（罗茨、叶氏式鼓风机除外）进行机械运转至规定的时间，然后逐步调整到设计负荷下检查原动机是否超过额定负荷，如无异常现象则继续运转至所规定的时间为止；⑦高位油箱的安装高度，以轴承中分面为基准面，距此向上不应低于 5m；⑧风机的润滑油冷却系统中的冷却水压力必须低于油压。

59.【答案】BCD

【解析】高倍数泡沫灭火系统可设置在固体物质仓库、易燃液体仓库、有贵重仪器设备和物品的建筑等，但不能用于扑救立式油罐内的火灾、未封闭的带电设备及在无空气的环境中仍能迅速氧化的强氧化剂和化学物质的火灾（如硝化纤维、炸药）。

60.【答案】ACD

【解析】发光二极管（LED）是电致发光的固体半导体高亮度点光源，可辐射各种色光和白光、0~100% 光输出（电子调光）。具有寿命长、耐冲击和防振动、无紫外线和红外线辐射、低电压下工作安全等特点。但 LED 缺点有：单个 LED 功率低，为了获得大功率，需要多个并联使用，并且单个大功率 LED 价格很贵。显色指数低，在 LED 照射下显示的颜色没有白炽灯真实。

选做部分

共 40 题，分为二个专业，考生可在二个专业组的 40 个试题中任选 20 题作答，按所答的前 20 题计分，每题 1.5 分。试题由单项和多选组成。错选，本题不得分；少选，所选的每个选项得 0.5 分。

一、(61~80 题) 管道和设备工程

61.【答案】ACD

62.【答案】B

63.【答案】ABD

64.【答案】B

65.【答案】B

66.【答案】C

67.【答案】D

68.【答案】BC

69.【答案】C

70.【答案】C

71.【答案】B

72.【答案】AD

73.【答案】B

74.【答案】A

75.【答案】CD

76.【答案】BCD

77.【答案】B

78.【答案】ACD

79.【答案】ACD

80.【答案】B

二、(81~100 题) 电气与自动化控制工程

81.【答案】B

【解析】高压负荷开关与隔离开关一样，具有明显可见的断开间隙。具有简单的灭弧装置，能通断一定的负荷电流和过负荷电流，但不能断开短路电流。

断路器可以切断工作电流和事故电流，负荷开关能切断工作电流，但不能切断事故电流，隔离开关只能在没电流时分合闸。送电时先合隔离开关，再合负荷开关。停电时先分负荷开关，再分隔离开关。

82.【答案】D

83.【答案】AC

84.【答案】B

85.【答案】AC

86.【答案】ABC

87.【答案】C

88.【答案】ABC

89.【答案】D

90.【答案】CD

91.【答案】ABD

92.【答案】D

93.【答案】BD

94.【答案】B

95.【答案】B

96.【答案】B

97.【答案】B

98.【答案】A

99.【答案】D

100.【答案】C